樹脂の溶融混練・押出機と複合材料の最新動向

New Developments of Melt Compounding of Polymer Melts
and Polymer Composites, and The Technology of Screw Extruders

《普及版／Popular Edition》

監修 田上秀一

シーエムシー出版

巻頭言

近年の樹脂材料への多様なニーズに対応するために，樹脂へ様々な機能性を付加した複合材料の開発が進んでいる。様々な複合材料の製造方法があるが，工業的に広範に用いられている手法は二軸押出機による溶融混練法である。この手法は古くから用いられている手法であるが，二軸押出機による溶融混練を語るときによく聞くフレーズが「最適な混合状態」である。例えば，二成分系の材料を混合する際の最適な混合状態はどういう状態であろうか？　機能性フィラーを混合する場合の最適な混合状態とはどのような状態であろうか？　答えは「機能が十分発揮される混合状態」であるが，その状態を実現させる決まった処方箋はなく，試行錯誤で検討されていることが多い。そのため，成果はノウハウとなり，企業などでは数多く検討されているにも関わらず表に出てこない技術である。特に，大きさが大変小さい機能性フィラーを溶融樹脂中に混合させる場合，フィラーが凝集するなどの問題があり，現在でもその検討が続いている。

本書は，現在でも検討課題として広く検討されている樹脂の溶融混練について，二軸押出機による溶融混練に着目し，その基礎論から最新動向まで，第一線で活躍されている研究者・技術者によりご執筆いただいたものである。まず，第1章では混練のメカニズムと題して，溶融混練の基礎的な内容について概説をいただいた。第2章では，押出機・混練技術動向と題して，先に述べた溶融混練で主として二軸押出機の技術動向について概説いただいた。第3章では，スクリュ設計と題し，ノウハウの塊であるスクリュ構成の最適化に関する概説をいただいた。第4章では，近年の技術開発で欠かすことのできないアイテムである計算機シミュレーションを利用した混練評価技術について概説いただいた。第5章では，ナノ粒子分散によるナノコンポジット製造と題し，困難な溶融混練問題のひとつであるナノオーダーの大きさをもつフィラーの分散技術について概説いただいた。第6章では，長繊維分散による複合材料製造と題し，現在注目を集めているセルロースナノファイバーや炭素繊維など高アスペクト比の繊維状フィラーを混合・分散させる技術動向について概説いただいた。本書が，溶融混練に携わる技術者，研究者にとってそれぞれが携わる諸問題の解決に少しでもお役に立てれば幸いである。

本書を出版するにあたり，たいへんお忙しい中ご執筆いただきました本書の執筆者のみなさまに厚くお礼申し上げると同時に，本書のとりまとめにご尽力いただいた株式会社シーエムシー出版様に深く感謝申し上げる。

2018年12月

福井大学

田上秀一

普及版の刊行にあたって

　本書は 2018 年に『樹脂の溶融混練・押出機と複合材料の最新動向』として刊行されました。普及版の刊行にあたり内容は当時のままであり加筆・訂正などの手は加えておりませんので，ご了承ください。

2025 年 4 月

シーエムシー出版　編集部

執筆者一覧（執筆順）

田 上 秀 一	福井大学　学術研究院　工学系部門　繊維先端工学講座　教授	
名嘉山 祥 也	九州大学　大学院工学研究院　化学工学部門　准教授	
植 松 英 之	福井大学　学術研究院　工学系部門　繊維先端工学講座　准教授	
齊 藤 卓 志	東京工業大学　工学院　機械系　准教授	
田 中 達 也	同志社大学　理工学部　エネルギー機械工学科　教授	
辰 巳 昌 典	㈱プラスチック工学研究所　取締役，技術開発部長	
橋 爪 慎 治	㈲エスティア　代表取締役	
酒 井 忠 基	静岡大学　東京事務所　客員教授	
久 家 立 也	㈱池貝　技術部　プラスチックセンター 兼 機械設計課　担当課長	
大 田 佳 生	旭化成㈱　高機能ポリマー事業本部　C&M 事業部 コンパウンド製造統括部　生産技術グループ	
福 澤 洋 平	㈱日本製鋼所　広島製作所　技術開発部　主任	
竹 田 宏	㈱アールフロー　代表取締役	
谷 藤 眞一郎	㈱ HASL　代表取締役	
朝 井 雄太郎	アイ・ティー・エス・ジャパン㈱　営業部	
山 田 紗矢香	㈱神戸製鋼所　技術開発本部　機械研究所　流熱・化学研究室 主任研究員	
清 水 博	㈱ HSP テクノロジーズ　代表取締役社長	
木 原 伸 一	広島大学　大学院工学研究科　化学工学専攻　高圧流体物性研究室 准教授	
滝 嶌 繁 樹	広島大学　大学院工学研究科　化学工学専攻　高圧流体物性研究室 教授	
合 田 宏 史	㈱プライムポリマー　研究開発部　自動車材研究所 技術開発チーム　チームリーダー	
森 良 平	GS アライアンス㈱（冨士色素㈱グループ）　代表取締役社長	
仙 波 健	(地独)京都市産業技術研究所　高分子系チーム　チームリーダー	
大 峠 慎 二	トクラス㈱　技術部　WPC 開発室　室長	
伊 藤 弘 和	(国研)産業技術総合研究所　機能化学研究部門 セルロース材料グループ　主任研究員	
福 井 武 久	㈱栗本鐵工所　コンポジットプロジェクト室　室長，執行役員	

執筆者の所属表記は，2018年当時のものを使用しております。

目　　次

第1章　溶融混練メカニズム

1　溶融混練の基礎理論と現状
　……………… 名嘉山祥也… 1
　1.1　はじめに ………………………… 1
　1.2　溶融混練における2つの過程 …… 1
　1.3　連続式溶融混練 ………………… 3
　1.4　溶融混練部内の流れの数値計算 … 7
　1.5　溶融混練過程を定量化するには … 8
　1.6　溶融混練過程評価の例 ………… 10
　1.7　おわりに ………………………… 12
2　溶融混練における樹脂の粘度・温度の
　影響 ………… 田上秀一，植松英之… 14
　2.1　はじめに ………………………… 14
　2.2　粘度とは ………………………… 14

2.3　高分子流体の粘度は何に依存するの
　か ………………………………… 17
2.4　樹脂の粘度や温度が混合混練に影響
　を及ぼす事例 …………………… 19
2.5　おわりに ………………………… 25
3　材料の溶融を考えるための伝熱基礎
　……………………… 齊藤卓志… 27
　3.1　はじめに ………………………… 27
　3.2　熱エネルギーのバランス ……… 27
　3.3　伝熱現象の基礎 ………………… 28
　3.4　樹脂材料の溶融について ……… 31
　3.5　熱物性値について（熱伝導率を例
　　　に） ……………………………… 31
　3.6　熱エネルギー方程式の導出 …… 32

第2章　押出機・混練技術動向

1　二軸押出機の変遷と最新の技術動向
　……………………… 田中達也… 36
　1.1　混練技術・装置の変遷 ………… 36
　1.2　二軸混練押出技術 ……………… 40
　1.3　おわりに ………………………… 47
2　最近の押出機の開発動向と可視化解析
　押出技術 ………………… 辰巳昌典… 49
　2.1　はじめに ………………………… 49
　2.2　最近の押出機の開発動向 ……… 49
　2.3　可視化解析システム概要 ……… 49
　2.4　可視化解析単軸押出装置 ……… 51
　2.5　可視化解析二軸押出装置 ……… 54
　2.6　終わりに ………………………… 56

3　せん断分散における品質スケールアップ
　と，品質スケールアップが不要な分
　散システム ……………… 橋爪慎治… 57
　3.1　はじめに ………………………… 57
　3.2　せん断分散における分散品質スケー
　　　ルアップ技術 ………………… 57
　3.3　伸長流動分散における分散品質 … 59
　3.4　スラリー分散技術 ……………… 61
　3.5　LFP技術 ………………………… 62
　3.6　各種ナノ分散システム ………… 63
　3.7　おわりに ………………………… 63
4　二軸スクリュ押出機を用いたリアク
　ティブプロセシング …… 酒井忠基… 65

I

4.1 二軸スクリュ押出機を用いたリアクティブプロセシングの優位点 ……… 65

4.2 リアクティブプロセシング実施例 ……………………………… 66

4.3 ポリマーアロイのモルフォロジー形成に関連する要因 ……………… 66

4.4 二軸スクリュ押出機内でのポリマーアロイのモルフォロジー形成 ……… 69

4.5 リアクティブプロセシングに用いるスクリュ形状の選定および操作条件の選定 ……………………… 70

4.6 まとめ ……………………………… 76

第3章　スクリュ設計

1 低温混練技術のためのスクリュデザインの最適化 …………… 久家立也… 78

1.1 はじめに …………………………… 78

1.2 二軸押出機の構成 ………………… 79

1.3 高速・低速回転時の樹脂温度比較 ……………………………… 82

1.4 高トルク・高速回転・深溝化 …… 83

1.5 粘度とスクリュ形状の関係 ……… 86

2 同方向回転二軸押出機のスクリュ構成の最適化，混練条件の設定とスケールアップ ………… 大田佳生… 89

2.1 はじめに ……………………… 89

2.2 同方向回転二軸押出機の装置概要 ……………………………… 89

2.3 同方向回転二軸押出機の5つの混練要素について ……………… 92

2.4 スケールアップの考え方 ……… 101

2.5 応用事例 ……………………… 105

2.6 おわりに ……………………… 110

3 人工知能アルゴリズムを利用したスクリュデザインの自動最適化 ………………………… 福澤洋平… 111

3.1 はじめに ……………………… 111

3.2 ディープラーニング（Deep Neural Network） ……………… 112

3.3 二軸スクリュデザインの自動最適化へのAI適用事例 ……………… 114

3.4 さいごに ……………………… 118

第4章　シミュレーション・評価技術

1 二軸押出機の樹脂流動シミュレーション技術 ……………… 福澤洋平… 119

1.1 はじめに ……………………… 119

1.2 二軸スクリュ押出シミュレーション技術 ……………………… 119

1.3 FAN法シミュレーション ……… 120

1.4 FEMによる3次元スクリュ流動解析 ……………………………… 124

1.5 粒子法シミュレーション ……… 128

1.6 さいごに ……………………… 132

2 マクロとミクロをつなぐスクリュー押出機内流動解析 ………… 竹田　宏… 134

2.1 流動解析によるスクリュー押出機内流動状態の評価 ……………… 134

2.2 粒子解析を利用したスクリュー特性評価とクリアランスに関する考察 ……………………………… 134

2.3　クリアランス通過頻度の理論的予測
　　　　　　……………………… 135
2.4　凝集粒子の粒径分布の予測 ……… 138
2.5　おわりに …………………………… 141
3　コンピュータシミュレーションを利用
　　した二軸スクリュ押出機内成形現象の
　　可視化 …………………… **谷藤眞一郎**… 142
3.1　はじめに …………………………… 142
3.2　成形現象の定量化法 ……………… 143
3.3　二軸スクリュ押出機内成形現象の可
　　視化例 ……………………………… 146
3.4　おわりに …………………………… 149
4　押出混練シミュレーション，樹脂挙動
　　解析とスクリュ条件の求め方
　　………………………… **朝井雄太郎**… 150

4.1　セクションごとの役割と評価すべき
　　パラメータ ………………………… 150
4.2　フィード部，圧縮部，計量部，そし
　　てミキシング部 …………………… 150
4.3　まとめ ……………………………… 157
5　メッシュフリー法に基づく樹脂混練機
　　内の非充満流動解析を活用した樹脂混
　　練機セグメントの性能評価
　　………………………… **山田紗矢香**… 158
5.1　はじめに …………………………… 158
5.2　解析手法 …………………………… 158
5.3　提案した手法の精度の検証 ……… 160
5.4　混練評価への適用 ………………… 164
5.5　最後に ……………………………… 169

第5章　ナノ粒子分散によるナノコンポジット製造

1　高せん断成形加工技術を用いたナノコ
　　ンポジット創製 ………… **清水　博**… 170
1.1　はじめに …………………………… 170
1.2　各種フィラーのナノ分散化の要因
　　　　　　……………………………… 170
1.3　熱可塑性エラストマー／CNT 系ナ
　　ノコンポジット …………………… 171
1.4　PVDF/PA6/CNT 系ナノコンポ
　　ジット ……………………………… 173
1.5　生分解性ポリマー／二酸化チタン系
　　ナノコンポジット ………………… 175
1.6　PA11／層状ケイ酸塩系ナノコンポ

ジット ………………………………… 175
1.7　熱可塑性高分子／炭素繊維／層状ケ
　　イ酸塩系ナノコンポジット ……… 177
1.8　おわりに …………………………… 180
2　高圧流体混練法による CNT バンドル
　　の解繊 ……… **木原伸一**，**滝嶌繁樹**… 182
2.1　はじめに …………………………… 182
2.2　試料作製方法および試料評価方法
　　　　　　……………………………… 183
2.3　実験結果と考察 …………………… 185
2.4　まとめ ……………………………… 188

第6章　長繊維分散による複合材料製造

1　ガラス長繊維強化ポリプロピレン樹脂
　　「モストロン™-L」……… **合田宏史**… 190

1.1　はじめに …………………………… 190
1.2　モストロン™-L とは ……………… 191

III

1.3	材料設計に関する考え方 …………	193		

1.3　材料設計に関する考え方 ………… 193

1.4　GF 配向を活かした設計支援 …… 197

2　セルロースナノファイバーの応用と樹
脂複合体マスターバッチ
……………………… **森　良平**… 199

2.1　セルロースとその研究背景 ……… 199

2.2　セルロースナノファイバーと各種樹
脂との複合化 ………………… 201

2.3　セルロースナノファイバー膜, 紙
…………………………… 202

2.4　樹脂含浸法 …………………… 202

2.5　全セルロース複合体 …………… 203

2.6　セルロースナノファイバーとゴムと
の混合化 ………………… 203

2.7　弊社においてのセルロースナノファ
イバービジネス ………………… 203

3　樹脂混練プロセスにおいて解繊された
セルロースナノファイバー／熱可塑性
樹脂複合材料の特性 ……… **仙波　健**… 208

3.1　セルロースナノファイバーの特徴,
性質と熱可塑性樹脂との複合化 … 208

3.2　CNF 強化熱可塑性樹脂製造プロセ
ス「京都プロセス」—セルロースの
耐熱性とパルプ直接解繊— ……… 208

3.3　京都プロセスにより製造された
CNF 強化熱可塑性樹脂の特性 … 211

3.4　まとめ …………………… 219

4　バイオマスフィラーのプラスチックへ
の利用 ……… **大峠慎二, 伊藤弘和**… 221

4.1　はじめに …………………… 221

4.2　WPC の製造 …………………… 221

4.3　WPC の性能 …………………… 226

4.4　バイオマスフィラーを利用したプラ
スチックの展望 ………………… 226

5　長繊維強化複合プラスチックの直接成
形システム ……………… **福井武久**… 230

5.1　はじめに …………………… 230

5.2　連続式二軸混練機について ……… 230

5.3　直接成形システム・LFTD とは … 232

5.4　CF の繊維長制御, 高分散, 長繊維
化 …………………… 233

5.5　成形事例の紹介 ………………… 236

5.6　おわりに ………………… 236

第1章　溶融混練メカニズム

1　溶融混練の基礎理論と現状

1.1　はじめに

名嘉山祥也[*]

　熱可塑性樹脂の成形では，樹脂を溶融させて流動させる。溶融混練は，溶融状態の樹脂に対する操作である。二軸スクリュ押出機や混練機能を付与した単軸スクリュ押出機は，連続式の混練装置として幅広く用いられている。これら押出機の溶融混練部において，完全に溶融した高分子と異種高分子や固体の充填剤などとの混練が行われる。これによって高分子複合材料（高分子アロイ，ブレンド，コンポジット）の製造や，高分子への添加剤の添加がなされる。さらに，製造プロセス履歴からくる不均質を解消し，下流工程での成形の精度向上の役割も担う。つまり，溶融混練は高分子複合材料の最終物性を決める操作である。

　押出機やその他混練機において有効な混練を達成すべく，実験事実の蓄積，可視化・計測法の開発，そして数値シミュレーションの援用によって理論構築がなされ，現在もその努力が継続されている。近年，混練機内の溶融高分子の三次元熱流動シミュレーションに基づいて混練プロセスを評価する試みが展開されている。本稿では，溶融混練についての，基礎理論，数値シミュレーション技術の概要，シミュレーション結果を処理して混練評価を行う方法を解説する[1,2]。

1.2　溶融混練における 2 つの過程

　基本的に，混練とは非相溶な多成分を混ぜる操作である。まず，比較的理解のしやすい"混合"について考えよう。混合は，濃度むらを減じる過程である。典型的には，液体に溶質あるいは微粒子を加えて，その濃度を一様にするような場合である。分子拡散が効かない（分子拡散が遅い極限。高粘度な高分子材料では分子拡散は遅く，流体力学的な混合が支配的である。）とすると，混合は溶質を含んだ流体塊を引き延ばして折り畳む過程により進行する。引き延ばしによって溶質間距離を増大して濃度を減じ，折り畳みによって初期に遠くにあった溶質を近づける。この過程は，多くの場合，単に"混合"と呼ばれるものであるが，混練の文脈では特に分配混合（distributive mixing）と呼ばれる[1,2]。すなわち，少量成分を空間的に分配する過程が分配混合である。流れによる引き延ばしと折り畳みの過程は，流体中におかれたトレーサー群の軌道を追跡することによって調べることができる。

　次に少量成分が基材と非相溶な場合を考えよう。典型的には少量成分が非相溶な高分子（液滴）や固体充填剤の場合であり，基材に溶解しない少量成分を混ぜ込むような場合である。この

---

[*]　Yasuya Nakayama　九州大学　大学院工学研究院　化学工学部門　准教授

とき少量成分自体（液滴や固体）のサイズスケール以下では濃度むらを減じることはできないので、均一化のためには少量成分のサイズを小さくする過程が必要である。液滴は分裂させ、固体凝集体は破壊・浸食させて、微細化させる。混練の文脈において、この微細化過程は分散混合（dispersive mixing）と呼ばれる[1,2]。非相溶成分を微細化するには液滴の界面張力や固体の凝集力といった変形・破壊に対する復元力に抗する応力と、分裂までに至るエネルギーが必要である。つまり、一定程度以上の応力レベルが適当な継続時間、非相溶成分に付与される過程が必要となる。

　分散（少量成分の微細化）について、しばしば指摘される流動様式の影響について述べる。応力による仕事は、応力の主方向と歪み変形する方向が一致している場合が最も効率的である。別の言い方をすると、歪み速度における回転成分（渦度）が小さい方がよい。したがって同じ応力レベルであるならば、主応力と歪みの方向が一致するような流動様式が分散に効果的である。伸長流動はそのような流れであるが、一方、単純せん断流動はそうではない。図1は、単純せん断流動と伸長流動のときの液滴分裂の臨界応力を比較したものである（マトリックス、液滴ともニュートン流体）[3]。粘度比が大きい（液滴の方が高粘度）ほど、液滴は変形しにくくなるので分裂しにくくなる。反対に、小さい粘度比では、基材から受ける応力は液的内の流れのエネルギーに消費されるので分裂が起きにくい。粘度比が近いほど、液滴の変形そして分裂が容易とな

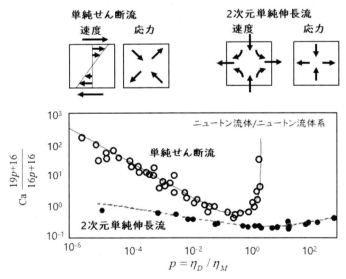

図1　液滴の分裂が生じる臨界キャピラリー数と流動様式の関係
界面張力による応力 σ/R（液滴変形を復元させる効果。σ は界面張力，R は液滴の曲率半径）に対して，マトリックスの応力 $\eta_M \dot{\gamma}$（液滴を変形させる効果。η_M はマトリックス液体の粘度，$\dot{\gamma}$ は歪み速度）が大きくなると液滴が分裂する。キャピラリー数 $Ca = \eta_M \dot{\gamma} R/\sigma$ は競合するこれら2つの作用の比を表している。横軸はマトリックスと液滴の粘度比 $p = \eta_D/\eta_M$ で，縦軸は臨界キャピラリー数 Ca に比例した量（微小変形時の変形量[32]）であり，この図は液滴の分裂を応力レベルで整理したものである。

第1章　溶融混練メカニズム

る。

　さて，流動様式による違いをみてみると，単純せん断流に比べて伸長流の方が臨界応力が低い
ことがわかる。単純せん断流では，粘度比による臨界 Ca の変化が大きく，さらに粘度比＞4で
は単純せん断流で分裂は起きないこともわかる。一方，伸長流では粘度比による臨界 Ca の変化
はあまりない。このように，流動様式が分散に影響し，伸長流は液滴分裂に効率的であることが
わかる。ちなみに，臨界 Ca と粘度比の関係について，単純せん断流の場合と[4]，伸長流で低粘
度比のべき乗則領域[5]について相関式が示されている。

　実際の高分子ブレンドは粘弾性液体であるため，つまり，粘度だけでなく弾性応力の寄与があ
るため，臨界 Ca はニュートン流体のときよりも大きくなるが[6]，流動様式による分裂効率への
影響は一般的なことである。図1による比較は応力基準のものであるが，エネルギー基準でも伸
長流動の方が効率的である[3]。

　実際の装置内の流れでは，応力レベルも流動様式も流れに沿って変化する。したがって，分散
のためにはあくまでも必要な応力を必要な時間継続する過程があることが重要である。また，分
裂した液滴の再合一を防ぐことも必要である。高分子の相容化剤は，液滴界面を修飾して界面張
力を下げて（したがってキャピラリー数は増加）分裂を促進する。それだけでなく，修飾高分子
鎖による斥力によって再合一を防ぐといった働きをもっている。

　高分子と固体充填剤の混練過程も，基本的に充填剤の微細化と分配混合を経ることで達成され
る[7]。固体凝集塊の分散を促進するには，充填粒子同士の相互作用は弱く，マトリクス高分子と
充填粒子の相互作用は強いことが望ましい。分散剤はこのような作用をもつものであり，ブレン
ドにおける相容化剤と同様，物理作用と化学処理で効果的に混練を達成するために用いられる。

1.3　連続式溶融混練
1.3.1　単軸スクリュ押出

　単軸スクリュ押出において混練を行う場合には溶融体輸送部に混練エレメントを配置する（図
2）。単軸スクリュの混練エレメントには実に様々な形状が提案されている[8~12]。混練エレメン
トの形状は，基本的には分配混合か分散混合のいずれかを促進するようなデザインが元になって
いる。分配混合を促進するには，流れを分岐させて合流させることを繰り返せばよい。流れを分
岐・合流させるためには，複数のピンやフィンや rhomboid（菱形，長斜方形）を適当な間隔や
らせんピッチに配置したり（knob mixers, pinapple mixer, pin mixers, Dulmage-type screws），
スクリュフライトに切り欠きを設けたりすればよい（図3(a)~(d)）。ピンなどの突起をスクリュ
と組み合わせたような形状も見られる。これらの形状では，溝深さは浅くないのでスクリュ回転
によるせん断は比較的弱く，したがって少量成分の分裂・破壊は起こりにくい。マスターバッチ
混合のような材料分布の均質化や，温度の均質化などに用いられる。その他に，cavity transfer
mixers と呼ばれる形状では，スクリュとシリンダ側にそれぞれキャビティを設けて，それをず
らして組み合わせるデザインになっている（図3(e)）。溶融材料は，スクリュ側とシリンダ側の

3

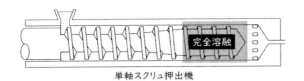

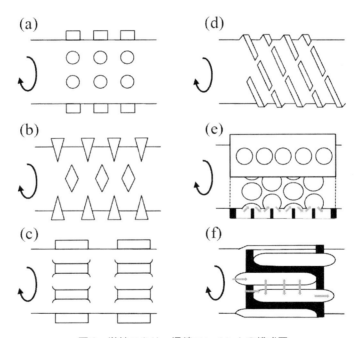

図2　単軸及び二軸スクリュ押出機の模式図

図3　単軸スクリュ混練エレメントの模式図
(a)ピンミキサー，(b)菱形ピン，(c)Dulmage型ミキサー（フィン），(d)多条ねじと切り欠き，
(e)cavity transferミキサー，(f)Maddock型ミキサー

キャビティを移動していく。その過程でスクリュ回転によってキャビティ間の移動時に分岐と合流が起こるようにしている。上記のいずれの形状についても，スクリュ回転による周方向流れと押出による軸方向流れに対し，エレメントがつくる流路によって分岐・合流させるようなデザインが基本となっている。

　一方，分散混合を促進するには高い応力が必要となるため，そのために狭隘部を設置すること，

第1章 溶融混練メカニズム

そしてそこに材料を送り込む形状デザインが元になっている。Maddock 型 screws は溝深さが浅い部分と，そこに材料を通すための深溝のフルート部とその背後にバリアを設ける構造が基本になっている（図 3(f)）。この形状をらせん状にする場合もある。また単純に浅溝のリング部を設ける（blister ring mixers）デザインもある。多条ねじをもとに，高さの異なる主フライトと副フライトでせき止めとせん断付与効果を狙ったり（double flight），あるいは異なる溝深さに利用したりする形状もある。また，溝の深さをらせんに沿って連続的縮小と拡大させる形状（wave type）も考案されている。分散混合のために伸長流を発生させる個所を設けるデザインもある。次第に狭くなった後に拡大する流路における流れは伸長流になる（図 4）。CRD ミキシングスクリュ（Chris Rauwendaal Dispersive mixing screw[12]）では，フライト形状やフライトの切り欠きに縮小・拡大する形状を設けて伸長流の効果を得ている。

さて，スクリュ式のマシンでは，スクリュ回転によるスクリュとバレルの間のせん断流動が前提になっている。そのため，混練エレメントの形状は，スクリュ回転による流れと押出による軸方向の流れの重畳を利用している。一方で，伸長流を発生させるための縮小・拡大流路では，基本的に出入口間の圧力損失が必要になる。また，せん断流などに含まれる流れの回転成分は，伸長流のためには排除しなければならない。したがって，伸長速度の大きな伸長流の発生はスクリュ回転によるせん断流とは異質な面をもつ。回転するスクリュを前提に縮小・拡大個所を設けられる場合もあるが，スクリュ回転と無関係に軸方向に縮小・拡大流路を設けて伸長流を発生させることも可能である。あるいは，スタティックミキサのように，縮小・拡大流路を回転させずに配置してもよいだろう。

以上のように，多様な混練エレメントの狙いや効果は，エレメントに規定される流路形状の要素（流路の分岐と合流，せき止め，すき間，スクリュおよびバレルの溝深さ，条数など）がどのような流れを生み出すかを考えることで，概略を理解することができる。

辰巳は，混練方式の違いにより，エレメントを位置交換方式，バリア・スリット方式，伸長変形方式に分類している[8]。位置交換方式とは，分岐・合流による位置交換を指している。バリア・スリット方式とは，Maddock 型，ダブルフライト型（バリアフライトとスリットフライト）などで，分散混合を狙ったものである。伸長変形方式とは，前述のような伸長流発生個所を設けた

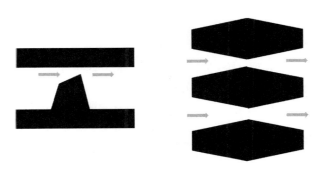

図 4　伸長流発生のための縮小・拡大流路の例

タイプである。

　以上のように，多用な形状の混練エレメントが開発されており，これらは分配混合と分散混合の概念に基づいていることがわかる。単軸スクリュ押出機は，二軸スクリュ押出機と比較して，構造が単純で設備投資の面で有利でありスケールアップも容易であるのが特徴である。その一方，バレルと回転するスクリュの間で発生する応力は相対的に小さく，分散混合の程度には限界がある。

1.3.2　二軸スクリュ押出

　二軸スクリュ押出機では，2本のスクリュの形状，配置，操作方法によって単軸では得られない大きな応力（2本のスクリュ間の流れ）と複雑な流れ（2本のスクリュ間を相対位置による流れや2本のスクリュ領域を行き来する流れなど）を発生させることができる。スクリュおよびバレルは組換式になっており，プロセスに応じてスクリュ構成を組み替えて利用する仕組みになっている。図2にスクリュ構成の例を示す。

　スクリュチップとバレルおよび2本のスクリュ間は，スクリュ回転に伴って材料をかきとる（セルフクリーニング）ために狭隘に作られており，材料の淀みを防ぐ効果がある（図5）。これらの狭隘部は最大のせん断応力が発生する個所でもある。したがって溶融混練における分散は，材料が狭隘部を繰り返し通過することで進行する。したがって，分散混合効果を高めるためには，狭隘部の大きさの設計と狭隘部への材料への搬送の2つが必要となる。まず狭隘部の大きさ（間隙）におけるトレードオフについて述べる。間隙を狭くすると，せん断応力のレベルは高くなるが，材料の通過量は減少してしまう。間隙のサイズはせん断応力と通過量のバランスで決めなくてはならない。次に，狭隘部への材料搬送について述べる。混練部を通過する全ての材料が，満遍なくそして繰り返し狭隘部を通過することが，分散を行うために理想的であるが，これは非狭隘部でどのような流れを作り出すかに依存する。すなわち，ここに流路の大部分をしめる非狭隘部での流れの重要性がある（図5，後述）。

　分配混合については，単軸スクリュ押出機と同様，合流や分岐流の頻度を高めた複雑な流動場を引き起こすための複雑な形状のエレメントが用いられる。また，単軸スクリュ押出機と違って，一部の領域を除いて，非充満状態で材料が輸送されるため，部分的に押出方向と逆方向に輸送され，それに伴い位置交換が促進される場合もある。

　分散のために発生させる大きな応力は，一方で粘性発熱の問題を引き起こす。粘性発熱による温度上昇は，樹脂材料の熱劣化を引き起こす恐れがある。さらに，温度上昇に伴う粘度の低下による混練への影響もある。温度上昇を抑制するためには，バレルから冷却を促進すればよい。そのためには，再びスクリュチップとバレルの隙間サイズと非狭隘部の流れが重要となる。バレル壁面に溶融樹脂の膜が形成されると，樹脂の低熱伝導性の性質から冷却阻害が起きてしまうので，これを避けるためにチップクリアランスを小さくしセルフクリーニングを高めることになる。一方，数個あるスクリュチップに対して，チップごとにチップクリアランスを変えることで，セルフクリーニング性と材料の通過を異なるチップで対応させるエレメントを用いるエレメント

第1章 溶融混練メカニズム

設計もある[13]。

　さて基本的な流れについて，二軸スクリュ押出機においても単軸の場合と同様に，スクリュ回転によるせん断流と押出による軸方向流れの重畳が基本的な要素となる。これに各種エレメント形状が規定する流路によって流れが生じ溶融混練過程が進行する。混練エレメントとしてニーディングブロックは汎用的な用途に用いられる（図5，6，7）。ニーディングブロックはブロックを構成するディスク間のねじれ角度や，ディスク幅を変えることによって，混練特性が変わる。例えば，ディスク幅を細くすると分配混合性が高くなり，反対にディスク幅を厚くすると，ディスクによる圧縮流が効いて分散混合効果が高くなる。また，その他にも様々な用途のための特殊形状の混練スクリュも用いられる（図6，7）。伸長流を利用した分散混合エレメントも近年提案されている[14,15]。縮小・拡大流路を複数設け，材料は必ずこの流路を通るようにしている。前述したようにスクリュ回転によるせん断流は伸長流になじまないので，このエレメントは回転させていない。以上のように，二軸スクリュ押出機についても，分散混合及び分配混合のために，様々な混練エレメント形状がある。これらの効果もやはり，エレメントにより規定される流路形状がどのような流れを生み出すかを考えることによって，概略を理解して使い分けることができる。

1.4　溶融混練部内の流れの数値計算

　混練エレメントは，多くの場合狭隘部（各種のクリアランスや溝）が入り組んだ複雑な形状である。混練部内の流れは，このような混練エレメントの形状によって大きく支配される。したがって，溶融混練過程を定量化するためには，溶融混練部内の流路形状に基づく流れを解き，混練エレメント形状がつくる流れを理解することがまず必要となる。

　次に流体のモデリングについて考えてみる。混練される流体は，溶融樹脂を主とした多成分系であるから，原理的には流体モデルを対象に応じて個別に設定して対応しなければならない。混練される材料は，レオロジー的には粘弾性を含めた非ニュートン流体であり，また，成分組成に依存したレオロジー変化を伴いうる。さりとて現実的な問題としては，そのような詳細にモデル化された系の流れを複雑な流路内で解くことは著しく困難である。そもそも詳細なモデリングに対し精密なパラメータ測定あるいは推定が難しい場合も少なくない。一方で，混練過程は流路形状による効果が大きいことを思い出すと，流体モデルとしては重要な効果のみを残して解析に扱いやすいように簡単化を行うことが有効である。では，ミニマルな流体モデルはどのように考えればよいだろうか。まず，シアシニングを示す粘性流体とする。これは，ニュートン流体では表れないせん断速度の境界層を表すために必要である。次に，粘性発熱の効果を考慮するために温度場も考慮する。少なくともこれらの効果を考慮することによって，高粘度である溶融樹脂の流れをモデル化することができる[16]。現段階でしばしば行われるのはこのようなアプローチであり，形状と流れ（速度，応力，温度）の関係を議論することができる。また，装置形状や操作条件，材料物性などを変更したケーススタディも行われ，現象の理論構築に利用される。

混練プロセスを定量化するためには，上述のオイラー的な場の解を使って，トレーサー（物質点）群の軌道を解析する。分配・分散混合および混練エレメントについて前述したように，混練過程は，流路の様々な個所を通過することによって進行していく。例えば分散の効果を知るにはある流体要素が高応力部を何回（あるいはどの程度の時間）通過したかを求めなければならない。混練プロセスは材料が溶融混練部を通過する間に起きる作用なので，トレーサー群の軌道が定量化の基礎となる。さらに，異なるトレーサーが通る軌道は異なるので，トレーサー群の軌道全体はすべからくゆらぎがある。そのため，混練過程はトレーサー群の軌道に基づく量の統計分布として定量化される。以上のように，混練過程の理解は，流路形状と流れ，その結果としてそして軌道群の統計の3つを解析することによって行われる。

1.5 溶融混練過程を定量化するには

混練を定量化するためには，原理的には混練対象である材料の性質と混練過程の両方を考慮する必要がある。しかし，多相系である高分子複合材料のモルフォロジーの形成機構およびレオロジー応答が常に全てわかるわけではない。一方で混練対象の性質とは独立に，混練過程において作用する流れの効果を議論することは可能である。流れの作用を考察することは，混練過程の一般的なメカニズムを考察することである。溶融混練部の流れは，混練エレメントとバレルが規定する流路形状に大きく支配される。そのため，混練部流路内の流れの特徴を解析することによって，混練に及ぼす作用を特徴づけることができる。数値計算によって得られた情報と実験による可視化・計測結果を比較し，これらを相補的に観察することによって，実用上有効な予測・評価を得ることが可能である。以下，これまで提案されてきた分配および分散混合の定量化の仕方について，有効なものについて解説する[1,2]。

1.5.1 分配混合

混合・混練は有限の体積をもつ材料が対象であるから，すべからく不均一性が伴う。したがって混練装置におけるプロセスおよび結果において，平均的な性質だけでなくゆらぎを議論することが必要である。混練の不均一性は，混練過程における経路の不均一性を反映している。混練される材料が流れによってどのような個所を通ってどのような作用を受けるかといった過程を解析することによって混練の仕組みに基づいて混練プロセスを評価することができる。そのためには，流路各所のエレメント形状デザインと局所的な流れの関係，操作条件の効果，そして装置全体の軌道の集合の性質といった，局所および大域的な性質を併せて解析することが必要である。

混合の素過程を引き起こすのは，歪み速度 $D = (\nabla v + \nabla v^T)/2$ である。最も強い D は狭隘部に生じ，その大きさは $\dot{\gamma} \approx \Omega r/l$ （Ω：スクリュ回転速度，r：スクリュチップ半径，l：狭隘部の幅）と見積もられる。すなわち，最大レベルの D は混練エレメントの狭隘部形状のみでほぼ決まり，全体形状には関係ない。したがって解析の興味は，材料（物質点）がこれらの狭隘部をどれぐらいの頻度で通過してくれるかどうか，になる。その意味で混合特性を支配するのは，狭隘部以外の流れであり，これは混練エレメントの形状に左右される。

第1章　溶融混練メカニズム

　混合特性に関連してしばしば測定されるのは滞留時間分布である。滞留時間は，流体要素が溶融混練部を通過する時間であり，その統計分布が滞留時間分布である。これは，流出口にある流体要素それぞれが流入口を出発した時刻のばらつきを表すため，軸方向の混合を相対評価する目安となる。また，実験的に測定可能であり，混練部の"流れ"を特徴づける基本的な量である。しかし，滞留時間は混練の過程自体を直接表すものではない。滞留時間が同じでも材料がどこを通過して，どのような作用を受けたのかはわからないからである。

　混合プロセスを直接評価するには，流体要素の引き延ばしを見ればよい。これは有限時間リアプノフ指数（FTLE：nite-time Lyapunov exponent）で行える。混合過程は，ラグランジアンカオス[17~20]であると考えられるので，FTLEによってその程度が定量化できる。正のFTLEは，大きな値ほど強い引き延ばしを意味する。一方，零もしくは負のFTLEは，引き延ばしはなく，近接点との相関が継続することを意味する。つまり流されるのみで混ざっていかない過程を表す。

　混合プロセスの特徴は流れパターンに基づいており，それを規定しているのは流路形状である。したがって，流路形状が支配する流れパターンを把握することが重要である。筆者らは，流動様式を用いて合流と分岐流の発生個所の把握ができることを指摘した。そして流動様式を表す次のスカラーを導入した[21,22]。

$$\beta = \frac{3\sqrt{6}\,\mathrm{det}D}{(D:D)^{3/2}} \tag{1}$$

βの値が1のとき合流（一軸伸長流），-1のとき分岐流（二軸伸長流），0のとき合流・分岐流なし（平面せん断流）を表す。図5は，二軸スクリュ押出におけるフルフライトスクリュとニーディングブロックによる流れを比較している．せん断速度分布には形状による大きな違いはない。すなわち，せん断速度は狭隘部で最大レベルであり，非狭隘部では低い。一方，非狭隘部の流動様式（合流，分岐流）の分布は，両エレメントで大きく異なる。このような流動様式の違いが混合過程に果たす役割は，速度場やトレーサー軌道を併せて議論することで解析できる。この

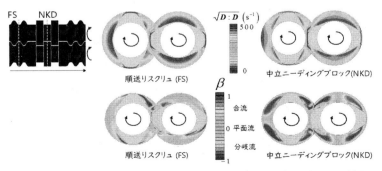

図5　順送りスクリュ（FS）と中立ニーディングブロック(NKD)による流れにおける歪み速度$\sqrt{D:D}$の分布（上段）と流動様式βの分布（下段）

ように流動様式の分布は，流れパターンにおいて注目すべき個所を特定する上で有効なツールである。流動様式を判別する他の量として flow strength[20,23,24] も用いられたが，高階微分を含むため数値的評価に適していない。類似の量として，flow number[20,24] は変形速度における渦度の寄与の割合を表す。つまり流動様式を表す量ではない。混合効率と名付けられた量[17] は，歪み速度が特定の方向へ作用する割合を定量化する。物理的に重要な概念であるが，混合効率の有効な利用はまだみられない。

　混合の過程ではなく，混合の結果を評価するには，物質分布の不均一性（むら）の程度を定量化すればよい。これは適当な濃度分布をもとに，一様性からのずれとして定量化すればよい。濃度の標準偏差に基づく intensity of segregation[25] や平均と標準偏差の比である変動係数（coefficient of variation），高次モーメントまで考慮する情報エントロピー[26]，分子動力学などでよく用いられる対分布関数[27] などが用いられている。これらの数学的な定義は異なるが，いずれにしても，一様な状態の理想値とそこからのずれによって濃度分布の非一様性を定量化している。

1.5.2　分散混合

　少量成分の微細化（分散）を引き起こすには高い応力レベルが必要である。最も強い応力も，歪み速度の場合と同様に狭隘部に生じ，その大きさは $\tau \approx \eta(\dot{\gamma})\dot{\gamma} = \eta(\Omega r/l)\Omega r/l$ と見積もられる。すなわち狭隘部局所の形状設計で高応力個所が設けられている。このように高応力個所が設けれられている前提において，分散を促進するために必要なことは，材料が限られた高応力部を繰り返し通過することである。したがって，混練部の流れにおいて，分散を支配するもう1つの重要な要素は狭隘部以外の流れということになる。非狭隘部の流れが，材料を満遍なくそして繰り返し狭隘部へ搬送するようなものであれば，混練プロセスにおける分散混合効果は高くなる。以上に基づき，分散混合能力を評価するには，軌道に沿った応力履歴が基本的な情報となる。トレーサー軌道における高応力部の通過時間（あるいは通過回数）や[22,28]，軌道中に受けた応力あるいはエネルギー散逸を観測する[22,29]。そしてこのような軌道ごとの量の統計分布が混練装置の分散混合能力を特徴づける。また，混練対象材料の成分微細化ダイナミクスのモードや，それに必要な応力レベルや破壊エネルギー，レオロジー変化などの情報がわかっていれば，分散結果の推定につながる。

1.6　溶融混練過程評価の例

　筆者らは，二軸スクリュ押出機の混練エレメントとして傾斜チップニーディングブロック（図6(a)，通常のディスクのチップ部を傾斜させて，ニーディングブロックの流れを変調させる）を提案し[29]，数値シミュレーションを用いてその特性を評価した[22]。図6(b)は，滞留時間中の平均有限時間リアプノフ指数（FTLE）と平均応力の統計分布である。正の FTLE は強い混合作用を表し，負値は混合がほとんどないことを表す。従来型のニーディングブロックである FKD では軌道履歴に2つのピークが見られ，一方のピークでは平均 FTLE が負となっている。このこ

第1章　溶融混練メカニズム

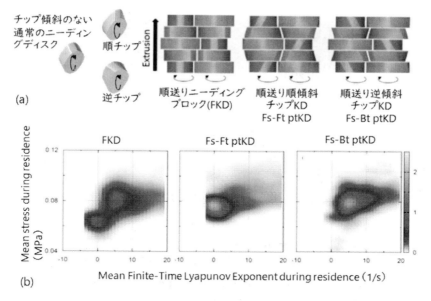

図6　滞留時間中の平均応力と平均有限時間リアプノフ指数の統計分布[22]
FKD：通常の順ねじれニーディングブロック，Fs-Ft ptKD：順ねじれ順傾斜チップニーディングブロック，Fs-Bt ptKD：順ねじれ逆傾斜チップニーディングブロック

とから，FKDでは一部の軌道群で混合がすすまず，平均的に混合効果があるものの不均一性が大きくなり得ることを示唆している。一方で，チップ傾斜させた場合，統計分布は一山であり，FKDで見られた不均一性は抑制されることがわかった。また，チップ傾斜の方向によって混練特性が異なっており，このことからチップ傾斜の調整によって不均一性を抑制しつつ混練特性を調整できることが示唆された。以上のようにFTLEを用いて直接的に混合特性を評価できる。また，応力の情報も同時に議論することによって，混練エレメントがもつ混練特性を議論することができる。

　ガラス繊維強化樹脂は，高分子にガラス繊維を分散させてペレットを作成する。解繊（繊維束が個々の繊維にほぐれる）不良は，成形品の薄肉化・小型化に伴い問題が顕著となる。筆者らは解繊不良を数値シミュレーションから予測することを検討した[30,31]。ガラス繊維束の解繊は分散の効果で起こる。解繊不良の発生は混練部の滞留時間中に十分な応力を受けないことで生じると考えられ，滞留時間中応力総和の低い値と関係する。このことから，滞留時間中の応力総和を図7(a)，(b)に示す2種類のエレメントに対し計算した。その統計分布が図7(c)である。一方，図7(a)，(b)のエレメントを用いて実験を行い，解繊不良ペレットの発生確率を求めた。滞留時間中応力総和の最小値（図7(c)の○印）と解繊不良発生確率を比較すると，流量／スクリュ回転数が一定の条件で図7(d)のような良好な相関が見出された。このことを利用すると，数値シミュレーションを参考にして解繊不良発生を抑制する混練エレメントおよび操作条件の選択が可能となる。以上のように，実験データの背後にある現象を考察しつつ数値シミュレーションデータを利

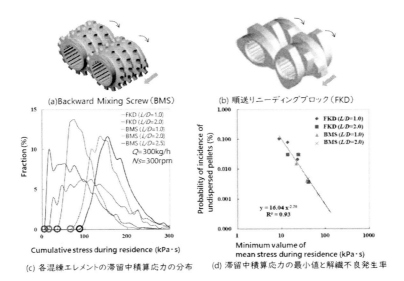

図7 ガラス繊維束と樹脂の混練における繊維束の解繊不良予測[30,31]
L：エレメント長さ，D：スクリュ直径。(a) BMS と(b) FKD を用いた場合を比較した。(c)数値シミュレーションによる滞留中積算応力の分布，(d)実験による解繊不良ペレット発生率と数値シミュレーションによる滞留中積算応力の最小値の関係。

用することが，プロセスに有効な評価を得るために重要であることを例示している。

1.7 おわりに

溶融混練過程についての流体力学を概説し，それに基づいて，混練エレメントの形状，数値シミュレーション，混練過程の評価を実際の押出機と結びつけて説明した。これらの理論は溶融混練過程の一般的な側面を捉えているため，多くの系に適用可能なものである。その一方，様々な混練プロセスの詳細は捨象しているため，個々のプロセスの詳細な混練メカニズムに対しては，基本的な理論をもとにプロセス個別の側面を取り込んで解析していく必要がある。装置設計の最適化などにつなげるには，個別のプロセスについてより緻密な理論体系を進める必要がある。一方で，汎用的レベルの理論でも，実験と計算の両面から現象を考察すれば，種々の問題解決につなげることが可能な場合も多い。本稿のような汎用的な溶融混練理論と，個々のプロセスの観察・実験データの蓄積を組み合わせていくことにより，今後のさらなる理論の進展およびその体系化が期待される。

第1章　溶融混練メカニズム

文　　献

1) 梶原稔尚, 名嘉山祥也, 最新ミキシング技術の基礎と応用, 三恵社, pp. 84-96 (2008)
2) 梶原稔尚, 名嘉山祥也, 成形加工, **23**, 72 (2011)
3) H. P. Grace, *Chem. Eng. Comm.*, **14**, 225 (1982)
4) R. A. de Bruijn, Ph.D. thesis (1989)
5) B. Bentley, L. G. Leal, *J. Fluid Mech.*, **167**, 241 (1986)
6) F. Gauthier, H. L. Goldsmith, S. G. Mason, *Rheol. Acta*, **10**, 344 (1971)
7) H. Palmgren, *Rubber Chem. Technol.*, **48**, 462 (1975)
8) 辰巳昌典, ポリマー混練・分散技術および具体的な不良要因とその対策, 技術情報協会, pp. 77-126 (2003)
9) 坂上守, プラスチックスエージ, **49**, 130 (2003)
10) 坂上守, プラスチックスエージ, **49**, 142 (2003)
11) M. Gale, Mixing in single screw extrusion, ISmithers (2009)
12) C. Rauwendaal, Polymer Extrusion, 5 ed., Hanser (2014)
13) 井上公雄, 成形加工, **16**, 510 (2004)
14) S. O. Carson, J. A. Covas, J. M. Maia, *Advances in Polymer Technology*, **36**, 455 (2017)
15) S. O. Carson, J. M. Maia, J. A. Covas, *Advances in Polymer Technology*, **37**, 167 (2018)
16) T. Ishikawa, T. Amano, S.-I. Kihara, K. Funatsu, *Polym. Eng. Sci.*, **42**, 925 (2002)
17) J. M. Ottino, The Kinematics of Mixing, Cambridge University Press (1989)
18) E. Ott, Chaos in Dynamical Systems, 2 ed., Cambridge University Press (2002)
19) A. Lawal, D. M. Kalyon, *Polym. Eng. Sci.*, **35**, 1325 (1995)
20) I. Manas-Zloczower, H. Cheng, *Macromol. Symp.*, **112**, 77 (1996)
21) Y. Nakayama, T. Kajiwara, T. Masaki, *AIChE J.*, **62**, 2563 (2016)
22) Y. Nakayama et al., *AIChE.*, **64**, 1424 (2018)
23) R. G. Larson, *Rheol. Acta*, **24**, 443 (1985)
24) H.-H. Yang, I. Manas-Zloczower, *Polym. Eng. Sci.*, **32**, 1411 (1992)
25) A. Lawal, D. M. Kalyon, *J. Appl. Polym. Sci.*, **58**, 1501 (1995)
26) K. Alemaskin, I. Manas-Zloczower, M. Kaufman, *Polym. Eng. Sci.*, **45**, 1031 (2005)
27) H.-H. Yang, I. Manas-Zloczower, Mixing and Compounding of Polymers, Hanser, pp. 269-298 (2009)
28) Y. Nakayama et al., 日本レオロジー学会誌, **44**, 281 (2017)
29) Y. Nakayama et al., *Chem. Eng. Sci.*, **66**, 103 (2011)
30) K. Hirata et al., *Intern. Polym. Proces.*, **28**, 368 (2013)
31) K. Hirata et al., *Polym. Eng. Sci.*, **54**, 2005 (2014)
32) G. I. Taylor, *Proc. R. Soc. Lond. A*, **146**, 501 (1934)

2 溶融混練における樹脂の粘度・温度の影響

田上秀一[*1]，植松英之[*2]

2.1 はじめに

　樹脂の溶融混練は，高温にして液体状になった樹脂に機能性を付与するために，その機能性を有する材料を添加して混合するプロセスである。液体状の樹脂の粘度は水や油に比べ高いので，溶融混練は高粘度流体の流体操作の一種と位置付けられ，添加物が十分混ざらないなど水や油の混合操作に比べ課題が多い。

　一方，樹脂材料の溶融混練を検討する場合，時間やコストを多く割くことができないという工業的な要因から，既存の二軸押出機はできるだけ触らずに，二軸押出機の操作条件や材料の投入方法などを変えて検討することが多い。その方法の一つに樹脂の温度を変えることがある。樹脂の温度を高くすると粘度が下がるのは自明であるが，樹脂の粘度が溶融混練にどれほど影響を及ぼすのかについては，ノウハウを含むため，表に出ない。

　本節では，樹脂の粘度と温度が溶融混練操作においてどのような影響を及ぼすのか，過去に論文発表された事例を用いながら概説する。また，その概説に対する理解を助ける位置づけで，樹脂の粘度についても定義を含めて説明する。

2.2 粘度とは

2.2.1 流れの様式　せん断流れと伸長流れ

　流れの様式には，大別してせん断流れと伸長流れがある。せん断流れは流れ方向に対して垂直な方向に速度差を持つ速度分布で構成され，四角形の流体要素がせん断変形を受ける流れである。ダイ内流動，金型内流動，押出機内流動などがせん断流れの代表例である。伸長流れは加速，減速を伴う流れのことをいい，流れ方向に対して速度差を持つ速度分布で構成され，四角形の流体要素が引張変形を受ける流れである。紡糸やフィルム成形で見られる延伸工程，ブロー成形で見られる吹込み工程などが伸長流れの代表例である。

　それぞれの流れにおける流体の変形の度合いは，流体要素が1秒間に変形するひずみ，ひずみ速度で評価される。図1にせん断流れにおける流体の変形と速度の関係を示す。点Aでの速度をv_A，点Bでの速度をv_B，点AB間の距離をHとする。せん断変形の場合，基準となる方向は速度と垂直な方向であり，基準となる流体要素の長さは図1中のHとなる。1秒間に変形した量は図1中のΔHであり，この量は2点間の速度差$v_A - v_B$で表現される。ひずみの定義は変形した量を基準となる長さで割った量であるので，1秒後のせん断ひずみ$\dot{\gamma}$は次式で表現される。

$$\dot{\gamma} = \frac{\Delta H}{H} = \frac{v_A - v_B}{H} \tag{1}$$

＊1　Shuichi Tanoue　福井大学　学術研究院　工学系部門　繊維先端工学講座　教授

＊2　Hideyuki Uematsu　福井大学　学術研究院　工学系部門　繊維先端工学講座　准教授

第1章 溶融混練メカニズム

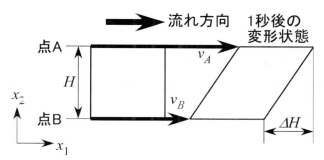

図1 せん断流れにおける流体要素の変形と速度の関係

この量はせん断速度と呼ばれる。図1で速度の方向を x_1 方向，点Bから点Aの方向を x_2 方向の直交座標で表現すると，せん断速度は次式で表現される。

$$\dot{\gamma} = \frac{v_A - v_B}{H} = \frac{\Delta v_1}{\Delta x_2} = \frac{dv_1}{dx_2} \tag{2}$$

この量は速度勾配であり，1秒間の流体要素の変形量を示す。

　伸長流れについても，せん断流れと同様に速度勾配が1秒間の伸長変形量を示す。図2に伸長流れの一部分における流体の変形と速度の関係を示す。点Aでの速度を v_A，点Bでの速度を v_B，点AB間の距離を H とする。伸長変形の場合，基準となる方向は速度と同じ方向であり，基準となる流体要素の長さは図2中の H となる。また，1秒間に変形した量は図2中の ΔH であり，この量は2点間の速度差 $v_A - v_B$ で表現される。よって，1秒後の伸長ひずみ $\dot{\varepsilon}$ は次式で表現される。

$$\dot{\varepsilon} = \frac{\Delta H}{H} = \frac{v_A - v_B}{H} \tag{3}$$

この量は伸長速度と呼ばれる。図2を，速度の方向を1方向とする直交座標系で表現すると，伸長速度は次式で表現されることがわかる。

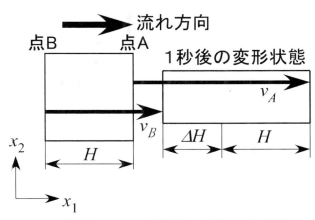

図2 伸長流れにおける流体要素の変形と速度の関係

$$\dot{\varepsilon} = \frac{v_A - v_B}{H} = \frac{\Delta v_1}{\Delta x_1} = \frac{dv_1}{dx_1} \tag{4}$$

2.2.2 粘度の定義　せん断粘度と伸長粘度

　粘性とは流体が流れるとき，流体中に生じる流れを妨げようとする性質のことであり，粘性の大きさが粘度である。粘度は物性値であるが，その評価には「流れ」を理解する必要がある。

　流体要素が図3に示すようなせん断変形を受ける場合を考える。速度の方向をx_1方向，速度勾配を持つ方向をx_2方向，両者に中立の方向をx_3方向という直交座標系を考えると，せん断変形する流体要素には1つのせん断応力σ_{12}と3つの法線応力σ_{11}，σ_{22}，σ_{33}が作用する。せん断流れを妨げようとする性質は，せん断応力σ_{12}とせん断速度$\dot{\gamma}$の比で表現される。

$$\eta = \frac{\sigma_{12}}{\dot{\gamma}} \tag{5}$$

これが粘度の定義式である。せん断流れにおける粘度であるので，せん断粘度とも呼ばれる。

　伸長流れにおいても粘度は定義される。伸長流れを妨げる性質を示す量であり，伸長応力と伸長速度の比で表現される。この量をせん断粘度と区別する意味で伸長粘度と呼ばれている。

　伸長変形は，①一つの方向が伸び，他の二つの方向が均等に縮む一軸伸長変形，②二つの方向が均等に伸び，他の一つの方向が縮む二軸伸長変形，③一つの方向が伸び，もう一つの方向が変形せず，あと一つの方向が縮む平面伸長変形，があり，それぞれの変形様式において伸長粘度は定義される。このうち代表的な伸長粘度が一軸伸長変形での粘度，つまり一軸伸長粘度である。流体要素が図4に示すような変形を受ける場合を考える。変形の方向をx_1方向，それ以外の方向をx_2方向およびx_3方向という直交座標系を考えると，伸長速度$\dot{\varepsilon}$は次式で定義される。

$$\dot{\varepsilon} = \frac{dv_1}{dx_1} = -2\frac{dv_2}{dx_2} = -2\frac{dv_3}{dx_3} \tag{6}$$

このとき，流体要素にはx_1方向に引張方向の法線応力σ_{11}，x_2方向およびx_3方向に圧縮方向の法

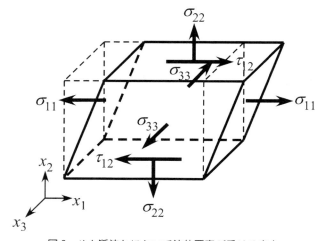

図3　せん断流れにおいて流体要素が受ける応力

第1章　溶融混練メカニズム

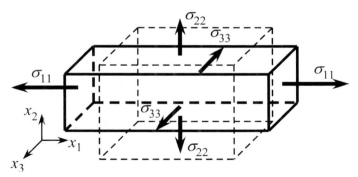

図4　伸長流れにおいて流体要素が受ける応力

線応力 σ_{22} および σ_{33} が存在する。以上の量を用いて，一軸伸長粘度は次式で定義される。

$$\eta_E = \frac{\sigma_{11} - \sigma_{22}}{\dot{\varepsilon}} = \frac{\sigma_{11} - \sigma_{33}}{\dot{\varepsilon}} \tag{7}$$

2.3　高分子流体の粘度は何に依存するのか
2.3.1　ひずみ速度依存性

　高分子流体は，ひずみ速度により粘度が変化することが知られている。高分子流体のせん断粘度はせん断速度に依存し，一般的にせん断速度を大きくするとせん断粘度が減少するShear-thinning性を示す。図5は，ポリスチレンの種々の温度における複素粘度と周波数との関係を示した図である[1]。Cox-Merzの経験則[2]より，周波数をせん断速度に，複素粘度をせん断粘度に，それぞれ置き換えて考えてよい。粘度はせん断速度に相当する周波数が低いときには一定値を示し，周波数の増加とともに減少するShear-thinning性が見られる。また，同じ周波数において，温度の増加とともに減少する傾向を示す。粘度の温度依存性については，次項で説明する。

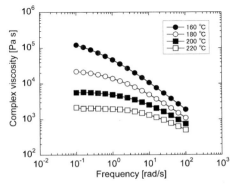

図5　ポリスチレンの複素粘度と周波数との関係
（データは文献1）より引用。）

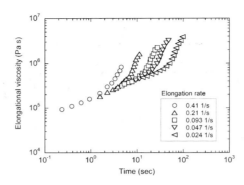

図6 非定常伸長粘度の測定例
(材料は低密度ポリエチレン,測定温度は150℃。データは文献3)より引用。)

一軸伸長粘度は,ニュートン流体の場合,伸長粘度はせん断粘度の3倍になる。これはトルートン粘度と呼ばれる。しかし,高分子流体では,分子構造などの違いなどにより伸長速度に対する伸長粘度の挙動が異なる。伸長粘度は,測定装置の都合上,定常伸長粘度を測定することは非常に難しいため,非定常伸長流動粘度を用いて評価・議論することが多い。図6は,低密度ポリエチレンの非定常伸長粘度の測定例[3]である。各伸長速度において,ある時間より伸長粘度の立ち上がりが見られる。この性質はStrain-thickening性と呼ばれ,枝分かれの多い高分子ほどStrain-thickening性は大きく,直鎖状の高分子ほどStrain-thickening性は小さい。図6の頂点での粘度を定常の伸長粘度と仮定すると,伸長粘度は伸長速度の増加とともに減少する傾向を示す。

2.3.2 温度依存性

図5に示すように,同じ周波数(せん断速度と同義)における樹脂の粘度は,温度を上げると減少する。樹脂の粘度に対する温度依存性については数多くの研究がなされており,定量的に実験値と良好に一致する式として現在,次に示すような式が用いられている。

(1)アレニウス型の式　　$\eta(T) = \eta(T_0) \exp\left(A + \dfrac{E_v}{RT}\right)$ 　　(8)

(2)Vogelの式　　$\eta(T) = \eta(T_\infty) \exp\left(B_1 + \dfrac{B_2}{T - T_\infty}\right)$ 　　(9)

(3)WLF式　　$\eta(T) = \eta(T_0) \exp\left\{\dfrac{-c_1(T - T_0)}{c_2 + (T - T_0)}\right\}$ 　　(10)

ここで,A,B_1,B_2,c_1,c_2は物質定数,Rは気体定数,E_vは活性化エネルギである。粘度がせん断速度に対して変化する高分子溶融体の場合,せん断速度の低い領域における粘度,いわゆるゼロせん断粘度における粘度と温度の関係より上式の物質定数を決定することが多い。

第1章　溶融混練メカニズム

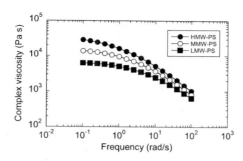

図7　分子量の異なるポリスチレンの複素粘度と周波数との関係
（温度は200℃。データの一部は文献4)から引用。）

2.3.3　分子量依存性

高分子溶融体の粘度の分子量依存性は，ある臨界分子量 M_c を境にしてそれよりも小さい分子量では，粘度は分子量にほぼ比例して大きくなり，臨界分子量 M_c よりも大きくなると粘度は分子量の3.4乗に比例して大きくなることが知られている。図7は，分子量の異なる三種類のポリスチレンの複素粘度と周波数との関係を示した図である。温度は200℃であり，図中のHMW-PSは分子量が約31万，MMW-PSは分子量が約27万，LMW-PSは分子量が約23万である。図より，分子量が増加すると複素粘度が大きくなっていることがわかる。

2.4　樹脂の粘度や温度が混合混練に影響を及ぼす事例
2.4.1　高粘度流体が分散相である二成分系の溶融混練(1)液液分散系の混練における粘度の影響

液液二成分系の溶融混練において，分散相の液滴が連続相でどれほど破断・分散するかは，重要なポイントである。分散相の液滴が連続相内の流れでどう破断・分散するかの判断材料として，Grace[5]の実験結果がよく引用される。Graceは，Couette流れと4ロールミル内の流れにおける液滴の変形と破断について実験を行った。液滴破断の評価には，次式で定義される界面張力と粘性力の比である Capillary 数 Ca に形状関数をかけた評価量 E が使われる。

$$E = \frac{\mu_C r_d G}{\gamma} \times f(p) = Ca\, f(p) \qquad (11)$$

ここで，μ_C は連続相の粘度，r_d は初期状態における液滴の半径，G はせん断速度および伸長速度，γ は表面張力である。$f(p)=$ は Taylor[6] によって次式のように定義された理論関数である。

$$f(p) = \frac{19p + 16}{16p + 16} \qquad (12)$$

ここで，p は（分散相の粘度 μ_D）／（連続相の粘度 μ_C）で定義される粘度比である。図8に，せん断流れおよび伸長流れでの液滴の破断時での E と粘度比 p との関係を示す[5]。せん断流れでは，p が約3.5付近で E が発散する傾向を示し，p が約3.5を超えるとせん断流れ中では液滴は破断しないという結論を得ている。また，粘度比 p が1に近いほど E は最小となり，せん断流

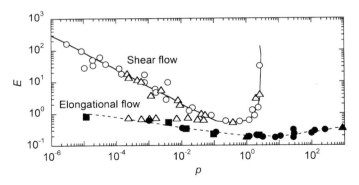

図8 せん断流れ（○,△）および伸長流れ（●,▲,■）における液滴破断時の E と粘度比 p との関係
（データは文献5）より引用。連続相の粘度は，■：0.11 Pa·s, ○●：4.55 Pa·s, △▲：50.2 Pa·s。）

れにより液滴の破断がしやすくなることを示唆している。一方，伸長流れではあらゆる粘度比において E が存在し，液滴が破断することを示唆している。このことは，分散相の粘度が連続相の粘度より約4倍以上大きい二成分系の混合を行うためには，伸長流れが有効であることを示唆している。

図8に示す図はGrace curveと呼ばれている。このGrace curveは液液分散系における液滴の破断を議論する際によく引用されるが，実際の高分子二成分混合系には十分に適用できない問題点がある。その理由の一つに，液滴の変形・破断の非定常性や粘弾性の影響が十分反映されていないことがある。液滴破断時のCapillary数である臨界Capillary数はニュートン流体の液滴よりも粘弾性流体の液滴のほうが大きくなることが，過去の実験研究[7]により明らかにされており，粘弾性流体の液滴はニュートン流体の液滴よりも変形・破断を起こしにくいと考えられる。

二成分系の混練・分散を議論する際には，液滴の合一も考慮しなければならない。しかし，液滴の合一の議論には，分散相の濃度や液滴の衝突頻度など液滴の破断を議論する際に考慮していなかったファクターも寄与する。そのため，液滴の破断よりも現象と諸条件の関わりが煩雑になり，合一するまでの物性の「臨界値」に関して確たるものがはっきりしていない。

2.4.2 高粘度流体が分散相である二成分系の溶融混練(2) 樹脂粘度を考慮した混練・分散の事例
— Extensional Flow Mixer —

分散相と連続相の粘度差および粘度比が大きい高分子二成分系の分散・混合を行うには，せん断流れよりも伸長流れが効果的であることは先に述べたとおりである。それを装置にうまく適用した事例として，Utracki ら[8,9]の研究グループが開発したExtensional Flow Mixer（EFM）がある。その概要を図9に示す[10]。この装置は押出機先端に取り付けられる。樹脂は，ダイ入口からこの装置へ流れ込み，c-d plateと呼ばれる部分を縮小・拡大流れを繰り返しながら流れ，中心軸方向へ流れ込む。c-d plate部分では伸長流れが発生し，液滴の破断と分散が促進される。Utrackiらは，種々の二成分系材料の混合状態や物性について，単軸押出機の先端にEFMを取り付けた装置（SSE + EFM）を用いて得られた材料と，二軸押出機（TSE）を用いて得られた

第1章　溶融混練メカニズム

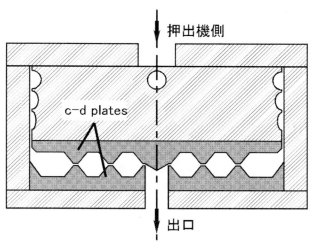

図9　伸長流動混合装置の概念図[10]

材料との比較を行い，SSE + EFM で得られた材料の分散相の液滴の大きさや機械的特性は，TSE を用いて得られた材料のそれと同程度であることを明らかにし，EFM を用いる効果が立証された[8]。

　EFM の特徴の一つとして，c-d plate 部が交換でき，様々な流動状態を実現できることがある。これは，c-d plate 部の形状を最適化することで，より効果的な混合・混練を実現できる可能性を示唆している。Extensional Flow Mixer のようにせん断流れと共に伸長流れも大きく寄与する流れ系では，伸長流動特性，つまり伸長粘度も流れ場に影響を及ぼす。

2.4.3　ポリマー／ナノフィラー系複合材料の溶融混練に及ぼす樹脂の粘度の影響(1) フィラーにクレーを用いた事例

　ポリマーにナノオーダーの大きさのフィラーを混合するポリマー系ナノコンポジットは，少量のフィラーを混入するだけで強度増加など材料の機能が飛躍的に向上することが期待されている。工業的に有利な溶融混練によりポリマー系ナノコンポジットを作製する場合，フィラーを均一に分散させにくいなどの問題があり，解決すべき課題は多い。

　クレーはナノフィラーの一種であり，薄さや大きさがナノオーダーの板状のシートが層状になっている。このシートが1枚1枚ばらばらになることで，フィラーの比表面積が急激に増加し，数 wt% 添加するだけで，弾性率や強度，ガスバリア性の向上などの機能発現が見られる。ここでは，押出機内の主たる流れであるせん断流れによる樹脂とクレーとの混合に対する樹脂の粘度の影響を検討した Koyama ら[11]の研究例を紹介する。図10は，検討に用いた樹脂のせん断粘度曲線である。図中の縦の実線および破線は，混練実験におけるせん断速度を示す。図11は，マトリックスに PS, PLA, PA6-low, PBS を用いた複合体中のクレーの分散状態を示した TEM 写真である。この実験ではクレー含有量，混練時のせん断速度と混練時間は同じと設定した。混練時のせん断速度における樹脂の粘度の序列は，PBS < PA6-low < PLA ≒ PS である。

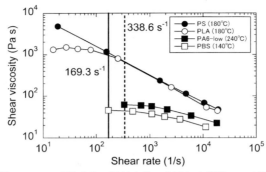

図10 樹脂／クレー系複合体の混練実験に使用した樹脂のせん断粘度曲線
（データは文献11)から引用。）

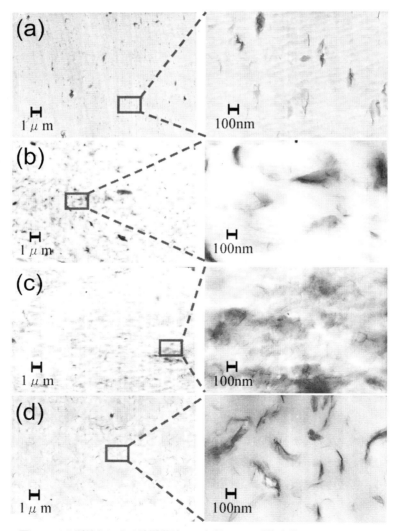

図11 せん断流れによる溶融混練での各種クレー系複合体のTEM観察結果
（マトリックスは(a) PS，(b) PLA，(c) PA6-low，(d) PBS である。混練時にかけているせん断速度＝ 338.6 s^{-1}，混合時間＝3 min，クレー含有量＝5 wt％ はいずれも同じである。写真は文献11)から引用。）

第1章　溶融混練メカニズム

クレーの分散状態の評価は粒子が小さいものほどよいという判断をすると，粘度が最も低いPBSよりも粘度の高いPA6-lowやPLAがよく見える。また，混練時の粘度が同じPSとPLAを比べると，PLAがPSよりも分散状態がよく見えた。全体的にはPA6-lowが最もよく，今回の系では粘度が高いFSが最も悪く見え，クレーの分散状態の序列と樹脂の粘度の序列とは異なる結果となった。これらのTEM写真を使ってクレーの分散状態を定量的に評価したところ，見た目と同様の結果を得た。これらの樹脂の違いは極性の強さであり，極性を持つ樹脂ほどクレーとの親和性がよいことから，ポリマー／クレー系の場合，樹脂の粘度よりもクレーとの親和性の違いが大きいことが明らかになった。

2.4.4 ポリマー／ナノフィラー系複合材料の溶融混練に及ぼす樹脂の粘度の影響(2) フィラーに気相成長炭素繊維を用いた事例

次に，樹脂／熱伝導性フィラー系複合体の熱伝導率に対するマトリックス樹脂の粘度の影響について，マトリックスにはポリカーボネート（PC），熱伝導性フィラーには気相成長炭素繊維（Vapor-grown carbon fiber，VGCF）を選んで検討した事例を紹介する。図12は，粘度の異なる3種類のPC（粘度の高い順からPC-H，PC-M，PC-Lと称する。いずれも帝人化成製）をマトリックスに選び，フィラーには2種類のVGCF（VGCF-S：直径100 nm，長さ100 μm，VGCF-H：直径150 nm，長さ60 μm，いずれも昭和電工製）を選び，温度260℃で溶融混練により作製した複合体について，その熱伝導率と混練時（温度260℃）の粘度との関係を示した図である[12]。複合体中のVGCFの含有量は6.5 wt%である。横軸の粘度は，ゼロせん断粘度である。PCは，Shear-thinning性が比較的弱い樹脂であるため，混練時の温度におけるゼロせん断粘度は混練時の粘度と考えてよい。複合体の熱伝導率はVGCFの含有量とともに増加し，同じVGCF含有量では，今回扱ったPCでは粘度が真ん中のPC-Mをマトリックスにした複合体が

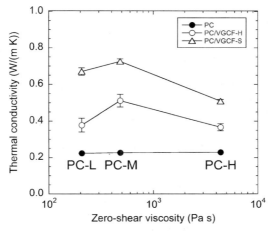

図12　PC／VGCF複合体の熱伝導率と混練時（260℃）におけるPCの粘度との関係
（複合体中のVGCFの含有量は6.5 wt%。データは文献12)より引用。）

23

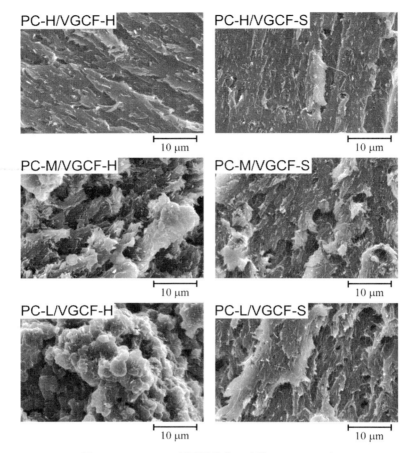

図13　PC/VGCF の引張試験後の破断面の SEM 写真
（VGCF 含有量は 6.5 wt%。データは文献 12) から引用。）

最も熱伝導率が大きくなった。この傾向は，VGCF の種類によらず見られた。

複合体の熱伝導率は，VGCF の分散状態に依存する。図 13 に，各 PC/VGCF の引張試験後の破断面の SEM 写真を示す[12]。白い線が VGCF，黒い部分が PC を示している。VGCF の種類によらず，粘度の高い PC-H 複合体の破断面は比較的スムースであるのに対し，PC-H より粘度の低い PC-M および PC-L 複合体の破断面は粗かった。また，いずれのケースも VGCF は複合体内で比較的良好に分散しており，図 12 で見られる熱伝導率の違いと VGCF の分散性との関連性は図 13 からは見いだせなかった。そこで，高温状態における複合体の動的粘弾性を測定することで，複合体内の VGCF の分散性を検討した。図 14 は，PC/VGCF の高温時（260℃）における貯蔵弾性率と周波数との関係を示した図である[13,14]。図中の PC-M，PC-H は図 13 に示した PC であり，VGCF 含有量は 6.5 wt% である。VGCF-S を用いた複合体において，低周波数側にフィラー同士の接触などによる相互作用に起因するネットワーク構造が生じたときに見られるプラトーな貯蔵弾性率の領域が確認できる。特に周波数が 0.1 rad/s での貯蔵弾性率は，

第1章 溶融混練メカニズム

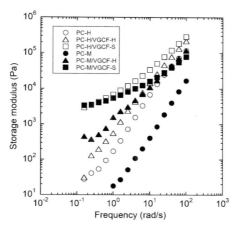

図14 PC/VGCF複合体の高温時（260℃）における貯蔵弾性率と周波数との関係
（複合体中のVGCF含有量は6.5 wt%。データの一部は文献13，14）から引用。）

PC-M/VGCF-SがPC-H/VGCF-Sよりもわずかに値が大きくなっており，PC-M/VGCF-S複合体がVGCF同士の接触するネットワーク構造が多く表れていることを示唆している。また，粘度が高いPC-Hの複合体では，複合体内のVGCFは溶融混練中における大きなせん断応力が作用するため壊れやすくなり，VGCF同士の接触によるネットワーク構造を阻害したため，熱伝導率はPC-Mの複合体に比べ低くなる。以上の傾向は，図12に示す複合体の熱伝導率とPCの混練温度での粘度との関係と一致している。さらに，VGCF-Hを用いた複合体では，VGCF-Sを用いた複合体ほどの低周波数領域のプラトーな貯蔵弾性率の領域は見られなかった。この傾向も，図12に示す結果と一致している。

2.5 おわりに

　本節では，樹脂の粘度と温度が溶融混練操作においてどのような影響を及ぼすのか，過去に論文発表された事例を用いながら概説した。溶融混練において樹脂の粘度や温度を検討することは，混練状態の改善でよく行われていると想像できるが，ノウハウの側面もあり，その結果がなかなか表に出てこない。これらの検討が進み，情報共有することで，さらなる技術や知識の進歩に繋がる。今後の展開に期待したい。

文　　献

1) 田上秀一，植松英之，コンポジット材料の混練・コンパウンド技術と分散・界面制御，861，技術情報協会（2013）

2) W. P. Cox, E. H. Merz, *Journal of Polymer Science*, **28**, 619 (1958)

3) 篠原正之, 日本レオロジー学会誌, **15**, 95 (1987)

4) S. Tanoue, L. A. Utracki, A. Garcia-Rejon, P. Sammut, M. -T. Ton-That, I. Pesneau, M. R. Kamal, J. Lyngaae-Jørgensen, *Polymer Engineering and Science*, **44**, 1061 (2004)

5) H. P. Grace, *Chemical Engineering Communications*, **14**, 225 (1982)

6) G. I. Taylor, *Proceedings of the Royal Society*, **A146**, 501 (1934)

7) F. Gauthier, H. L. Goldsmith, S. G. Mason, *Rheologica Acta*, **10**, 344 (1971)

8) X. Q. Nguyen, L. A. Utracki, US Patent, 5, 451, 106, Sep. 19 (1995)

9) A. Luciani, L. A. Utracki, *International Polymer Processing*, **11**, 299 (1996)

10) 田上秀一, 家元良幸, 成形加工, **17**, 244 (2005)

11) T. Koyama, S. Tanoue, Y. Iemoto, T. Maekawa, T. Unryu, *Polymer Composites*, **30**, 1065 (2009)

12) S. Tanoue, J. Nithikarnjanatharn, H. Ueda, H. Uematsu, Y. Iemoto, *Proceedings of ATC-11*, 312 (2011)

13) 田上秀一, 植松英之, 家元良幸, 材料試験技術, **60**, 177 (2015)

14) J. Nithikarnjanatharn, H. Ueda, S. Tanoue, H. Uematsu, Y. Iemoto, *Polymer Journal*, **44**, 427 (2012)

3 材料の溶融を考えるための伝熱基礎

齊藤卓志[*]

3.1 はじめに

　熱可塑性プラスチックスをはじめとした樹脂材料の成形加工において，加熱・冷却といった熱移動（伝熱現象）が果たす役割は大きい。すなわち，加熱による可塑化で材料の変形や流動が可能となり，金型などを用いて所定の形状が付与された後，冷却により形状が固定される。この時，樹脂材料の熱履歴は伝熱状況により変化し，最終的な材料物性や製品の形状・性能の違いを生じることになる。このことはネットシェイプを特徴とするプラスチックの成形加工において，伝熱状況が品質管理や製造コストに影響することを意味するため，伝熱を意識したトータル設計の意義は高い。

　そこで本稿では，樹脂材料の溶融・混練を考えていく上で不可欠な伝熱の様式を説明した後，移動現象を支配する方程式について紹介する。これは，数値計算を考える際の基礎となるだけでなく，伝熱を順序立てて考える際に有益と思われる。

3.2 熱エネルギーのバランス

　伝熱現象の説明に入る前に，熱エネルギーのバランスを考える。対象とする系のエネルギー状態を扱うには，感覚的にも理解しやすい温度をエネルギー状態の尺度とすることが一般的である。すなわち，系の比エンタルピー変化 ΔH [J/kg]は，定圧比熱を C_p [J/(kg·K)]，系の温度変化を ΔT [K]として，次式で与えられる。

$$\Delta H = C_p \Delta T \tag{1}$$

温度はその使い勝手の良さから，プロセスの状態表示として用いられるだけでなく，物質の相変化点など表示などにも用いられる（図1）。

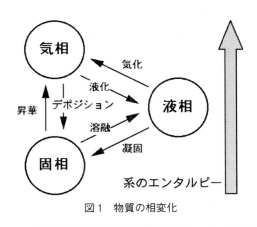

図1　物質の相変化

---

[*]　Takushi Saito　東京工業大学　工学院　機械系　准教授

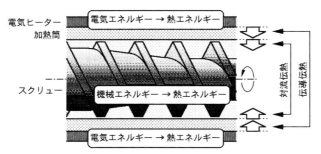

図2 樹脂材料の可塑化プロセスにおけるエネルギー投入

　樹脂の可塑化プロセスにおけるエネルギー投入の状況を概略的に図2に示す。材料に対するエネルギー投入は，大きく二つに分けられる。すなわち，可塑化ユニットに取り付けられた電気ヒーターから供給される熱エネルギー（電気エネルギーがジュールの法則に従って熱エネルギーへと変換される）と，可塑化ユニット内部にあるスクリューが樹脂材料を強制的に撹拌・流動させることで生じる熱エネルギー（樹脂流れ（運動）が粘性散逸により熱エネルギーへと変換される）である。このようなエネルギー投入の結果として，樹脂材料の温度上昇が生じる。これを熱エネルギーに関するバランス式として記述すると簡単な形で表される。すなわち，ΔQ [J]のエネルギー投入により，質量 m [kg]の樹脂材料に ΔT [K]の温度上昇が生じたとき，そのバランス関係は次式で与えられる。

$$\Delta Q = mC_p \Delta T \tag{2}$$

ここでは定圧比熱 C_p [J/(kg·K)]を用いているが，可塑化装置内部は気密性が高く，体積変化がないと仮定する場合には，定積比熱 C_v [J/(kg·K)]とすることも可能である。なお定圧条件下では，投入された熱エネルギーの一部が物質の体積膨張に費やされるため，定圧比熱は定積比熱よりも大きくなる。ただし，固体や液体では，温度上昇により生じる体積膨張が，気体のそれに比べてはるかに小さく，定圧比熱を代表的に用いても実用上の問題はない。むしろ，比熱の温度依存性などを考慮することが大切となる。

3.3 伝熱現象の基礎

　前項の式(2)で記述された内容は，単なる熱エネルギーのバランスを示しているだけである。一方，高分子材料の可塑化では，温度分布（高低差）による熱エネルギーの移動を考慮する必要がある。すなわち，加熱により材料溶融を行うためには，周囲から熱エネルギーを受け取る状況にしなければいけない。つまり，温度の高いところから低いところへ熱エネルギーが移動する状況を作り出すとともに，それを的確に記述する必要がある。

　熱移動を扱う伝熱学において，熱エネルギーを伝える形態としては，熱伝導，対流，ふく射の三種が存在する。詳しい説明は，多くの文献で述べられているため[1~4]，ここでは，熱エネルギー

第1章　溶融混練メカニズム

の移動を数式的に表現することにポイントを絞る。

　物体中に温度勾配が存在すると，高温の部分から低温の部分へ熱エネルギーが不可逆的に移動する。移動する熱エネルギーを定量的に議論するために，単位面積を単位時間あたりに通過する熱エネルギー量を考えると便利である。これを熱流束とよび，ここでは $q\,[\mathrm{W/m^2}]$ と表現する。熱を伝える媒質が固体の場合（静止している流体も含まれる），その内部では熱伝導が生じており，一次元的な熱エネルギー移動は，熱伝導率 $k\,[\mathrm{W/(m\cdot K)}]$ と局所での温度勾配 dT/dx の積として以下の式（フーリエの式）で記述される（図3）。

$$q = -k\frac{dT}{dx} \tag{3}$$

ここで右辺に負号が付いているのは，熱エネルギーが温度の高いところから低いところへ流れるため，その勾配が負となることに起因しており，結果として左辺の熱流束の値は正となる。熱伝導率は温度や圧力などが決まると一義的に定まる物質固有の値（物性値）であり，代表的な値は理科年表などにまとめられている。

　次に，ガスや液体のように流体が熱を伝える媒体となる場合，熱流束 q は式(4)に示される熱伝達の式（ニュートンの冷却法則）で与えられる。すなわち，固体の表面温度 T_w と流体主流の温度 T_f の温度差（ここでは $T_w > T_f$）と，熱伝達率 $h\,[\mathrm{W/(m^2\cdot K)}]$ の積となる（図4）。

$$q = h\,(T_w - T_f) \tag{4}$$

式(3)で記述される熱伝導の式は，物体中の局所における温度勾配と熱伝導率の積として表現され，注目する箇所で規定される熱流束として理解しやすい。これに対し対流における熱流束は，固体の表面と流体の主流という二つの異なる箇所での温度差と熱伝達率の積として算出される。一般に固体表面近傍における流体の振る舞いは，流体の種類によって異なるだけでなく，流体の速度や圧力によっても変化する。このため，対流による伝熱現象は，統一的なモデルに集約することが難しい。結果として対流における熱流束は，実験式や半理論式として与えられる。また，熱伝達率が直接求められるわけではなく，無次元数を用いることで，一般化された形式で表現さ

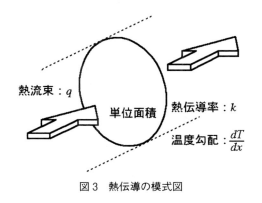

図3　熱伝導の模式図

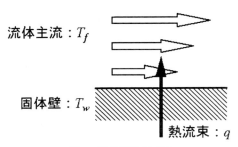

図4 熱伝達の模式図

れることが多い。例えば，加熱平板に沿う強制対流（層流）流れでは，式(5)に示されるように，プラントル数（Pr：運動量拡散と熱拡散の比）やレイノルズ数（Re：運動量変動と粘性力の比）の関数であるヌセルト数（Nu：無次元熱伝達率）として与えられる[5]。

$$\mathrm{Nu} = 0.332 \times \mathrm{Pr}^{1/3}\mathrm{Re}^{1/2}, \quad \mathrm{Nu} = \frac{hL}{k} \tag{5}$$

ただし，L，kはそれぞれ，系の代表長さ，流体の熱伝導率を意味する。このように，熱伝達率hは流体の種類や流動状況により大きく変化する状態値であり，その扱いには注意を要する。

樹脂材料の可塑化プロセスの数値計算を考えた場合，プロセスには様々な流動状況が存在するため，妥当性を検討することなく熱伝達率を一定とすることは，かなり乱暴な仮定だと考えられる。ただし，溶融樹脂の粘度は非常に大きく，いかなる状況においてもそのレイノルズ数は小さくなるため，溶融樹脂の流動はほとんどの場合，層流流れとして扱うことができる。

三つ目の伝熱形態として，ふく射が存在する。この伝熱形態は，熱伝導や対流とは熱の伝わり方が根本的に異なる。熱伝導と対流では，物質を構成する原子や分子の熱振動が逐次隣へと拡散する。この時，マクロ的に見て熱を伝える媒質が静止している場合が熱伝導，流動・移動する場合が対流として扱われる。これに対しふく射では，原子や分子の熱振動により生じた電磁波が周囲へ伝播することでエネルギーが伝えられる。すなわち，熱エネルギーは一旦ふく射（電磁波）に置き換えられ，ふく射を吸収し得る対象に至った際に吸収され，再び熱エネルギーへと変換される。これにより，空間（真空でも構わない）を隔てた熱エネルギーの伝わりが実現される。この状況を概念的に表現するために最も単純化された例として，以下の式を示す。すなわち，高温側の物体表面温度をT_h[K]，低温側の物体表面の温度をT_l[K]として，

$$q = \sigma (T_h^4 - T_l^4) \tag{6}$$

ただし，σはステファンボルツマン定数（$5.67 \times 10^{-8}\,\mathrm{W/(m^2K^4)}$）である。また，熱流束$q$を求める際には，式中の温度を絶対温度として計算を行う必要がある。さらに，ここで記述されているふく射熱流束は，無限の大きさを持つ温度の異なる二つの黒体（ある温度で最大のふく射エネルギーを放出する面であり，同時にその表面に到達した全てのふく射エネルギーを吸収する面）

第1章　溶融混練メカニズム

が向かい合っている状況に相当する。式(6)から推察されるように，ふく射伝熱による熱エネルギーの移動は，対象物の温度上昇により急激に増加する。このため，鉄やガラスの製造プロセス（1,000～1,500℃）においては，伝熱量の中に占めるふく射の寄与が大きくなる。逆に樹脂材料の成形加工プロセス（200～300℃程度）では熱伝導や対流が支配的と考えられるため，これらの数値シミュレーションでは，通常，ふく射による熱エネルギー移動は含まれない。

3.4　樹脂材料の溶融について

　さて，高分子材料の可塑化・溶融において，材料の熱伝導率が低いという事実は，生じる現象に大きな影響を与えている。すなわち，固相にある高分子材料単体では，熱伝導率は 0.15 から 0.35 W/(m・K)程度であり，純銅の熱伝導率が約 400 W/(m・K)，アルミナが 21 W/(m・K)，氷が 2.2 W/(m・K)，あるいは空気の熱伝導率が約 0.024 W/(m・K)であることを考え合わせると，樹脂材料は様々な物質の中でもかなり熱伝導率が低いグループに入ることがわかる。材料の溶融を非定常伝熱現象として記述する場合，熱伝導率 k [W/(m・K)]だけでなく，熱伝導率を比熱と密度で除した熱拡散率 α [m^2/s]が重要となる。定常熱伝導における熱流束は，式(3)に記述されるように熱伝導率の違いがそのまま現れる。これに対し，樹脂材料の可塑化において見られる非定常熱伝導では，材料内部への温度伝播（等温線の広がり方）が可塑化状況を把握する上で重要となる。異なる熱物性を持つ材料において同等の温度伝播状況を得るための時間を求めるには，以下に示すフーリエ数（F_o：無次元時間）が便利である（補足：実際の樹脂材料では相変化に伴う潜熱を考慮する必要があり単純にはモデル化できないため，以下は定性的な考察となる）。

$$F_o = \frac{\alpha t}{L^2} \tag{7}$$

ただし，t，L はそれぞれ時間，代表長さを意味する。この式に示されるように，元の材料に対して，熱拡散率 α が 1/100 となる材料を用いた場合，同じ温度分布を得るには 100 倍の時間がかかる。また，一定の時間において熱が浸透する深さは 1/10 になることがわかる。このような関係を用いれば，樹脂材料などについても，加熱溶融に必要なおおよその時間を見積ることも可能となる。

3.5　熱物性値について（熱伝導率を例に）

　数値シミュレーションの信頼性は，与える物性値の「質」と境界条件の「妥当性」に依存する。このため，コンポジット材のように複合化された材料の熱物性値の扱いは重要である。そこで熱伝導率を一例として，その実効的な値を得るためのアプローチを考える。ただし，熱伝導率を k，体積分率を ϕ とし，添字 c，1，2 はそれぞれ，コンポジット材，ならびにコンポジット材を構成する材料1，2 を意味する。

　最も単純な表現方法として，次に示す算術平均が挙げられる。

$$k_c = \phi_1 k_1 + \phi_2 k_2 \tag{8}$$

また，調和平均として次式が与えられる．

$$\frac{1}{k_c} = \frac{\phi_1}{k_1} + \frac{\phi_2}{k_2} \tag{9}$$

さらに，幾何平均は以下のようになる．

$$k_c = k_1^{\phi_1} \cdot k_2^{\phi_2} \tag{10}$$

これら各平均の違いを視覚的に捉えるために，コンポジット材（高熱伝導率材料：10 W/(m·K)，低熱伝導率材料：1 W/(m·K)）における低熱伝導率材料の分率による熱伝導率変化として図5に示す．採用するモデルにより実効的な熱伝導率は大きく異なる．すなわち，算術平均ではコンポジット材の熱伝導率を大きく見積もる傾向にあり，調和平均では小さく見積もる傾向にある．もちろん，材料1，2の熱伝導率があまり違わない場合には，どのモデルを用いても生じる差異は小さい．しかしながら，樹脂材料に対しカーボンファイバーや金属フィラーを添加した場合，採用するモデルにより温度分布のシミュレーション結果が異なってくることは自明である．さらに実際のコンポジット材の熱伝導率には，フィラー形状やその配向も大きく影響する．これらを考慮した上で，ナノコンポジット材における実効的な熱伝導率を検討した結果なども報告されている[6]．

3.6 熱エネルギー方程式の導出

数値シミュレーションによる温度予測を行う場合だけでなく，得られた実験結果を解析的アプローチから解釈する際にも，その根本となる熱エネルギー方程式の成り立ちを理解しておくことは有益と思われる．そこで本項では，連続体における伝熱現象を数式的に記述する方法を導く．

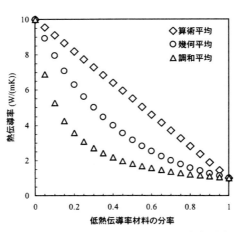

図5　異種材料コンポジットにおける熱伝導率

第1章 溶融混練メカニズム

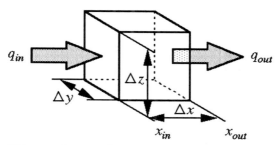

図6 コントロールボリュームにおける流出入バランス

そのために，図6に示す微小体積（コントロールボリューム）における熱エネルギーの流入・流出を考え，収支バランスの結果として微小体積の温度変化が生じる，というアプローチをとる。対象とする座標系は x，y，z の三軸からなる直交座標系とするが，円筒座標系，極座標系においても基本的な考え方に違いはない。ただし，以下の説明における ρ，c，k，T，t はそれぞれ密度，比熱，熱伝導率，温度，時間を意味する。

まず，図6に示される内容に基づいて，熱伝導による熱エネルギー収支を x 軸方向について考える。流入する熱流束を q_{in}，流出する熱流束を q_{out} とすると，収支差 Δq_x は流入を正として次式で表わされる。

$$\Delta q_x = q_{in} - q_{out} \tag{11}$$

式(11)中の q_{out} を $x = x_{in}$ におけるテイラー展開で求めると次式が得られる。

$$q_{out} = q_{in} + q_x'(x_{out} - x_{in}) + \frac{1}{2!}q_x''(x_{out} - x_{in})^2 + \cdots = q_{in} + \frac{\partial q}{\partial x}\Delta x + \frac{1}{2!}\frac{\partial^2 q}{\partial x^2}\Delta x^2 + \cdots \tag{12}$$

このとき，コントロールボリュームの一辺（$\Delta x = x_{out} - x_{in}$）が十分に小さければ，式(12)の右辺第三項以降は近似的に無視することができ，結局，式(11)はフーリエの式（式(3)）を考慮することで，次式のように書き改められる。

$$\Delta q_x = q_{in} - q_{out} = q_{in} - \left(q_{in} + \frac{\partial q}{\partial x}\Delta x\right) = -\frac{\partial q}{\partial x}\Delta x = \frac{\partial}{\partial x}\left(k\frac{\partial T}{\partial x}\right)\Delta x \tag{13}$$

図6に示されるように，x 軸方向において熱流束が流出入する面積は $\Delta y \cdot \Delta z$ である。よって x 軸方向における熱エネルギーの流出入の収支（微小体積中における熱エネルギーの増減 ΔQ_x）は以下で表される。

$$\Delta q_x \Delta y \Delta z = \Delta Q_x = \frac{\partial}{\partial x}\left(k\frac{\partial T}{\partial x}\right)\Delta x \Delta y \Delta z \tag{14}$$

同様にしてy軸方向，z軸方向への熱伝導による熱エネルギーの流出入を記述すると，三軸方向全体を考慮した微小体積における熱エネルギーの増減ΔQ_{cond}として次式が得られる。

$$\Delta Q_{\mathrm{cond}} = \Delta Q_x + \Delta Q_y + \Delta Q_z = \left\{ \frac{\partial}{\partial x}\left(k\frac{\partial T}{\partial x}\right) + \frac{\partial}{\partial y}\left(k\frac{\partial T}{\partial y}\right) + \frac{\partial}{\partial z}\left(k\frac{\partial T}{\partial z}\right) \right\} \Delta x\, \Delta y\, \Delta z \tag{15}$$

続いて対流による熱エネルギーの流出入を考える。このとき，流れ（x, y, z方向成分をそれぞれu, v, wとする）により単位時間あたりに微小体積へ持ち込まれる熱エネルギーは，流速を使って記述すると，例えばx軸方向において$\rho c u T_{in}$で与えられる。流れの温度Tが場所によって変化するため，先の熱伝導の場合と同様に流出入を考慮すると，微小体積における熱エネルギーの増減は以下のようになる。

$$\Delta Q_x = \rho c u \left\{ T_{in} - \left(T_{in} + \frac{\partial T}{\partial x}\Delta x \right) \right\} \Delta y\, \Delta z = -\rho c u \frac{\partial T}{\partial x}\Delta x\, \Delta y\, \Delta z \tag{16}$$

対流についても三軸方向全てを考慮することで次式が得られる。

$$\Delta Q_{\mathrm{conv}} = -\rho c \left(u\frac{\partial T}{\partial x} + v\frac{\partial T}{\partial y} + w\frac{\partial T}{\partial z} \right) \Delta x\, \Delta y\, \Delta z \tag{17}$$

また，粘性流体における粘性散逸の結果として生じる発熱や，ふく射加熱のように外部から供給されるエネルギーにより微小体積内で生成（あるいは消滅）する熱エネルギーは，体積あたりの発熱密度を$S\,[\mathrm{W/m^3}]$として次式で表現される。

$$\Delta Q_{\mathrm{source}} = S\, \Delta x\, \Delta y\, \Delta z \tag{18}$$

以上に述べてきた，伝導成分，対流成分，および生成成分の合算の結果として，対象とする微小体積の温度が時間とともに変化する。そのバランスを記述する式として以下が得られる。

$$\Delta Q_{\mathrm{cond}} + \Delta Q_{\mathrm{conv}} + \Delta Q_{\mathrm{source}} = \rho c\, \frac{\partial T}{\partial t}\Delta x\, \Delta y\, \Delta z \tag{19}$$

式(19)に対して，式(15)，(17)，(18)を代入すると次に示すエネルギー方程式が得られる。

$$\rho c \left(\frac{\partial T}{\partial t} + u\frac{\partial T}{\partial x} + v\frac{\partial T}{\partial y} + w\frac{\partial T}{\partial z} \right) = \frac{\partial}{\partial x}\left(k\frac{\partial T}{\partial x}\right) + \frac{\partial}{\partial y}\left(k\frac{\partial T}{\partial y}\right) + \frac{\partial}{\partial z}\left(k\frac{\partial T}{\partial z}\right) + S \tag{20}$$

実際の熱流動計算では，このエネルギー方程式に加え，連続の式と流れの運動方程式（いわゆるナビエ・ストークスの式）が必要となる。また，ポリマーの溶融・混練挙動を詳細にシミュレーションするためには，材料の粘弾性特性を記述する構成方程式なども必要となる。

第 1 章　溶融混練メカニズム

文　　　献

1)　甲藤好郎，伝熱概論，養賢堂（1988）
2)　伝熱工学（JSME テキストシリーズ），日本機械学会，丸善（2005）
3)　黒崎晏夫，佐藤勲，伝熱工学，コロナ社（2009）
4)　J. P. Holman, Heat Transfer (SI Metric Edition), McGraw–Hill Book Company (1989)
5)　伝熱工学資料 改訂第 4 版，日本機械学会，丸善（1986）
6)　P. Kochetov *et al.*, *Journal of Physics D: Applied Physics*, **44**, 395401 (2011)

第2章 押出機・混練技術動向

1 二軸押出機の変遷と最新の技術動向

田中達也*

1.1 混練技術・装置の変遷

　鉄をはじめとする金属材料は，人類が地球上で発見した材料であるが，高分子材料は人類自らが発明した最初の材料であると言われる。高分子材料が現在のように発展した要因の一つに，混練技術の向上が大いに貢献していることは誰もが知るところである。一方，混練および押出機能を兼ね備えた混練押出機のルーツとその変遷は著者の知る限り業界関係者の間でもあまり知られていない。諸説あると思うが，19世紀後半には既に連続式の二軸混練機は考案されていたようである[1,2]。しかしながら，19世紀と言えば産業革命が始まり近代文明への入り口に入ったところである。混練機は，おそらく小麦粉等の食品材料の混練への利用を目的に開発されていたと思われる。ゴム等の天然高分子は既に存在していたが，19世紀中頃になって，漸く実験室レベルで高分子は合成されるようになる。

　一方，二軸混練機や二軸押出機のルーツとされ，現在でも主にタイヤ・ゴムの混練に利用されているバッチ式混練機（通称バンバリーミキサ）が完成するのは20世紀初頭で，この時期からゴムをはじめとする高分子材料への利用が始まっている。そして，第2次大戦後，石油化学工業の飛躍的な発展とともに合成高分子の大量生産が可能となると同時に混練機も，対象とする高分子材料の特性（特に粘弾性）の違いにより図1に示すようなバッチ式から連続式に，またスクリュ式やロータ式等と種々のタイプの混練機が開発され登場することになる。このように材料技

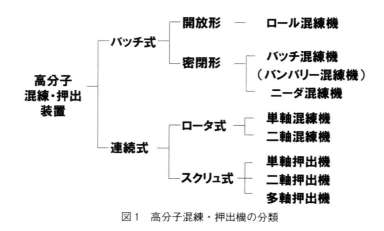

図1　高分子混練・押出機の分類

---

*　Tatsuya Tanaka　同志社大学　理工学部　エネルギー機械工学科　教授

第2章　押出機・混練技術動向

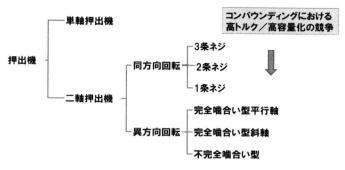

図2　押出機の分類

術と加工技術が同時進行で発展することで，高分子材料は工業材料として飛躍的な進歩を遂げ現在の地位を確立したと考えられる。中でも二軸押出機は適用される新規高分子材料の拡大に伴い，図2に示すように，スクリュの断面形状（3条，2条ネジ等）や回転方向（異方向や同方向）が，特に材料の流動特性の違いによって検討され，新たなタイプが開発されていくことになる。この中には，同時に押出機能も兼ね備えたタイプも存在し，単に混練だけではなく成形（シートや棒，パイプ）に繋がる押出機能も備えている。

上述したように，特に二軸混練押出機・技術の変遷は混練押出技術を利用する材料に対して，社会のニーズに対応した製品品質への要求の変化が，装置の構造や形態を最適化させてきた。現在では，繊維・粒子と混練されたゴムや熱可塑性樹脂は，日用品から航空宇宙に至るまでのあらゆる分野で大量に消費されている。そして，これらの開発経緯について，過去の報告[1,2]と著者自らの経験と知見により簡単にまとめてみたのが表1である。この表は，表2に示す各混練目的によって，混練押出機のスクリュ配置や形態に関する仕様が変化していったことを示している。

表1　二軸連続混練押出機の変遷

	非噛合い異方向二軸連続混練機	完全噛合い同方向二軸混練押出機
生れた場所	ドイツ（W&P）でバッチ式混練機から出発（20世紀初頭）	
主として育った場所	アメリカ（北米）（混練機）	ドイツ（ヨーロッパ）（押出機）
主として育った産業	タイヤ・ゴム産業	プラスチック産業
混練方式	チップとバレルの隙間（クリアランス）で高せん断応力が作用	流動時の大きな速度変化を受ける噛合い部分で高せん断応力が作用
可視化窓の取付部	側面からチップ部での材料流動を観察	上部から二軸噛合い部での材料流動を観察
得意な混練材料	ゴム／カーボン系をはじめ，PE等の高粘弾性材料	PPやエンジニアリングプラスチック
得意な混練作用	コンパウンド	化学反応，ブレンドアロイ，脱揮
開発動向	万能混練機（ナノコンポジットからリアクティブプロセッシング）	

樹脂の溶融混練・押出機と複合材料の最新動向

表2　混練・混合の目的とその内容

目的	内容
①ホモジナイジング	重合反応後のポリマーの不均質構造の解消・添加剤の混合・分散
②ポリマーの可塑化・溶融	ポリマーを可塑化・溶融し，カレンダ加工ラインなどに供給する
③脱水，脱揮（脱溶媒，脱モノマー）	ポリマーの乾燥，重合後のポリマーに含まれるモノマー・溶媒の脱揮
④化学反応	ポリマーの重合・解重合・グラフト化などの化学反応を行う
⑤ポリマーブレンド・アロイ	異種ポリマー，コンパチビライザーの混合・分散
⑥繊維強化材・無機質充てん材のミクロ混合（コンパウンド）	繊維強化材の混合・無機質充てん材の混合・凝集塊のミクロサイズ粒子の分散
⑦繊維強化材（CNT 等）・無機質充てん材のナノ混合	繊維強化材の混合・無機質充てん材の混合・凝集塊のナノサイズ粒子の分散

すなわち，欧州を中心とした化学産業の発展拡大に伴い樹脂の反応や脱揮分野での高機能化が要求されたのに対して，米国を中心とした自動車産業の発展拡大に伴うタイヤ製品の高強度化への要求が，天然ゴム中のカーボンブラックのミクロ分散を必要とした結果，それぞれのニーズの違いにより装置仕様が違った方向に変化したものと推測された。具体的には，欧州で発展した二軸混練押出機は，表2に示した項目の内，①②③④⑤の目的に対して，材料滞留部を生じさせないためのセルフクリーニング技術（お互いのチップ先端部が相手スクリュの表面に付着滞留した樹脂を掻き取ること）を重要視して，完全噛合い型のニーディングディスクセグメント（以下，KD）が多用された。しかし，一方米国で発展したバンバリー混練機をベースとする二軸混練機は，主に高粘度のゴムを混練の対象とし，高強度化達成のためには繊維・粒子の高分散が必要であったために，表2に示す項目の内でも②⑤⑥⑦を目的として，ロータ断面形状や回転方向等の仕様が最適化された。その結果，図1に示すように多岐に渡る機種が開発されたものと考えられる。

　昨今，直接目視観察することにより材料評価できる技術であるSEM（走査型電子顕微鏡）やTEM（透過型電子顕微鏡）の高精度化により，ミクロンサイズ以下の繊維や粒子の分散状態が観察可能となり，コンピュータによる解析技術で分析精度も向上した。その結果，新たな機能発現を期待してナノ素材の開発が急激に進んでいる。特に，ナノマテリアルであるナノ繊維や粒子（総称してナノフィラー）で複合化したナノコンポジットによる新たな高機能化材料の出現への期待は大きい。図3には，従来の混練機によるミクロ分散の状況（①～④）に加えて，ナノフィラーの層状凝集体であるクレイが高分子中でナノ分散した状態（⑤）を模式図で示す。剥離型のナノコンポジットの場合，最終段階でのフィラーの分散状態により3つのカテゴリーに分けられている。このように，ナノコンポジットは分子鎖間にナノフィラーを分散させる必要があるため，従来の溶融混練技術・装置で実現することは極めて困難である。プラスチック成形加工に関

第2章 押出機・混練技術動向

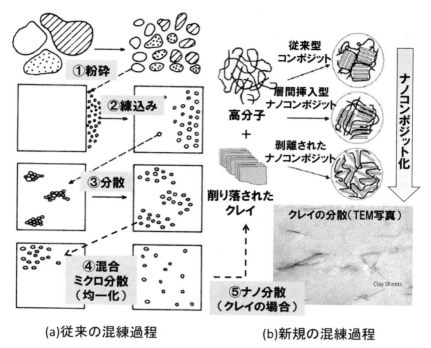

図3 高分子中へのナノ粒子の分散状態

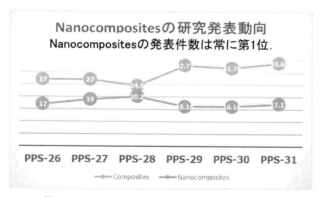

図4 PPSでの最近のナノコンポジット発表件数

する国際的な機関であるPPS（Polymer Processing Society）やSPE（Society of Plastics Engineers）が主催する国際会議においても数多くの研究が発表されている。PPSでの最近の動向を図4に示す。コンポジットに関しては常に30％前後の発表があり，その中でもナノコンポジットに関する内容が半分以上を占めている。しかしながら，発表内容を見る限り，混練押出機によるナノコンポジットの大量生産を可能とする技術が開発されるにはまだまだ十分な成果が得られているとは言い難い。それゆえ，現在に至る混練押出技術・装置の変遷を知ることは，各形

態の装置の性能や機能あるいは特徴を理解できるだけではなく，新規材料の今後の方向性も含めて将来の技術動向を知る上で極めて重要である。

そこで，本節では先ずミクロ分散からナノ分散に至る混練技術の内，セルフクリーニング性を重要視した混練技術に関して解説する。先ずは二軸混練押出機による混練の基本技術であるKDの特徴を説明する。一方，基本コンセプトであったセルフクリーニング性を犠牲にして，最近の技術ニーズであるナノ分散を達成できる可能性のある特殊セグメント形状の混練技術について記述する。

1.2 二軸混練押出技術
1.2.1 混練用KDセグメント技術[3]

図5には同じ長さ（L/D）でのKDセグメントにおいて，ねじれ角とディスク厚さを変化させた場合について模式図で示している。30°，45°，90°はディスクのねじれ角であり，数字はディスク枚数である。ねじれ角度およびディスク枚数を変化させることによって，混練効果（ここでは，分散，分配，搬送を指す）を変化させることが可能である。一例として，図6(a)に示すように，同じL/Dでねじれ角を45°と90°に変化させた場合を考える。ねじれ角度が大きくなると，分配・分散の効果は高まる。しかしながら，角度が小さくなると，分配・分散効果が低下し，搬送効果が増加することを示している。これは，角度が大きくなると軸方向への移動速度ベクトルが小さくなり樹脂材料はその場に滞留することになり，チップ部近傍にて大きなせん断応力を受けることになる。一方，図6(b)は，ねじれ角は45°で，ディスク枚数が同じで幅を半分に変化さ

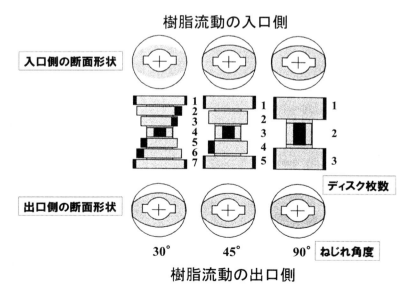

図5　混練用スクリュセグメント技術（ニーディングディスク）L/Dが同じ場合のディスク幅とねじれ角の関係

第2章　押出機・混練技術動向

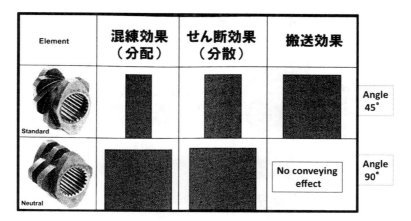

(a)ディスク角度

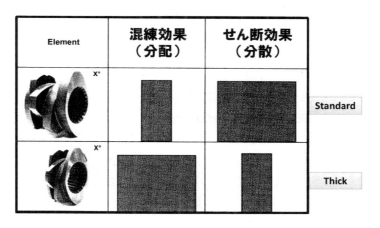

(b)ディスク厚さ

図6　混練用ニーディングディスク技術

せた場合について示している。ディスク幅が厚くなるとねじれ角が大きいことと同様に，チップ部近傍での大きなせん断応力の領域が広くなり分散効果は高まる。一方，ディスク幅が薄いと軸方向に複雑な流動を作り出し分配効果は高まる。しかしながら，軸間で作用する大きなせん断応力の領域が狭くなるため分散効果は低下する。以上のことから，KDによる混練技術は，二軸混練押出機の基本コンセプトであったセルフクリーニング性は維持しながら，ディスクのねじれ角度と幅厚さを変化させることによって分配と分散能力，さらには搬送能力を変えることが可能となる。このことは，これらの組み合わせによって混練度合いを自由に変化させることが可能であり，混練度合いの制御が可能であることを意味する。

1.2.2　高容量化と高トルク化技術

　二軸混練押出機における Coperion 社（ドイツ）の開発経緯[3]を図7に示す。このように，二

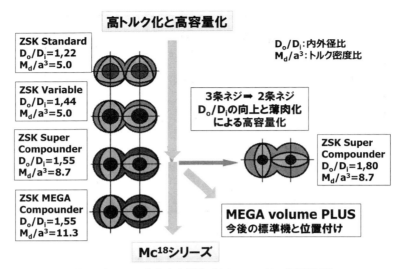

図7 高トルク化と高容量化（Coperion社の開発経緯）

軸混練押出機は軸トルク（トルク密度比）の向上，空間容積の拡大と高速化による処理容量の向上という両面で1950年代後半の開発当初から半世紀以上に渡り絶え間なく研究開発が進められてきた。具体的には，減速機に使用する材料の高強度化や解析技術の向上に伴う設計技術の向上，スクリュの断面形状の薄肉化（D_o/D_iの増加）や翼数の減少（3翼→2翼等）による空間容積の拡大等により社会のニーズに対応してきた。そして，今でもそれらの要求に応えるために激しい企業間による技術競争を繰り広げている。高速化の時と同様に（1995年にスクリュ回転数を1,000 rpm以上と飛躍的に向上），2010年にCoperion社がMc18シリーズと称してトルク密度比を11.3 Nm/cm^{3}から18 Nm/cm^{3}に向上させた機種を発表したが，直ぐに東芝機械（TEM-SX）が同等の装置を開発した[4]。東芝機械でのトルク密度の変遷を図8に示す。その後

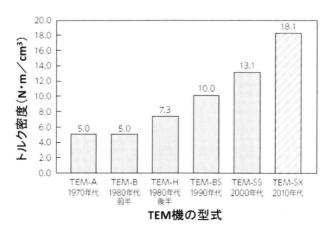

図8 二軸混練押出機"TEMシリーズ"の許容トルクの変遷

第 2 章　押出機・混練技術動向

写真 1　高トルク化で実現した発泡剤を低温で混練したペレット
（NPE2015，2015 年 3 月オーランド（アメリカ））

Leistrz 社（ドイツ）は，K'2013 において D_o/D_i の増加と共にトルク密度比もさらに向上させた機種を開発し，NPE2015 でもその装置を利用して発泡剤を低温で混練し未発泡ペレット材料に関する開発用途の事例を発表している（写真 1 参照）。2016 年 10 月に開催された K'2016 では，各社トルク密度の向上に進展は見られなかったが，2017 年 12 月には日本製鋼所（TEX34αⅢ）がトルク密度比を 18.2 Nm/cm^3 を開発した。

　高トルク化の最大のメリットは生産性の向上である。図 9 に Coperion 社製の ZSK45 サイズでの Mc18 タイプと Mc PLUS タイプの違いを示す。この図は，縦軸が押出量，横軸がスクリュ回転数である。同じ 900 rpm の回転数の場合，Mc18 タイプでは Mc PLUS タイプに比べて押出量は約 1.4 倍となっている。また，同じ 600 kg/h の押出量では，Mc PLUS タイプでは 900 rpm の回転数が必要であったのが，Mc18 タイプでは 600 rpm となり，このことによって同時に低温練りも実現している。

　今後も高トルク化をはじめとして装置の能力向上は続けられると思われる。そして，それに伴

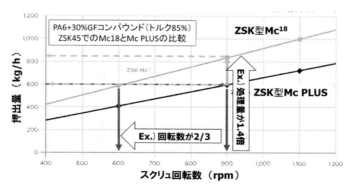

図 9　高トルク化による吐出量の違い，回転数と押出量の関係

いユーザによる新しい材料開発や用途展開も進展することになり，ハードとソフト両面での開発競争が，ますます二軸混練押出機の用途拡大を促進するものと期待される。

1.2.3 新たな混練用セグメント技術[3]

　KDが熱可塑性樹脂の溶融・混練用として広く一般に使用されていることは周知の事実である。一方，最近の材料の多様化や上記した新たなニーズであるナノコンポジット（混練目的⑦）に使用されるナノ繊維や粒子の登場によって，セルフクリーニング性を維持したKDによる混練度合いの制御だけで，高機能化した高分子材料の混練技術の限界が見えてきた。特に，完全噛合型同方向回転二軸混練押出機の場合，図10の流動解析結果からも分かるように，⑥⑦の目的で重要視されるコンパウンド技術で必要なせん断応力の発生領域が，フライト近傍および軸間噛合い部の一部領域にしか存在しないことからも明らかである。そこで，ナノ分散の混練技術に対応するため，基本コンセプトであったセルフクリーニング性の維持を放棄したセグメントの一例を図11に示す。このセグメントは，Tooth Mixing Elements（以下，TME）と呼ばれている[3]。また，TMEを利用した具体的なナノ分散に対する結果も報告されている[5]。TMEは小さなピッチのシングルスクリュのフライト部に溝加工を施し，フライト部の前後方向に積極的に樹脂流動を生じさせるセグメントである。この前後に繰り返す樹脂流動によって，粒子や繊維が大きな分配作用を受ける。また，TMEセグメントの構成はいかなるところへも配置可能であり，これらのことから，TMEはナノ分散に効果的であると示されている。

　次に，ナノ分散に効果的だと言われる伸長流動と混練作用の流動場の主流れであるせん断流動について述べる。せん断流動と伸長流動の違いを図12に模式的に示した。せん断流動は速度勾配によって材料が引きちぎられる流れであり，その利点として混練の分散効率が高い。しかしながら，材料が引きちぎられるためにせん断応力が大きいと分子量が下がり，物性の低下することが欠点である。一方，伸長流動は，主応力方向に材料が引き伸ばされる流れであり，欠点として，通過流量が小さく生産性が悪いことが挙げられるが，その利点は，上述したように，ナノレベル

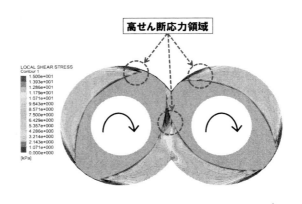

図10　数値解析による断面部のせん断応力分布

第 2 章　押出機・混練技術動向

図 11　Tooth Mixing Elements（TME）セグメントの外観写真

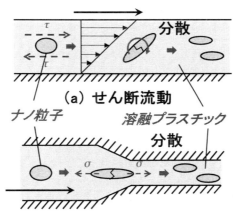

図 12　せん断流動と伸長流動の模式図

の分散に効果ありとされる点である。このことを裏付ける結果として，異なる粘度比の材料を混練する場合に，伸長流動がせん断流動に比べて効果的であることが図 13 に示されている[6]。この図は，ニュートン流体／ニュートン流体の液滴混合系で，マトリクス液体中の単一液滴の分裂条件を実験によって求めた結果である[6]。縦軸中の We はキャピラリー数で，次式で定義される。

$$We = \frac{\eta_M \dot{\gamma} \rho}{\sigma} \tag{1}$$

ここで，$\dot{\gamma}$ は流動場のひずみ速度，ρ は液滴の曲率半径，σ は界面張力であり，マトリクス液体の流動によって生じる力と界面張力による力との比になっている。また，横軸は粘度比 $\lambda = \eta_D/\eta_M$ である。文献 7) によれば，図中の実線と破線は単純せん断流動と単純伸長流動において

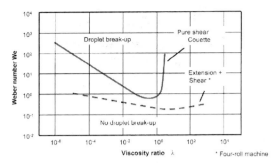

図13 液滴分裂の臨界キャピラリー数[7]
(ニュートン液滴系／ニュートンマトリクス系)

液滴が分裂する臨界 We を示す線であり，この線の上側で分裂が生じる。粘度比が約48以上では単純せん断流動では分裂が生じず，一方，単純伸長流動では，粘度比によらず液滴は引き伸ばされていずれ分裂に至る。すなわち，粘度比に関わらず伸長流動では液滴が小さくなることを意味する。この結果を基に，ナノ粒子の分散に関しても伸長流動の有効利用の研究が進んでいるものと思われる。

一方，二軸混練押出機内の流動場を見てみると，せん断流動場は図10で既に示したが，伸長流動場も一部に生じていることは，図14に示す著者らの解析結果からも明らかである。しかしながら，軸間の隙間の一部に引張応力，反対側に圧縮応力が生じているにすぎない。著者らは，これらの結果を参考に，円孔を通過させることによって単純な伸長流動による押出し状態を実現できる Blister Disk（以下，BD）での流動場に注目している（図15参照）。このセグメントは，円周方向に配置された円孔内に溶融樹脂を流動させることによって，円孔出口から流出する時に生じる伸長流動でナノ分散を生じさせようとするものであり，今後の研究の進展が期待される[8]。

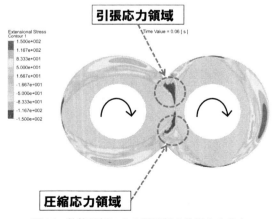

図14 数値解析による断面部の伸長応力分布

第 2 章　押出機・混練技術動向

図 15　ブリスターディスク（BD）の外観写真

1.3　おわりに

　最近国内では，早急な成果を期待する声に圧されて，ナノ粒子が分散したナノコンポジットの有効利用について否定的な見解も見られ始めた。しかしながら，PPS をはじめとする国際会議等ではこの分野に関して非常に活発な議論がなされている。同志社大学においても，ナノ粒子・繊維を構造制御することで，新たな機能性発現を目指して平成 24 年度に先端複合材料研究センターを立ち上げた。そして，平成 25 年度には 5 か年計画で私立大学戦略的基盤形成事業に採択され，研究センターのメンバーを中心に学外の研究者も交えて活発なナノ研究が繰り広げられている。特に，従来のコンポジットの特徴であった強度向上だけにとらわれず，電気伝導性や熱伝導性，さらには電磁波遮蔽性の向上等も期待して多くのテーマに取り組んでいる。上述した混練に関するプロセス研究もこれら新規材料の開発基盤となるものである。ナノ粒子・繊維分散に関しては道半ばというよりも，その研究はまだまだ始まったばかりである。今後は，ナノ粒子・繊維の実用化には大学だけの研究というよりは産学連携を基本とした取り組みが最も重要と考えている。ここでの記述がその一助になれば幸いである。

文　　献

1) James L. White, Twin Screw Extruder Technology and Principles, Carl Hanser Verlag, Munich（1991）
2) James L. White 著，酒井忠基訳，二軸スクリュ押出し―その技術と理論―，シグマ出版（1993）
3) Co-Rotating Twin-Screw Extruders, Klemens Kohlgruber, Werner Wiedmann, HANSER（2007）
4) 長房秀典，産業機械，4 月号，21-24（2017）
5) Nicole Knoer, Frank Haupert, Alois K. Schlarb, *Plastics Verarb.*, **58**(6), 66-67（2007）
6) 梶原稔尚，名嘉山祥也，成形加工，**23**(2), 72-77（2011）

7) Grace, H. P., *Chem. Eng. Commun.,* **14**, 225 (1982)
8) 松本紘宜, 田中達也, プラスチックス, 8月号, 46-51 (2017)

2 最近の押出機の開発動向と可視化解析押出技術

辰巳昌典[*]

2.1 はじめに

日本経済は，人口減少，グローバル化，IoT・AI技術革新などさまざまな分野で今までとは異なる次元への転換が始まりつつある。継続的に事業展開するために我々は，常に新しい製品を市場に創生し，進化しなければならない。新製品は，単純なコスト競争ではなく，顧客ニーズに対応したコストパフォーマンスに優れ，相反する問題点を克服した製品要求が必要条件となってきている。製品開発においては，汎用材料の構造制御による高機能化，エネルギー効率向上，再生可能エネルギーの活用，リサイクル，循環型低炭素社会への移行を考慮した高精度，高速化，環境負荷軽減を織り込んだ革新的な複合成形プロセスの要求が高まり，原料配合，成形設備，成形プロセスを一体としたカスタマイズが重要となる。本稿は，可視化解析システムによりプラスチック成形の原点に戻り，このシステムが革新的な開発の糸口につながることを希望する。

2.2 最近の押出機の開発動向

単軸押出機は，小型・高速回転・高吐出分野の開発が進んでいる。二軸押出機は，高トルク・深溝化・高吐出・低温押出分野の開発が進んでいる。多軸押出機は，3条3軸・2条12軸サーキュラー配置，2条4軸・2条8軸水平配置などが開発されている。さらに成形機に超音波を与え混練向上や，振動による溶融粘度低下などの現象を利用した押出設備開発も実用化しつつある。しかし，これらは，従来の延長線であり，革新的な押出成形機の上市はなく，特定のプロセスへのカスタマイズ化といえる。このカスタマイズは，設備改善のみでなく，配合，成形プロセス，成形条件と併せ進められている。近年，3Dプリンター技術が着目されており，特にフィラメントを利用した方式は，広義において押出成形に分類されると思われる。初期段階では，製品は比較的小さく精度もよくないものであった。しかし，近年では，精度が向上し，椅子などのかなり大型製品まで成形できる様になっている。また個人向けだけではなく工業用品，工業デザイン，医療など幅広く採用されつつある。この技術は，空隙を作ることが可能であり，また配向制御が容易である特徴がある。さらに成形しながら2つ以上の部品を組み立てた状態で完成品とすることができる。従来では，できなかった製品を成形することが可能であり，押出成形との連動によりさらなる進展が図られるものと考えられる。

2.3 可視化解析システム概要

可視化解析システムは，単軸・二軸押出機内および金型などの樹脂流動を分析するために開発されたシステムである。このシステムは，ブラックボックスであった材料流動部の可視化によるビジュアル的な考察が可能となる。具体的には，押出機内における固体輸送部，可塑化溶融部，

---

[*] Masanori Tatsumi ㈱プラスチック工学研究所　取締役，技術開発部長

輸送計量部における流動状態の記録，押出方向の樹脂圧力および温度分布測定，比エネルギー計測などを行うことができる。これらの各情報は，データーベースに格納され情報処理される。さらにCAEとの連動は，理論と実際の差異比較が容易になり，問題点の抽出，不具合の原因解明，スケールアップなどの解析・評価向上につながる。図1は，可視化単軸押出機システムフローを示す。

　図2は，押出方向における圧力分布を測定しグラフ化したものである。図3は，押出機内部の固体輸送部における流動挙動である。これらは，オンタイムで最新のデーターが表示される様になっている。そして，図4は，システムに組込まれた専用CAEによる計算された押出方向における内部圧力分布を示している。

図1　可視化押出機システムフロー

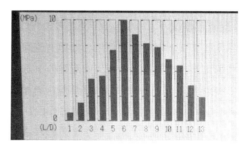

図2　押出機内部圧力分布

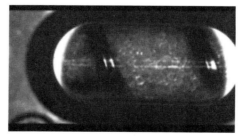

図3　固体輸送部流動挙動

図4　CAEによる押出内部圧力分布

第2章　押出機・混練技術動向

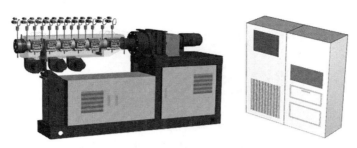

図5　可視化解析単軸押出機外観

図6　可視化窓外観

2.4　可視化解析単軸押出装置

　この装置は，口径40 mm，L/D＝32である。樹脂圧力・温度測定は，標準で13点の測定が可能であり，可視化のための大きな窓が6ヵ所設けられている。図5は，装置本体とその解析制御盤の外観を示し，図6は，可視化窓の外観を示す。

　この装置における測定事例を紹介する。この事例はLDPE樹脂を使用して実験を行った。押出機先端部に絞り弁を取り付け，先端開放および先端圧力が20 MPaに調整し各回転数における押出量および出口での樹脂温度を測定した。その結果を図7に示す。先端圧力上昇による押出量低下は，解放押出に対し120 rpm時12％の低下を示し，樹脂温度上昇は9℃であった。これは，押出機先端圧力上昇による逆流が発生し，押出機内部で滞留時間が長くなり混練が向上したことを示している。

　押出機内部は，先端部を開放としても内部には高い圧力が発生する。この圧力は，高粘度で高圧縮比ほど大きくなる。しかし，供給部における食い込み不良が発生した場合は，内部圧力は低くなる。図8は，スクリュー押出方向の各部位における樹脂圧力およびその変動度合いである。MD方向の圧力変動は，フィード口側が高く，先端部へ移行するに伴い変動が小さくなる。回転数が高く，先端圧力が高い方が圧力変動は大きくなる傾向が示されている。

　可視化窓は，図9に示す様に供給部よりL/Dで6山，12山，16山，20山，24山，28山に設けられている。

　図10は，スクリュー回転数30 rpm，先端圧力開放と20 MPa時における可塑化状態の違いを

樹脂の溶融混練・押出機と複合材料の最新動向

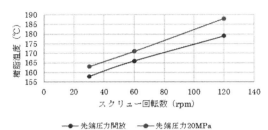

図7 先端圧力と回転数と樹脂温度の関係

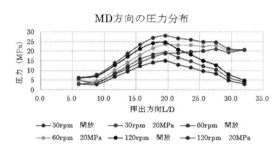

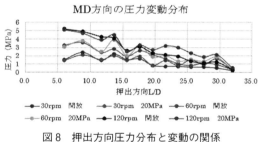

図8 押出方向圧力分布と変動の関係

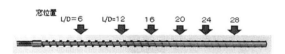

図9 スクリューデザインと可視化窓の関係

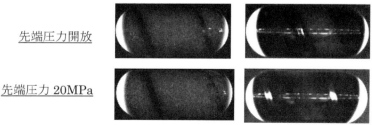

図10 先端圧力の違いによる可塑化比較（30 rpm）

第2章 押出機・混練技術動向

示す。L/D = 6 の位置では，先端圧力の影響はない。しかし L/D = 12 では，先端圧力が 20 MPa の場合未溶融領域が溶融体に挟まれる状態となっている。また，未溶融領域の幅も狭くなり，可塑化溶融が促進されている。L/D = 16 以降は完全溶融状態である。図11は，120 rpm で先端開放における可塑化状態を示す。可塑化完了位置が L/D = 24 となる。

L/D = 16，20 位置での可塑化状態は，非常に不安定であり，可塑化状態が常に変化している。回転数増加に伴い樹脂温度のばらつきが増大し，混練状態の低下を示している。解析押出機用専用シミュレーターは，実験前にスクリューデザイン，樹脂特性などの CAE に必要な情報を入力することにより実験中にオンタイムで解析を実行することが可能である。入力項目は，実際に稼働しているスクリュー MD 方向の樹脂圧力，樹脂温度，シリンダー温度，スクリュー回転数，ペレット投入温度，実測した押出量，ホッパー部圧力，押出出口圧力，溶融開始 L/D，スクリュー・バレルと樹脂材料の摩擦係数である。図12は，CAE 解析結果の一例を示す（樹脂圧力分布，ソリッドベットプロファイル（SBP），滞留時間分布）。ここでは，示していないが，樹脂温度分布，流速分布，せん断速度分布，せん断応力分布，見掛粘度分布も表示することが可能である。図13は，実測圧力値と計算値を比較検討するためのグラフである。これより，解析精度の確認も容易に行える様に工夫がなされている。この計算結果は，補正処理を行っていないため，最大圧力値において 20% の差異が発生している。

理論計算は，仮定が多く，実際との差異も多いため，解析値と実測値が精度よく一致するとは限らない。その差異原因の一つは，フィード部における摩擦係数と比容積の押出方向における温度と圧力による数値の変化である。しかし，その入力値は平均的な固定値である。さらに，溶融状態では金属と樹脂面でのスリップ，熱伝達係数の変化などさまざまであり，その値も同様に平均値である。その差異を十分理解し計算結果を評価することが重要である。差異が発生する項目

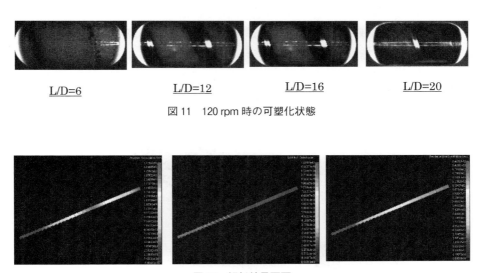

| L/D=6 | L/D=12 | L/D=16 | L/D=20 |

図11　120 rpm 時の可塑化状態

図12　解析結果画面
樹脂圧力分布（左），SBP（中央），滞留時間分布（右）

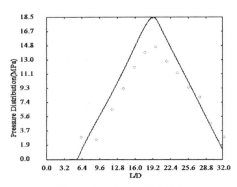

図13 押出方向の圧力分布
計算値（実線），点（測定値）

としては，かさ密度，溶融粘度，熱伝導率，比熱，潜熱，熱伝達係数，摩擦係数，粘性発熱係数が重要な要素である。そのため，この解析システムには，最適化プログラムが組み込まれており，任意の条件を設定し，差異因子の補正を行うことが可能である。

2.5 可視化解析二軸押出装置

この装置は，口径32 mm，L/D＝60の二軸押出機に可視化ユニットを2ヵ所に組みつけられたモデルである。可視化ユニットの位置は，任意に移動することが可能である。図14は，可視化ユニットが組みつけられた装置の外観を示す。図15は，可視化ユニットの上面部および側面部を示す。単軸と同様にこの装置における測定事例を紹介する。

図16は，LDPE樹脂を成形温度170℃，スクリュー回転数100 rpm，200 rpm，300 rpmの条件で測定された押出方向の樹脂圧力および樹脂温度分布を示す。図17は，CAEによる樹脂圧力および樹脂温度の解析結果を示す。解析結果と実測値に大きな差異が見られる。圧力は，計算値より高く，樹脂温度は，計算値より低い値を示している。現状では，解析精度は低いが，今後のデーターの積上げとAIによる情報処理などの最先端技術との融合により，解析精度の向上が進

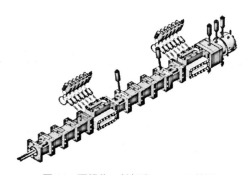

図14 可視化二軸押出ユニット外観

第 2 章　押出機・混練技術動向

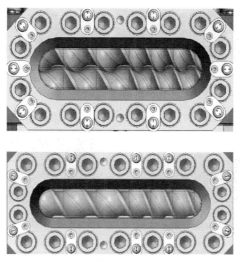

図 15　可視化ユニット外観

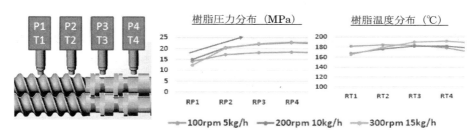

図 16　可塑化部における押出方向の樹脂圧力および温度分布

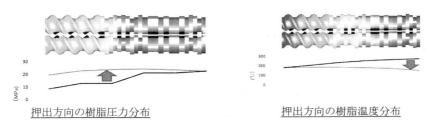

図 17　CAE による樹脂圧力および樹脂温度の解析結果

められ，予測技術の進歩につながると確信している。

図 18 は，PET 樹脂を押出した場合の回転数と押出量および可塑化度合いの関係を調べたものである。画面上の白い部位は，未溶融の PET 樹脂である。同じ押出量で 100 rpm と 200 rpm の画像を比べた場合，未溶融が減少している。これは，せん断速度の上昇により混練状況が向上したことを示している。次に，同じ回転数 300 rpm で押出量を 15 kg/h から 25 kg/h へ条件を変え

　　100rpm・15kg/h　　200rpm・15kg/h　　300rpm・15kg/h　　300rpm・25kg/h

図18　回転数と押出量と可塑化度合いの関係

 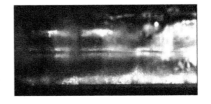

　　　　二酸化炭素2.5％　　　　　　　　　　二酸化炭素5.0％

図19　LDPEへの二酸化炭素溶解度観察

た場合は，未溶融が増加している。これは，滞留時間が短くなったためである。図19は，溶融したLDPE樹脂に超臨界状態の二酸化炭素流体を押出機へ圧入し，二酸化炭素の溶解状態を可視化したものである。注入量が少量の場合（2.5％）は，完全に樹脂へ溶解し，透明な状態が観察され，供給量を増加（5.0％）させると過飽和状態となり白色に濁り始める。

2.6　終わりに

　ここで紹介したシステムは，押出機をベースとしたものであるが，現在，多層金型，導管なども含めた樹脂流路に関する可視化へも範囲を広げ開発を行っている。この技術が進歩し，バーチャルラボで計算を行い高い予測精度が得られれば，開発に消費される材料，電力，設備，人力が大幅に圧縮され，環境にやさしく，短時間にて新商品の上市につながることになる。それには，さまざまな樹脂および配合，スクリュー形状，成形条件における挙動を記録・検証を行う必要がある。問題点の解決には，さらにデーターベースの構築を進めAIの利用，画像解析技術の向上，内部挙動の測定技術向上と併せた開発が必要である。また，コンビナトリアル技術と併せ，データー収集の速度UPも重要になる。最新の情報システムを利用し総合的なものとし展開していきたい。これらは，押出機にかかわる不具合の原因の追及につながり，成形加工のさらなる進展に寄与することを望む。

3 せん断分散における品質スケールアップと，品質スケールアップが不要な分散システム

橋爪慎治*

3.1 はじめに

2軸押出機を含む混練分散機を用いた分散目的操作では，品質のスケールアップが難しい。理論的には不可能であるが，緩和則（生活の知恵）を用いた解析技術が活用されるようになってきた。それらの技術およびそれにかかわる新規開発技術に関して説明する。

3.2 せん断分散における分散品質スケールアップ技術

現在の2軸押出機は，樹脂中に混入させる無機粒子全てをせん断作用によって凝集破壊させ一次粒子にまでする能力はない。これまでの樹脂混練分散100年の歴史は，より良い分散を達成するための，原料，組成，装置，操作方法を改善してきた経過である。せん断力を応用した混練分散装置は，機構の内部（混練空間）に不均一なせん断分布を生じさせることが原理である。理由は，凝集粒子が破壊するのに必要なせん断応力を全ての部分で発生させると，粒子分散のためには理想的であるが，混練される樹脂が異常に昇温する問題が発生するためである。部分的な高せん断領域で破壊分散し，その他の部分で，その良好な分散材料を領域全体に均一化する（両作用を筆者は餅つき理論と呼んでいる）その繰り返しで，徐々に分散状態を高度化するプロセスである。これまで，小さな実験機で実現した分散品質を大きな実機でも実現する，すなわち一般に品質のスケールアップ技術と呼ばれる現象を解明する努力がなされてきたが，理論的には不可能であることが証明されている。小機大機間での相対位置間で熱移動量が同じにならないからである[1]。そこで現在は，せん断分散において同一品質を得るための品質のスケールアップとして，当たらずとも遠からずという方法が解析され，一般に次元解析に当てはまらない緩和則と呼ばれる解析技術（ブラックボックス方式）として応用できるようになった[2]。しかし完全に一致する分散水準を得ることはできない。以下詳解するように，この技術は特殊な分散パラメーターを駆使する方法であり，せん断分散混練に限られる技術分野で対応できる。

無機添加材もしくは別種の高分子材料を，樹脂中にせん断力によって破砕分散し，分配分散によって樹脂中に均一に存在させる（これを総じて分散作用と呼んでいる）。この分散効果には当然力学的なせん断力とそのせん断力を付加する時間が関連する。一般には同じ材料を，同じ材料温度で混練分散する場合，せん断力はせん断速度に比例するため，せん断速度と付加時間の関数として分散操作を解析する。比エネルギーはその一例である。そうした従来の考え方では，材料へのせん断付加時間全体がせん断分散操作時間に比例するという概念にとらわれていた（この点が正しくない）。すなわち従来の理論では，分散物性に一義的に関係する物理量Eとして，分散パラメーターは(1)式で表された。

---

* Shinji Hashizume ㈲エスティア 代表取締役

$$E = K_1 \cdot \gamma^{\alpha_1} \cdot t \quad (\text{以下 } E_1 \text{ とする}) \tag{1}$$

ただし γ：せん断速度，α_1：せん断速度の係数，t：作用付加時間，K_1：比例定数
特殊な場合として $\alpha_1 = 1.0$ の場合，E は総せん断歪量を表す。

すなわち，これまでこのEと分散物性値の関係が精度よく解析できなかった。問題は作用付加時間にあると考えられた。現象的には全体の作用時間はそのまま存在するが，分散に有効な作用時間のみが対象であることが予想でき，これを t^{α_2} と示した。すなわち品質との関係式として以下を定義した。

$$E = K_2 \cdot \gamma^{\alpha_1} \cdot t^{\alpha_2} \quad (\text{以下 } E_2 \text{ とする}) \tag{2}$$

ただし α_2：有効時間を表す係数，K_2：比例定数

E_1 は次元解析できる物理量であって，理論解析に応用できるが，E_2 は次元解析できない物理量で理論解析に応用できない。しかし分散現象を十分説明できる物理量であれば，これを採用できる。すなわち緩和則として完成する。

解析の1例を記述する。E_1 を用いた実験結果を図1に示す。y軸は品質の指標である落下強度（FWI）を示している。以下，解析の基本になる実験結果として，E_1 と分散品質の関係を示す図表を出発点とする。これらの実験結果を(2)式を用いて解析し，各係数を算出して(3)式に示す E_2 が得られた。

$$E_2 = 6.86 \times 10^{-6} \gamma^{1.96} \cdot t^{0.986} \tag{3}$$

E_2 の部分である $10^{-6} \gamma^{1.96} \cdot t^{0.986}$ をx軸，品質をy軸として図2の関係が得られる。図2には，

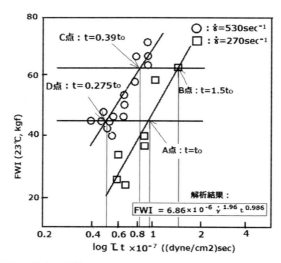

図1　従来の分散パラメーターと分散品質（FWI）との関係

第2章　押出機・混練技術動向

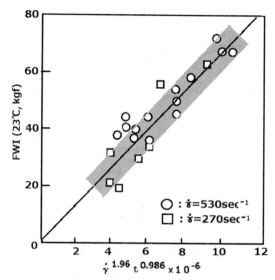

図2　図1の実験結果を(2)式で解析した結果の表示

(3)式が示す理論線に対して品質が±5％以内の誤差領域をグレーゾーンとして併記する。これはこの領域に存在する実験は有効であるが，その領域を外れる実験結果は何らかのノイズが入り込んで有効な実験でなかったと定義する。注意すべきは実験結果の70％以上が±5％以内の領域に入らないと，実験自体が何らかの理由で不成功であった可能性がある。

すなわち，(3)式を用いて品質のスケールアップを実施すると，±5％以内の分散品質が得られる結果となる。これが分散品質に関する予測技術であり，当たらずとも遠からずである。なお有効時間を誘引する医子として筆者が解析したT関数とか真空混練などの要因があるが，本件に関する記述スペースが少ないので，私が別途記述した文献を参照願いたい[3]。

せん断分散に関しては，緩和則を用いる以外に分散品質を予測することができないが，筆者は長年にわたって，品質のスケールアップに頼らなくても，実験機での分散品質が実機でも実現できる方法に関して解析を進めてきた。特にせん断分散解析には前述のように限界があり，せん断以外の分散手法にまで領域を広げて技術開発することが重要である。

3.3　伸長流動分散における分散品質

せん断流動は $dv/dy \neq 0$ を特徴にするが，伸長流動は $dv/dx \neq 0$ を特徴にする流動である。

すなわち輪ゴムを引っ張る速度を徐々に増加する作用と同じである。伸長流動分散はNRCCのUtrackiが伸長流動分散を研究して開始した[4]。圧力で粒子を捕捉する状態で各粒子に一定の伸長力が付加されるため，全ての粒子が同一な条件で破壊される。その条件とは物性値として与えられる無次元数のキャピラリー数である。図3(A)に示すように，被破壊粒子は先細りに変形されるため，先端粒子が最初に切断条件に達する。先端2粒子間で切断される場合，2粒子間切断

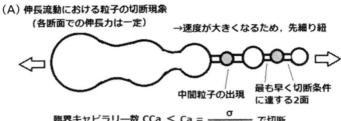
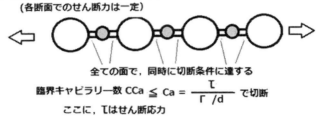

図3 伸長流動,せん断流動における粒子の切断現象

の中心にもう1種類の粒子が出現することから,切断された後は直径の異なる2種類の粒子になる。小粒子の径は,材料の粘弾性の特性によって異なりニュートン流体の場合は出現しない。レイノルズ数を用いた解析もある。先端から破砕が進み後続する。図4の写真に示す[5]。

一方せん断流動分散の場合は,図3(B)に示すように,被破壊粒子は同じ径で変形するため,全ての各粒子間で切断条件が同一となる。そのため切断場所は不特定になり,切断後の応力回復に

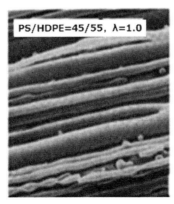
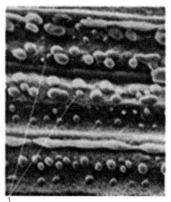

図4 HDPE中のPS粒子が伸長流動分散する写真

第2章　押出機・混練技術動向

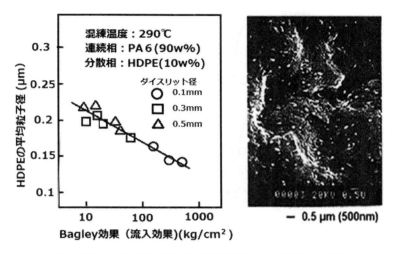

図5　PA中でHDPE粒子が伸長流動分散した粒度分布と写真

よって大小様々な粒子径となり，大きく異なる粒径分布を示すことになる。いわばせん断流動分散における分散のスケールアップが非常に困難な理由がここに存在する。

PA中のHDPE粒子を伸長流動分散した結果を図5に示す。伸長流動分散により発生する粒子径は，伸長応力（図中では圧力差）に比例した結果として得られる。伸長応力を制御さえすれば，切断後の自由な径の粒子径を得ることができる。すなわち品質のスケールアップ技術は必要とならない。伸長応力を大きくするとナノ分散が実現できる。本技術は一般に粒子が弾性変形することを条件としポリマーアロイで実用化しているが，最近グラフェンとかCNTの分散にも効果があるとの報告がある[6]。カーボン粒子凝集体は弾性変形することが知られているが，グラフェン，CNTも流動変形過程で弾性変形すると解釈できる。

3.4　スラリー分散技術

従来Melt Extrusionという技術がある。溶剤に分散させた小粒子スラリーを押出機の中間部位で樹脂が溶融している点に注入し，分散させる技術である。しかし注入点における樹脂圧力が保証されないために，スラリー溶剤が即蒸発してしまう。それに伴って，小粒子の一部は元の凝集体に戻ってしまう。この技術の改良技術がスラリー分散技術であり，注入点近傍の樹脂圧力を溶剤の沸点圧力以上に保つ技術である。特許が存在する[7]。これによって，スラリーは蒸発せず溶剤を抱き込んだ状態で樹脂中に分散され，溶剤に巻かれた単位粒子が分散（この場合は分配分散のみ）した後に，溶剤が減圧され蒸発して，機外に除去される技術である。添加されるスラリー中の分散粒子は，他粒子と接触しないままの状態で，樹脂中に分散され再凝集することがない。あえて押出機の破砕分散作用を用いる必要がない。事前にスラリー中に分散した状態そのままの粒子径が樹脂中に存在する材料として実現できる。ナノ分散もできる。基本的にはスラリー

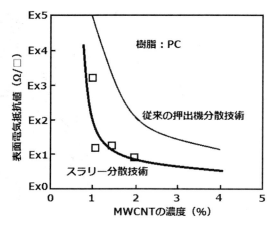

図6　押出法とスラリー分散法によるPC中へのMWCNTの分散結果

中で単位粒子が一次粒子の状態で完全に分散していることが求められる。せん断分散によらない分散形態の1つである。図6はスラリー分散技術によって，PC中にMWCNTを分散した結果である。電気伝導性に関して従来技術（押出法）の結果と比較して図示している。

　一方，操作的によく似た技術がある。グラフェン，CNTなどを溶剤に完全ナノ分散させて，このスラリーをモノマーと混合分散して，モノマーを重合し，ナノ分散樹脂を得る方法，他に同様なスラリーを溶剤に溶解させた樹脂と混合し分散させた後溶剤を除去する方法である。前者をIn-Situ Polymerization法，後者をSolution Blend法と呼んでいる。この場合rGOを使用するより単一分散しているGOを用いると分散が容易になり，樹脂中に分散の後にrGOへの還元を行うとグラフェンのナノ分散体が容易に得られる。後2者を前者の名称に還元法という語を付して呼んでいる。グラフェンとかCNTのナノ分散体が容易に製造できる。スケールアップの要因を必要としない。

3.5　LFP技術

　繊維状の添加物を樹脂にせん断分散する場合，繊維の凝集性がないこと，繊維の長さがより長く残存することが，得られる物性に対応して重要になる。この問題点を解決するために，ひいては品質のスケールアップに関与しない技術として，筆者が開発した技術がLFP技術である[8]。引き抜き成形の変形であるが，ペレット長さが繊維長さであり，あえて分散する必要がない。現在世界の自動車会社のほとんどが自動車用の部品成形用材料に採用していて大きな経済効果をもたらした。ただ射出成型が容易となるようにペレット長さ（繊維長さ）を10～12 mmとしていて，射出後の製品に残存する繊維長さは7～10 mmとなり，物性的に引張，曲げなどの強度確保と共に耐衝撃性が大きく，他の高分子あるいはコンパウンドの物性を凌駕している。図7には残存繊維長さに対する各強度物性の相対値を示している。残存繊維長さが10 mmほどにならないと耐衝撃値は十分に向上しない。

第2章 押出機・混練技術動向

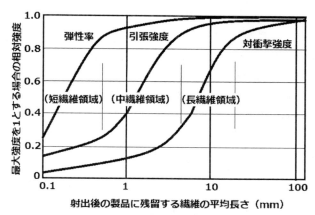

図7 平均繊維長により各機械物性が向上する変化

3.6 各種ナノ分散システム

前記の樹脂重合を伴う In-Situ 法と異なり，無機粒子を析出させる In-Situ 法がある。高分子材料の前駆体に無機分子が化学結合した材料（無機有機重合体）を用いて，種々の分子結合方法によって，無機分子を大きく化学結合させる（析出）技術である。化学反応が材料内で均一に行われるため，生成する無機粒子の大きさを自由に制御できる。せん断分散によらない均一粒径の分散状態が得られる。スケールアップの必要が皆無である。その他の無機ナノコンポジット分野では，せん断分散作用を応用する場合が多く，スケールアップに苦慮している。

一方，高分子ナノ分散領域では，超臨界分散以外に相溶性ポリマーブレンドを一回非相溶化にして，さらに安定物質化する過程で，スピノーダル分解，バイノーダル分解など物質の組成による非相溶性構造を出現させる技術がある[9]。特に注目するのは，ダブルジャイロイド構造であり，混合する2物質が全く同様な構造でナノ分散する[10]。1材料で両物性が同時に発現する。これもスケールアップの問題は介在しない。他の高分子ナノ分散領域の分散技術の多くはせん断操作に負うところが大きくスケールアップで苦慮している。

3.7 おわりに

せん断分散は容易な混練機構であるが，分散に関し実に不誠実な結果しかもたらさない。ナノ分散の必要性，CNT，グラフェン，CNF などナノ添加剤の応用に迫られている現状では，樹脂の混練分散分野でせん断操作を脱皮した技術分野を構築する必要性を感じる。

文　　献

1) 橋爪慎治, 二軸押出機, 7章, サイエンス＆テクノロジー（2016）
2) 江守一郎, D. J. Schuring, 模型実験の理論と応用, 4章, 技報堂（1974）
3) 橋爪慎治, 高分子混練・分散工学, 2,3章, サイエンス＆テクノロジー（2009）
4) A. Utracki, A. Lusiani, *Intern. Polym. Processing*, **11**, 229（1996）
5) P. H. M. Elemans, *Science*, **48**(2), 267（1993）
6) Sidney O. Carson, "Extensional Flows in Polymer Prossing", Case Western Reserve University（2016）
7) 日本特許第 5660700
8) 日本特許第 5-50432
9) J. S. Higgins *et al., Phil. Trans. R. Soc. A.*, **368**, 1009（2010）
10) 阿部晃一, 東レの研究開発戦略, ナノ共連続アロイ（2007）

4　二軸スクリュ押出機を用いたリアクティブプロセシング

酒井忠基[*]

4.1　二軸スクリュ押出機を用いたリアクティブプロセシングの優位点

　これまでは形状や寸法を精密に制御することに主眼が置かれてきた成形加工技術がポリマーの微細相構造を制御し，新しい機能を有するポリマーの創製やその特性の発現に広く活用されるようになった[1,2]。ポリマーの溶融や混練にはスクリュ押出機が広く用いられているが，成形加工の際にポリマーの微細構造を積極的に制御する技術の進展には二軸スクリュ押出機技術の展開が大きな役割を果たしてきた[3,4]。表1は二軸スクリュ押出機を使用するリアクティブプロセシングプロセスが従来のリアクターを使用する重合プロセスよりも多くの優位性を有していることを示したものである。これらの優位点のうち，高粘度流体である溶融ポリマーに適用できること，効果的な混合が可能なこと，反応副生成物などの脱気が効率よくできることなどが二軸スクリュ押出機を用いる大きな優位点となっている。

　二軸スクリュ押出機を用いた基本的なリアクティブプロセシングシステムの構成を図1に示す。このプロセスでは二軸スクリュ押出機に単一あるいは複数のポリマーと反応性の添加剤とを

表1　二軸スクリュ押出機によるリアクティブプロセシングの優位点

---
(1)　滞留時間の短い，連続プラグフロー型化学反応器
(2)　気体，固体，粉体，高粘度流体，ポリマーに適用可能
(3)　無溶剤，溶融状態での化学反応場の提供
(4)　高粘度流体に対する効率的な温度，圧力，機械混合の制御
(5)　多様な材料（反応原材料など）に対する個別供給制御
(6)　かみ合い型同方向回転形式によるセルフクリーニング作用
(7)　高粘度流体に対する効率的な脱揮操作の併用
(8)　製品（造粒やフィルム，シートなど）との複合化が容易
(9)　生産ラインの共有化が容易

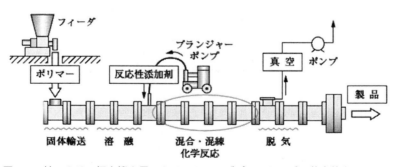

図1　二軸スクリュ押出機を用いたリアクティブプロセシングの基本的なシステム

---

[*]　Tadamoto Sakai　静岡大学　東京事務所　客員教授

添加して溶融状態で反応させ，その後，反応副生成物や残留モノマーなどを除去する。これらのプロセスに用いる二軸スクリュ押出機にはかみ合い型およびスクリュの回転方向により複数の形式があるが，かみ合い型同方向回転二軸スクリュ押出機が主流となっている[1,2]。その理由は各種の操作あるいは処理の目的に対して柔軟に対応することが可能であるからである。

4.2 リアクティブプロセシング実施例

二軸スクリュ押出機を活用した各種のリアクティブプロセシングプロセスを分類して表2に示す。この技術は多くの用途，ポリマー材料に対して適用することが可能であるが，このプロセスが経済的に，また技術的に優位になるためには主な反応系が高粘度系であること，対象の反応が数分以内で終了する反応系であることなどが前提となる[4,5]。

本節では，二軸スクリュ押出機を用いたリアクティブプロセシング技術のうち，ポリマーアロイを製造する技術に焦点を合わせて記述する。ポリマーアロイ系では相溶系のポリマーアロイよりも非相溶系の方が高い機能を発揮できる場合が多く，二軸スクリュ押出機を用いて複数のポリマー，極性基を有するモノマー，さらに相容化剤との化学反応を制御しながら目的とする機能の発揮に最適なモルフォロジーを有するポリマーアロイが製造されている。

4.3 ポリマーアロイのモルフォロジー形成に関連する要因

工業的に有用なポリマーアロイのモルフォロジーを分類したものを図2に示す[5]。

図2に示されたような各種のモルフォロジーを形成させ，ポリマーブレンドの特性を最適化するためにはポリマー成分の熱力学的挙動やレオロジー的挙動，さらにブレンド時に作用する温度と応力に関する複雑な操作パラメータをうまく制御することが基本的な要件となる。すなわち，ポリマーブレンド，特に，非相溶系ポリマーブレンドでは，複雑なモルフォロジーを如何に制御するかが二軸スクリュ押出機を用いたリアクティブプロセシング操作に要求される。通常のポリマーアロイのモルフォロジー制御に対して，どのような要因が関連しているかを図示したのが図3である[6]。図3に示すように，各アロイ成分の熱力学的あるいはレオロジー的挙動は生成され

表2 二軸スクリュ押出機を用いたリアクティブプロセシング技術の事例

・バルク重合	・化学修飾
ε-caprolactone, PMMA, PU,	EVA のケン化，長鎖分岐 PET,
PLA, PS, PA, PC, etc.	長鎖分岐 PP, etc.
・グラフト重合	・解重合
MA グラフト PP,	MW 調整 PP, 再生ゴム，etc.
シラングラフト PE, etc.	・ケミカルリサイクル
・リアクティブブレンディング	PLA モノマー，スチレンモノマー，
ポリマーアロイ，耐衝撃 PP,	MMA モノマー，etc.
動的加硫 TPE, TPV, etc.	・脱水操作懸濁重合ゴム，ABS, etc.

第2章 押出機・混練技術動向

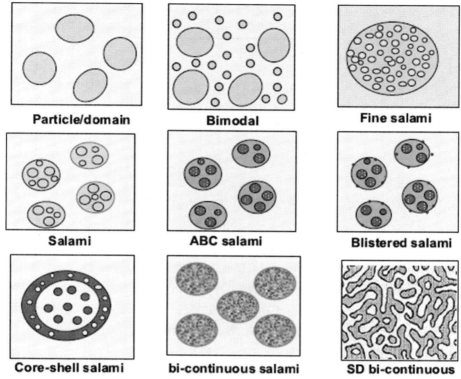

図2 高機能性ポリマーアロイのモルフォロジー

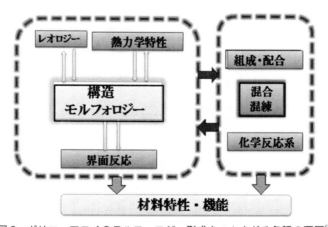

図3 ポリマーアロイのモルフォロジー形成をつかさどる各種の要因[6]

るポリマーアロイのモルフォロジーおよび発現される特性に大きく影響し，さらには二軸スクリュ押出機の混練条件あるいは成形加工条件が極めて重要となる。二軸スクリュ押出機を用いたリアクティブプロセシングでは，温度，圧力，せん断速度，滞留時間，成分比などの混練条件が大きな影響を有している。表3にモルフォロジー形成に関連する各種のパラメータを示す[6]。ポ

表3 ポリマーアロイのモルフォロジー形成
に関連する各種のパラメータ

1. 各成分の粘度比
2. 各成分の弾性比
3. 応力比（キャピラリー定数）
4. 変形負荷時間と形態（せん断, 伸長）
5. 凝集力（粒子間の衝突確率）

リマーアロイの生成に当たっては各ポリマー成分の溶融粘度比および界面での親和性，表面張力（キャピラリー数）が重要な役割を有している．化学反応に関連する要素としては，混練度合，ポリマー各成分の温度，さらに二軸スクリュ押出機内での滞留時間（および分布）が重要となる[7]。

二軸スクリュ押出機における混練作用は分配混合と分散混合とに分けて整理される．前者は，主としてせん断速度やせん断歪みなどで評価され，後者はせん断応力や混練エネルギーなどで評価されている．特にポリマー中に存在する各成分が液滴化して分散するためには系に大きなせん断応力や伸長応力を作用させる必要がある．二軸スクリュ押出機の操作因子は数多く，しかも互いに相関関係がある．混練挙動（左側）とそれらを制御する操作因子（右側）を図4に示す[7]。

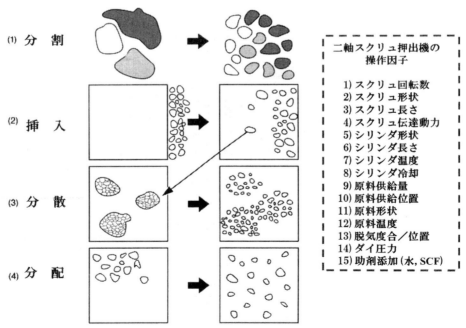

図4 二軸スクリュ押出機における混合・混練挙動とその操作因子
(H. Palmgren, *Rubber Chem. Techn.*, **48**, 462 (1975))

第 2 章　押出機・混練技術動向

4.4　二軸スクリュ押出機内でのポリマーアロイのモルフォロジー形成

　二軸スクリュ押出機における溶融領域を含む静的および動的な可視化実験に関しては酒井らの研究などがあり，これらの研究を通して二軸スクリュ押出機を用いた各種ポリマーアロイにおけるモルフォロジーの形成過程が考察されている[8]。さらに，近年では二軸スクリュ押出機で形成されるポリマーアロイのモルフォロジーをリアルタイムでサンプリングし，その形成機構を解析する手法にも多くの進展がみられている[9,12]。これらの静的あるいは動的な可視化観察を通じて，二軸スクリュ押出機内におけるポリマーアロイなどの形成過程が次第に明らかになり，二軸スクリュの溶融領域でのポリマーの溶融挙動，溶融ポリマーの 3 次元流れ，押出機内での滞留時間，せん断流れ場での混合，伸長流れ場での混合，ポリマー界面での拡散や化学反応，ポリマー成分間の粘度比などに関連する多くの要因が解析されるようになった。二軸スクリュ押出機におけるポリマーアロイの複雑なモルフォロジーの形成過程を図 5 に示す[13]。

　二軸スクリュ押出機を用いたポリマーアロイ，特に，非相溶系のポリマーアロイでは各ポリマーの成分比や界面で起こる化学反応が引き金となって相転移が生じ，複雑なモルフォロジーが形成される。これらのモルフォロジー形成が二軸スクリュ押出機を用いた混練中にどのように進展していくかについて，ポリマーの粘度比や組成との関連を検討した Han らの研究成果を図 6 に示す[14]。ここで，T_m はポリマーの融点，η は溶融粘度，ϕ は組成である。混練の開始時には

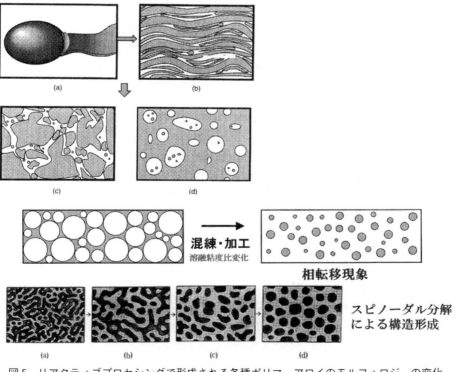

図 5　リアクティブプロセシングで形成される各種ポリマーアロイのモルフォロジーの変化

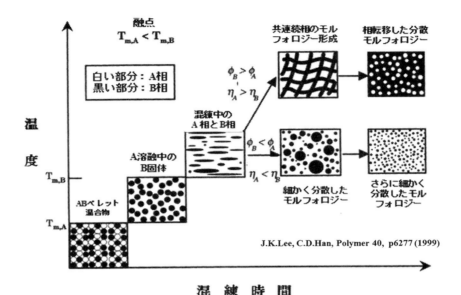

図6 粘度，組成および融点の異なるポリマー同士のモルフォロジー形成機構

融点の低いポリマーから溶融し始めて，まず共連続構造のモルフォロジーが形成される。しかし，混練が進展するとより小さな分散相を有するモルフォロジーが形成される場合と相転移が生じた後に新しい分散相が形成される場合とに明確に分かれる。この図からポリマーアロイのモルフォロジー形成はそれぞれのポリマーの組成比あるいは溶融粘度比に大きく左右されることが示唆されている。

二軸スクリュ押出機の途中で溶融粘度比を変化させて高機能のポリマーアロイを創製する手法としてはゴムの動的加硫プロセスがある。動的加硫を行ったブレンド系と単純なポリマーアロイ系とにおけるモルフォロジーの相違と得られる材料特性の違いとの関連を図7に示す[6]。動的加硫プロセスでは混練中に架橋反応に伴うゴム相の急速な粘度変化が生じるためプラスチック相との粘度差が急上昇し，その結果，ゴム相とプラスチック相との相転移が引き起こされる。動的加硫プロセスを経て得られたポリマーアロイは熱可塑性プラスチックの成形加工性と加硫ゴムの材料特性の両面を有するものとなり，リアクティブプロセシング技術を活用したポリマーアロイの創製の代表例である。

4.5 リアクティブプロセシングに用いるスクリュ形状の選定および操作条件の選定
4.5.1 スクリュエレメントの組み合わせ

かみ合い同方向型二軸スクリュ押出機ではミキシングエレメントとしてニーディングディスクと呼ばれる混練部品を自由に組み合わせて混練度合を調整することが一般的である。ニーディングディスクの組み合わせ方式と得られる混練挙動との関連は図8に示す通りである[15]。最近では，このようなニーディングディスク型エレメント以外に，複雑な形状のミキシングエレメント

第 2 章　押出機・混練技術動向

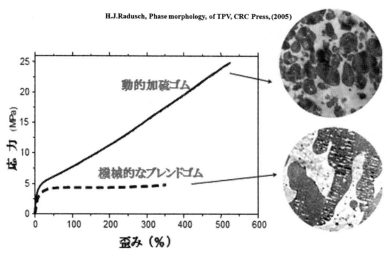

図 7　動的加硫ゴムと機械的な単純ブレンドゴムとの機械特性およびモルフォロジーの比較

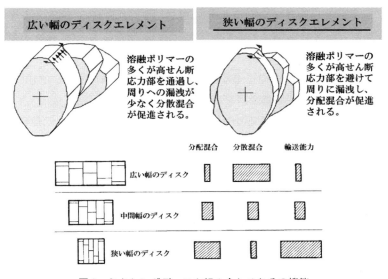

図 8　ミキシングディスク組み合わせとその機能

が数多く開発されて，混練度合の向上および生産性の改善に用いられている[16,17]。

4.5.2　各種材料の添加順序の選定

　リアクティブプロセシング操作には，原料形態，粘度，融点などが異なった多種多様な原料が用いられる。これらを円滑に二軸スクリュ押出機で処理するためには，それぞれの原料の特性および処理目的に合致した供給方法を取らなければならない。図 9 は供給原料の特性・性状により二軸スクリュ押出機にどのように供給するかを示したものである。

さらに，高粘度のポリマーに低粘度の添加剤を二軸スクリュ押出機で混練する方法を示したのが図10である。大きな粘度差を有する原料同士を混合するためには，ポリマー成分を完全に溶融させたうえに，低粘度原料を複数に分割して混練する手法が用いられる。スクリュのミキシングエレメントとしては，分配混合に優れたエレメントを多用する。

さらに，粘度比の大きなポリマー成分同士を円滑に混練する手法としては分離供給方式がある。図11は粘度の高く，かつ配合量の少ないポリマー成分（B）を，粘度が低く，配合量の多いポリマー成分（A）に混練する方法を示した実例である[18]。ここでは，まず，少量の低粘度成分（A）を高粘度成分（B）と溶融・混練させた後，残存する低粘度成分（A）を添加する。このようにすれば，粘度比および組成比の異なる二種類のポリマーの混練操作を向上させることができる。

図12は相容化剤の添加位置によるポリマー複合材の特性変化をみたものである。プロセスAはすべての原料を同時に二軸スクリュ押出機に供給して混練操作を行った場合，プロセスBはポリマーと相容化剤を混練した後にナノクレーを混練した場合，さらにプロセスCはポリマーとナノクレーを予め混練した後に相容化剤を供給した場合を示したものである。それぞれのプロセスで得られたポリマー複合材の物性変化を図13に示す。最も高い物性を示したのはプロセスCであり，添加剤の供給位置が得られるポリマー複合材の物性に大きな影響を有することが示されている[19]。

さらに，反応を伴うポリマーアロイ系における分離供給の効果を検討したHuらの研究成果を図14，15に示す[20]。グラフト共重合系を二軸スクリュ押出機に最初に投入して反応させた後，他のポリマー成分を添加して混練するリアクティブプロセシングシステムが最も優れた物性を有するポリマーアロイを生成させている。

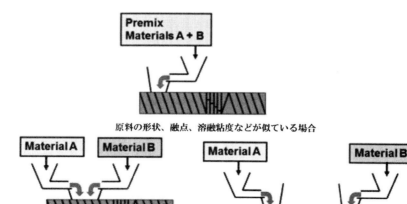

図9　供給原料の性状と二軸スクリュ押出機への供給方法の選択

第2章　押出機・混練技術動向

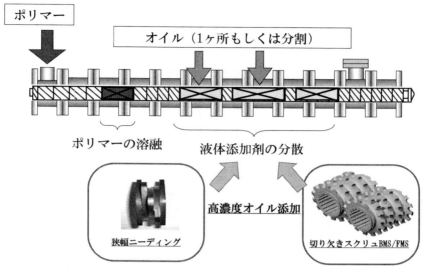

図10　大きな粘度差のある添加剤のコンパウンディング方法

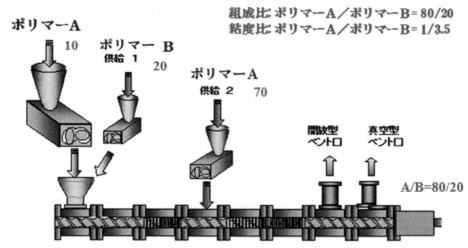

図11　粘度および組成比の異なるポリマー成分の分離供給方法

　これらの実例に示されるように，二軸スクリュ押出機を用いたリアクティブプロセシング操作においては，材料の組成，粘度比，形態，さらに反応などを充分に考慮したシステム構成が重要となる。

4.5.3　二軸スクリュ押出機を活用したリアクティブプロセシング操作と他の成形加工操作との複合化

　リアクティブプロセシング操作では二軸スクリュ押出機を単独に用いる場合が多いが，この技

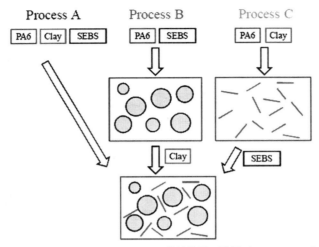

図12 コンパウンディング操作における供給位置の影響（モルフォロジー変化）

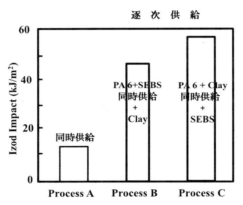

図13 コンパウンディング操作における供給位置の影響（物性）

術を繊維強化材あるいはナノフィラーとのコンパウンディング操作あるいは射出成形法などの各種の成形加工操作と組み合わせて，さらに付加価値の高いポリマー材料の創製を行う実例が増加している[21〜23]。

図16は回収した使用済みペットボトルの改質・発泡処理にリアクティブプロセシング技術を活用した例である[22]。この事例は二軸スクリュ押出機を乾燥処理や長鎖分岐付与反応操作に活用し，さらに単軸スクリュ押出機と組み合わせて，超臨界流体を注入して高倍率の微細発泡成形を行う複合的なリアクティブプロセシング技術である。

さらに，リアクティブプロセシング技術を活用してポリマー材料の動的加硫処理を行うと同時に，難燃剤のコンパウンディング操作を同時に行い，高機能なポリマー材料を創製した実例を図17に示す[23]。

第2章　押出機・混練技術動向

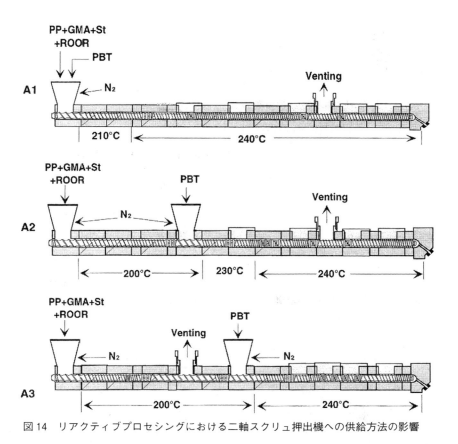

図14　リアクティブプロセシングにおける二軸スクリュ押出機への供給方法の影響

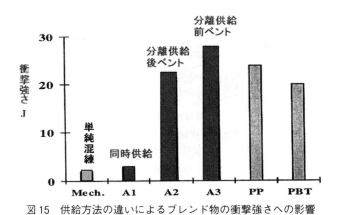

図15　供給方法の違いによるブレンド物の衝撃強さへの影響

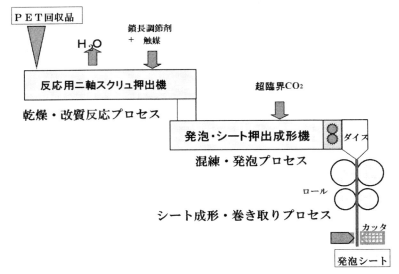

図16 直接乾燥・長鎖分岐制御・炭酸ガス発泡を複合化した回収PETの改質プロセス

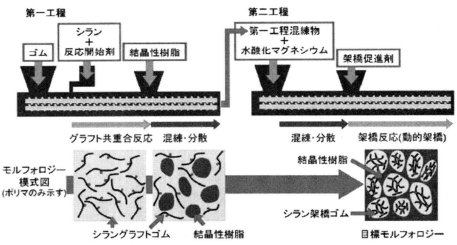

図17 二軸スクリュ押出機を複数用いたリアクティブプロセシング操作
(NEDO可撓性電線被覆材開発プロジェクト（日立電線）)

4.6 まとめ

　二軸スクリュ押出機を活用して各種のポリマーのモルフォロジーを制御し，新しい機能を発揮させるリアクティブプロセシング技術が広範囲のポリマーで実用化されている。これらのポリマーのモルフォロジーがどのように形成されていくかの過程を解析することは新しいポリマーアロイの設計およびその生産工程の管理において非常に重要である。

　現在，ポリマーアロイやポリマーナノコンポジットではナノレベルのモルフォロジー制御が要

第2章　押出機・混練技術動向

求されている。この目的に対しては二軸スクリュ押出機を活用した混練技術と化学的な処理技術との相乗効果の活用が不可欠である。最近になって，二軸スクリュ押出機での各種の挙動解析が進展し，シミュレーションソフトが開発され，市販もされるようになっている。しかし，実際のリアクティブプロセシング操作では，二軸スクリュ押出機の中で複数のポリマー成分や添加剤の分散操作が行われているだけでなく，同時にポリマーの主鎖切断，複数の界面間での化学反応，さらには高圧あるいは高せん断場での相平衡変化などの複雑な現象が起こっている。このような挙動あるいは機構を解析して，新規ポリマーアロイあるいは複合材料を創製していくことが必要不可欠になっている[24]。

文　　献

1) 酒井，プラスチックスエージ，**58**(6), 1 (2012)
2) Sakai T., Mixing and Compounding of Polymers, Chapter 4, Hanser (2009)
3) Sakai T., Reactive Polymer Blending, Chapter 7, Hanser (2001)
4) Cassagnau P., Bounor-Legare V., Fennouillot F., *Intern. Polym. Process.*, **22**(3), 218 (2007)
5) Macosko C. W., Scott C. E., 成形加工，**11**(4), 357 (1999)など
6) Radusch J. H., （酒井訳），プラスチックスエージ，**57**(12), 78 (2011) および **58**(1), 74 (2012)
7) 酒井，プラスチックスエージ，**55**(6), 52 (2009)
8) Sakai T., *Advanced in Polymer Technology*, **14**(4), 277 (1995)
9) Ratnagiri R., Scott C. E., *Polym. Eng. & Sci.*, **41**(8), 1310 (2001)
10) Ito N., Pessan L. A., Covas J. A., Hage E., *Int. Polym. Process.*, **18**(4), 376 (2003)
11) 佐野，矢野，大井，西田，成形加工，**6**(11), 825 (1994)
12) 西尾，鈴木，小島，角五，高分子論文集，**47**(4), 331 (1990)
13) Sundaraj U., Macosko C. W., Shih C. K., *Polym. Eng. & Sci.*, **36**, 1769 (1996)
14) Lee J., Han C. D, *Polymer*, **40**, 6277 (1999)
15) Kohlgrueber K., Co-rotating twin screw extruders, Chapter 12, Hanser (2007)
16) White J. L.著 （酒井訳），二軸スクリュ押出し：その技術と理論，シグマ出版 (1993)
17) 酒井，プラスチックスエージ，**15**(6), 52 (2009)
18) Shih C-K., Mixing and Compounding of Polymers, Chapter 15, Hanser (2009)
19) 西谷，河原ほか，JSPP 年次大会 09, 181 (2009)
20) Hu G. H., Sun Y. J., Lambla M., *Applied Polym. Sci.*, **61**, 1039 (1996)
21) 井上，中村，忍谷，酒井，成形加工，**4**(8), 484 (1992)
22) Sakai T., *Int. Polym. Process.*, **16**(1), 3 (2001)
23) 精密高分子 NEDO 成果報告書 (2008.9)，日立電線 NEDO 可撓性電線被覆材開発プロジェクト
24) 酒井，プラスチックスエージ，**62**(6), 44 (2016)

第3章 スクリュ設計

1 低温混練技術のためのスクリュデザインの最適化

久家立也*

1.1 はじめに

近年，プラスチック材料の高機能化と多様化は著しい進歩を遂げており，フィラー・添加剤の付与による材料改質や，複数のポリマー混合により新しい特性を持たせるポリマーアロイが盛んに行われている。このようなプラスチックの機能向上には，より高度な混練分散技術が重要なポイントであり，複合化混練はもとより連続生産が可能なことから押出機が使用されることが多い。

一般的に押出機は単軸押出機と二軸押出機に大別され，単軸押出機はパイプ・チューブ，シート・フィルム，異形等の成形用途が主だが，着色や少量のフィラーを練込むカラーリングコンパウンド等にも使用されている。スクリュとしては，フルフライトスクリュやバリアフライトスクリュ（サブフライトスクリュ），ミキシングスクリュ等があり材料に適したものを選択する。一方，多量のフィラー混練，ポリマーアロイ，液注入，ケミカルリアクションでは，材料の性質・粘度や粒径等が非常に影響され易く単軸押出機では限界がある。こういった場合に二軸押出機が使用される。

図1にスクリュ式押出機を軸数・噛合・回転方向で分類したものを示す。

当社では二軸押出機として噛合型の高速回転であるPCMシリーズ（写真1）を生産しており，1950年代に日本で初めて二軸押出機を国産化して以来の実績に基づいて開発されたシリーズであり，その混練性と生産性の良さから熱可塑性樹脂はもちろんのこと，エポキシ樹脂・フェノール樹脂等の熱硬化性樹脂，食品分野まで幅広く使用されている。

ここでは，二軸押出機における低温混練のためのスクリュデザインと運転条件・実施例について述べてみたい。

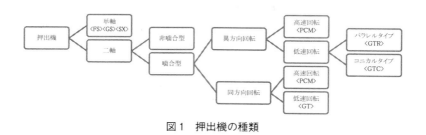

図1　押出機の種類

＊　Tatsuya Kuge　㈱池貝　技術部　プラスチックセンター　兼　機械設計課　担当課長

第3章　スクリュ設計

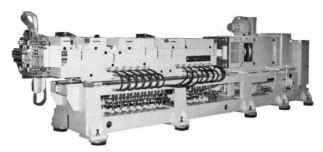

写真1　PCM80 二軸押出機

1.2　二軸押出機の構成

　二軸押出機は，そのスクリュの噛合いや回転方向により大別される（図2）。一般的には，セルフクリーニング性がよく確実に搬送ができ，優れた分散混練性をもつ完全噛合型同方向回転タイプがよく使用される。

　二軸押出機はスクリュとシリンダがセグメント方式となっており，目的により自由に組合せが行えるようになっている。

　図3に代表的なスクリュパーツ，表1に使用例を示す。特にミキシングスクリュの構成は押出特性および混練性を決定する重要な要素となる。ミキシングスクリュは，主にニーディングディスクを用いており，その組み合わせによって混練状態が決定される。これは，ニーディング部で樹脂が複雑に分流されるためと，シリンダ内の樹脂の充満状態や圧力状態が異なるために変化する。

　完全噛合型同方向回転タイプ二軸押出機は大きく分類すると，図4のようにスクリュ断面によって浅溝3条ネジタイプと深溝2条ネジタイプがある。高せん断を必要とするものには3条，高押出量を得るためには2条が有利である。ポリマーアロイやケミカルアクションにおいては，滞留時間の確保のためにフリーボリュームの多い2条が用いられる。

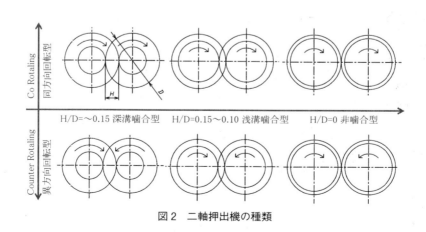

図2　二軸押出機の種類

樹脂の溶融混練・押出機と複合材料の最新動向

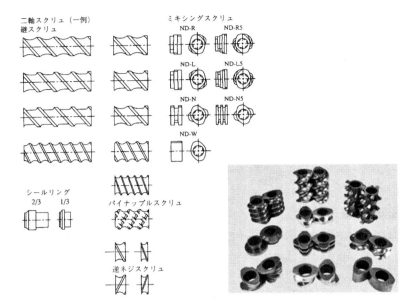

図3　スクリュパーツ

表1　スクリュパーツの使用例

種類・形状	使用例
大ピッチ継ぎスクリュ	・かさ比重の小さい粉末やクラッシャ材を主体とした材料を搬送するために，主として材料供給部で使用 ・材料に含有する水分，空気等を原料供給部のホッパから容易に逃がすために使用 ・溶融した樹脂にサイドフィーダから粉末材料などを投入搬送する場合に使用
小ピッチ継ぎスクリュ	・ペレット配合物や溶融樹脂配合物の圧縮搬送に使用 ・液注入部の搬送ネジに使用 ・ミキシングスクリュとミキシングスクリュの間に挿入し，溶融樹脂のアキュームと緩圧縮による安定押出しに使用
ND-R ND-N ND-L	・混練全般に使用 ・組込みは原則としてR，N，Lの順。またはR，N，R，N，Lと交互に配置して使用 ・Rはディスクが送り方向にねじれているため，弱い混練と搬送能力を有する主として継ぎスクリュ後の最初の混練部分に使用 ・Nはディスクが90°交互にあるため搬送能力はないがRよりも混練が強い　主として継ぎスクリュやRの後に使用 ・Lはディスクが戻り(逆)方向にねじれているため，充満を高め混練を強くさせるために使用　主としてRやNの後に使用
ND-W	・かさ比重の小さい材料の安定押出しに使用 ・緩慢な圧縮を行うために継ぎスクリュの後に使用 ・溶融樹脂の位置交換を効果的に行うためにND-R，ND-N，ND-Lと交互に使用
シールリング	・強混練用としてND-R，ND-Lと組合わせて使用 ・低粘度の樹脂に多量のフィラーを添加する場合に使用
パイナップル	・粘度ムラの防止のために主として先端部に使用 ・低粘度融液のかき混ぜに使用 ・融点のシャープな材料の可塑化混練に使用 ・液注入部のかき混ぜに使用
逆ネジ継ぎスクリュ	・ポリマーアロイの高混練として使用 ・液注入部手前の逆流防止用として使用 ・高真空用としてベント手前に使用 ・サイドフィードから投入して材料の均一混合に使用 ・パイナップルスクリュと組合わせて混合効果を高めるために使用

第3章 スクリュ設計

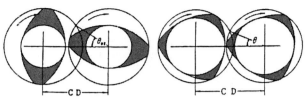

2条ネジ（$\theta \leqq \pi/4$）　　3条ネジ（$\theta \leqq \pi/6$）
図4　2条ネジと3条ネジの断面形状

　シリンダにおいては，材料の開発や生産等に伴う複雑な複合コンパウンドやケミカルリアクションでは高混練を要することや触媒等脱気する必要性からシリンダを長くする傾向にある。樹脂や添加剤の種類，あるいは揮発成分の有無，化学反応に伴う行程により目的に合わせた種々のシリンダブロック（バレルとも称する）が必要となる。当社では，基本のクローズバレルをはじめ，脱気用のベントバレル，フィラー・添加剤用のサイドフィードバレル，液注入用バレル，混練途中の材料抜取用サンプリングバレル等，種々のシリンダを用意している。図5にバレルの種類を示す。シリンダの長さ（L/D）は，用途によりL/D15～70の範囲で設定される。
　材料の供給方法も重要な要素である。複数の材料の場合，混合装置でブレンドするか材料供給装置（フィーダ）を複数台用いてホッパ口へ一括投入するのが一般的だが，主材料をホッパ口で投入しシリンダ途中でサイドフィーダや液注入ポンプを用いて他材料を供給するサイドフィード方式がある。サイドフィード方式は，融点差の大きい材料の混練，ガラス繊維・炭素繊維等の繊維の折損抑止，無機フィラーコンパウンドでのシリンダ・スクリュ摩耗対策，ケミカルリアク

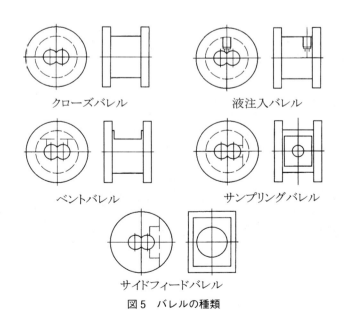

図5　バレルの種類

81

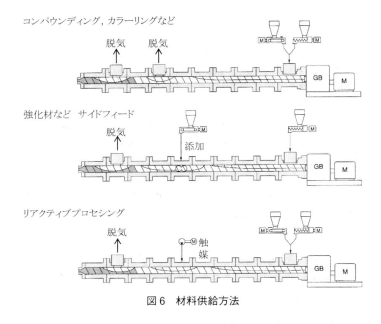

図6 材料供給方法

ションにおいての逐次供給や触媒の注入に有用である。図6に各供給方法を示す。

1.3 高速・低速回転時の樹脂温度比較

押出機の運転において溶融混練時における材料の粘度状態が非常に重要になるため，その一つの指標となる樹脂温度には細心の注意を払う必要がある。特に，二軸押出機の場合はスクリュ回転によるせん断作用の影響が大きいため，適切な樹脂温度で抑えなければプラスチックの劣化が発生することもある。

そこで，二軸押出機における高速・低速回転時の樹脂温度比較の一例を示す。

運転条件（図7）はスクリュ回転数以外全て同条件である。樹脂温度の測定位置は図8のようにスクリュ混練直後の右・左・中央3点に可変長樹脂温度計を設置した（写真2）。一般的に樹脂温度を測る場合，アダプタやダイ内面（壁面）に温度計を設置するかダイ吐出後に温度計を挿

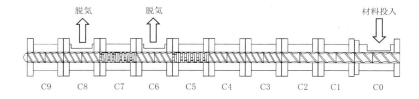

材料： HDPE

シリンダー温度：
C1:160℃, C2:180℃, C3:200℃, C4:200℃, C5:200℃, C6:200℃, C7:200℃
C8:200℃, C9:200℃, Ad:200℃, Die:200℃

図7 運転条件

第3章　スクリュ設計

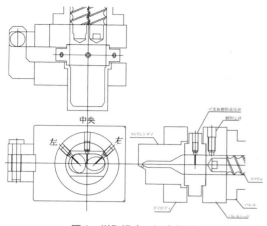

図8　樹脂温度の測定位置

写真2　可変長樹脂温度計の取付け

し測ることが多いが，今回は可変長樹脂温度計を設置することで，シリンダ壁面から中心まで（23 mm間）の実際の樹脂温度差が測定できるようにした。

図9に示すようにシリンダ壁面から中心へ向かうにつれ樹脂温度は上昇し，高速回転の方がその差が大きくなる。また，高速と低速回転では最大（中心）で65℃近くの温度差がみられた。つまり，過度な高速回転による異常発熱が起きているためプラスチックの劣化も考えられ，通常の運転の際にもこの結果を十分に考慮しなければならない。

1.4　高トルク・高速回転・深溝化

近年，コスト低減やナノテクノロジーに見られる高混練高分散，高押出量を目的とした押出機の要望が増しており，これに対応すべく高トルク，高速回転可能なギヤボックスを搭載したPCM-HTSシリーズを充実させた。写真3にPCM60HTSを示す。

1.4.1　高トルク

押出機のトルクが高いということは，押出時の動力をより大きくかけることができるため，同一材料に対してはトルクが高いほどQ/N（押出量Qとスクリュ回転数Nの比）が大きくできることとなる。Q/Nが大きくできるということは，そのまま高押出量となる。

またこのことは，押出機の使用条件の範囲（操作性）を広くすることを意味し，高粘度材料の混練に対してより有利に働き，低温での成形が可能となる。

1.4.2　高速回転

高押出量を得るためには前述したようにQ/Nを上げることが必要であるが，さらに搬送速度を上げて高押出量を図るためにはスクリュ回転数を高速にする必要がある。

高速回転にすることは，パスタイムが速くなることを意味するが，スクリュエレメントの組み合わせにより高分散に対しても対応可能となる。これは樹脂の高品質化という意味でもあり，樹脂の改質を狙うことも可能となる。また，高速回転することによって押出量はさらに上がる。

83

樹脂の溶融混練・押出機と複合材料の最新動向

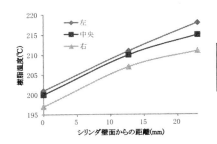

mm	左	中央	右
0(壁面)	201	200	197
12.70	211	210	207
23(中心)	218	215	211

低速(100rpm)

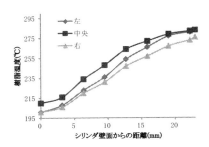

mm	左	中央	右
0(壁面)	201	210	201
3.18	208	216	206
6.35	223	234	220
9.53	236	248	231
12.70	254	264	247
15.88	266	272	257
19.05	277	279	267
22.23	281	282	273
23(中心)	283	283	276

高速(500rpm)

図9　高速・低速におけるシリンダ壁面から中心までの温度差

写真3　PCM60HTS

1.4.3　深溝化

　機械的にQ/Nを大きくするためには，スクリュの搬送容量を大きくすることが必要となる。スクリュの搬送容量を表す指標として，スクリュの外径と谷径の比D/dがある。この値が大きいほど深溝で搬送能力が高く，高押出量が可能となる。
　深溝であることは，スクリュの回転によるせん断作用が少なくなることを意味し，低い樹脂温

	押出前の材料	汎用単軸ダルメージタイプ (175min^{-1})	PCM30-HS 標準回転 (300min^{-1})	PCM30-HS 高速回転 (1,500min^{-1})	PCM30-HS 高速回転 (2,000min^{-1})
MI値	23	28	30	44	53

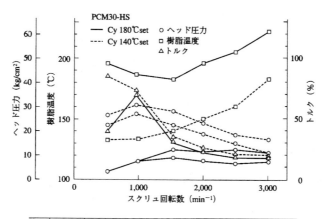

図10　LDPEの運転諸条件例とMI値

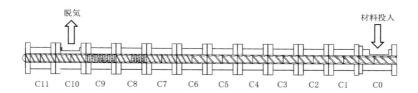

材料:　PP　+　エラストマー(30%)

PCM30-HS
シリンダー温度:
C1:120℃, C2:120℃, C3:200℃, C4:200℃, C5:200℃, C6:210℃, C7:220℃
C8:230℃, C9:240℃, C10:240℃, C11:220℃, Ad:220℃, Die:220℃
スクリュ回転数：　2000rpm
押出量　:　260kg/h

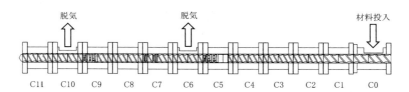

材料:　PP＋タルク

PCM60-HTS
シリンダー温度:
C1:180℃, C2:200℃, C3:240℃, C4:240℃, C5:260℃, C6:200℃, C7:200℃
C8:200℃, C9:200℃, C10:200℃, C11:200℃, Ad:200℃, Die:220℃
スクリュ回転数：　760rpm
押出量　:　410kg/h
樹脂温度(接触式)　:　257℃

図11　高速回転の運転事例

度での成形が可能となる。

　但し，先程の樹脂温度比較でも述べたように高速回転による樹脂の異常発熱や，深溝であるほど混練分散が不均一になり易いので，これらの短所も理解した上での運転が必要である。

　また，PCM-HTSを使用した実施例を紹介する。図10にLDPEでの運転諸条件と高速回転による影響を，図11にPP/ゴム系エラストマーとPP/タルクの運転の一例を示す。

1.5 粘度とスクリュ形状の関係
1.5.1 低粘度溶融樹脂とスクリュ形状の関係

　まずは低粘度溶融樹脂のスクリュ形状であるが，二軸押出機のスクリュ形状の中では混練のためのニーディングディスクを多用することを原則としている。組み込む位置を考慮するわけであるが，占める割合としてもスクリュ全長に対して少なくとも3割以上，6〜7割占めることも多い。つまりニーディングディスクを多く使用することによりスクリュの混練分散能力を十分に得ようとするわけである。また，ニーディングディスクを多く使用することは滞留時間を長くすることでもあり，反応時間を要するポリマーの合成，例えばTPU（サーモポリウレタン樹脂）の反応押出機として使用されている。その他に脱水脱溶媒等の処理や，エマルションの製造にも応用されている。

　図12に示したのは低粘度溶融樹脂のスクリュ形状の一例である。PPに添加剤を配合して混練した後，途中から液状可塑剤を多量注入することにより低粘度溶融樹脂としてダイノズルから吐出させた例である。PP溶融樹脂と液状可塑剤の粘度が大きく異なるために液状可塑剤を注入した後，徹底的に混練しなければ可塑剤の分離或いは粘度ムラのために安定した吐出が期待できない。したがって，ダイノズルから吐出させた後サージング現象が発生し均一なペレットを得ることはできない。そこで粘度ムラの発生を極力防止するためにミキシングスクリュパーツを多く

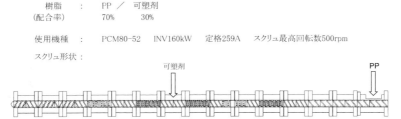

図12　低粘度溶融樹脂の具体例

第 3 章　スクリュ設計

使用しているわけである。なお，このスクリュ形状での一番のポイントは可塑剤を注入した後 PP 溶融樹脂とニーディング部までの距離と合流するときのミキシングスクリュ形状の選定にある。

1.5.2　中粘度溶融樹脂とスクリュ形状の関係

中粘度溶融樹脂のスクリュ形状は，低粘度溶融樹脂のスクリュ形状と高粘度溶融樹脂のスクリュ形状の中間に位置すると考えれば良い。ニーディングディスクの占める割合としてもスクリュ全長に対して 4 割前後が一般的である。

図 13 に示したのは中粘度溶融樹脂のスクリュ形状の一例である。PP に EPDM を配合してエラストマーを製造する一般的な混練である。ポリマーアロイの製造も，相溶性非相溶性の違いや粘度の違いはあるが殆どのポリマーアロイに応用が可能である。

1.5.3　高粘度溶融樹脂とスクリュ形状の関係

高粘度溶融樹脂のスクリュ形状は，混練用スクリュ形状の中ではニーディングディスクを多用しないことを原則としている。スクリュパーツの形状と組み込む位置を考慮することは勿論のことであるが，占める割合としてもスクリュ全長に対して多くとも 4 割以下，2 ～ 3 割で十分なことが多い。つまりスクリュパーツを多く使用することではなくプラスチック自身の高溶融粘度という性質を利用することにより混練分散能力を得ることが可能である。プラスチックそのものが高粘度であってもプラスチックにフィラーを多量に添加することにより見かけ上の高粘度になっても同様であり，プラスチック材料の熱劣化を防がなければ物性の低下を招くことになり良品は得られない。

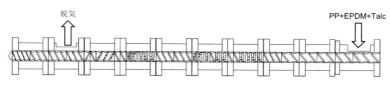

樹脂　　　：　PP　／　EPDM　／　Talc
(配合率)　　 60%　　30%　　10%

使用機種　　：　PCM80-35　　DC160kW　　定格390A　　スクリュ最高回転数400rpm
スクリュ形状：

脱気　　　　　　　　　　　　　　　　　　　　　　　　　　　　PP+EPDM+Talc

シリンダー温度：
C1:200℃, C2:210℃, C3:210℃, C4:210℃, C5:210℃, C6:200℃, C7:200℃
C8:200℃, C9:200℃, Ad:210℃, Die:210℃

運転条件：　　　　　　　　　　　　　ダイス：
　スクリュ回転数　：　380rpm　　　　　ストランドダイ　Φ5 × 31穴
　負荷電流　　　　：　330A
　押出量　　　　　：　720kg/h
　樹脂温度　　　　：　230℃
　樹脂圧力　　　　：　53kg/cm^2

図 13　中粘度溶融樹脂の具体例

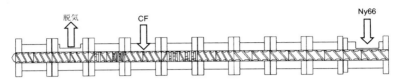

図14 高粘度溶融樹脂の具体例

　図14に示したのは高粘度溶融樹脂のスクリュ形状の一例である．また，その他にMIの小さい高重合度ポリオレフィン等にも応用可能である．

文　　　献

1)　五十嵐聡，プラスチックス，**57**(5)，23 (2006)
2)　林崎芳博，プラスチックスエージ，**41**(3)，98 (1995)
3)　宮澤正憲，プラスチックス，**41**(7)，26 (1990)

2 同方向回転二軸押出機のスクリュ構成の最適化，混練条件の設定とスケールアップ

大田佳生*

2.1 はじめに

同方向回転二軸押出機は，スクリュエレメントとバレル（オープンバレル，サイドフィードバレル，液添バレル）が任意に組めるという特徴を持っている。そのため，この押出機は，粉体強化材，繊維状強化材，各種樹脂と液状添加剤を任意の位置から供給することができるので，高性能化・高機能化した樹脂組成物の生産に適している。しかし，スクリュ構成の最適化と混練条件の設定をするには，下記の項目を理解することが必要であるので解説する。

・スクリュ構成を組むときに必要な各種スクリュエレメントの5つの混練要素
・スケールアップの考え方
・混練条件の応用事例

2.2 同方向回転二軸押出機の装置概要

表1[1]に押出機の種類を示す。フィルム成形用には単軸押出機，二軸押出機が使われるが，本項では，同方向回転二軸押出機について説明する。

表2[1,2,5]はコペリオン社の押出機の開発の歴史をまとめたものである。現在，生産現場で使用されている主要な押出機[2~4]は，スクリュ噛み合い比1.55の第六世代のMEGA Compounder，第七世代のMcPlus（東芝機械　TEM SS，日本製鋼所　TEX $\alpha 2$ は比トルクが同じ性能）と第八世代のMC18（東芝機械　TEM SX，日本製鋼所　TEX $\alpha 3$ は比トルクが同じ性能）である。これらの世代の押出機は高トルクのため，回転数を維持したまま，押出量を上げて，樹脂温度を

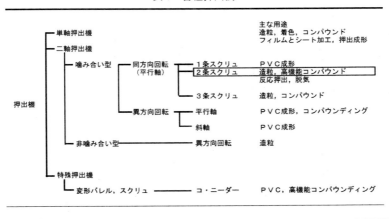

表1　各種押出機

---

* Yoshio Ota　旭化成㈱　高機能ポリマー事業本部　C&M事業部
コンパウンド製造統括部　生産技術グループ

樹脂の溶融混練・押出機と複合材料の最新動向

表2 同方向回転二軸押出機における開発の歴史（Coperion社資料より）

		フライト数 screw tip	流路数	噛み合い比 Da/Di	最大溝深さ H *1 channel lengh	せん断速度 1/S *2 shear rate	空間体積比 *3 free volume	比トルク *4 Specific torque	最大回転数 rpm Max Screw speed
1st-generation		3	5	1.25	0.46	1.94	0.49	3.7~3.9	—
2nd-generation		3	5	1.25	0.46	1.94	0.49	4.7~5.5	—
3rd-generation		2	3	1.44	0.86	1.15	0.87	4.7~5.5	300
4th-generation	High torque	2	3	1.44	0.86	1.15	0.87	7.3~8.0	—
5th-generation	Super Compounder	2	3	1.55	1.00	1.00	1.00	8.7	600
6th-generation	MEGA Compounder	2	3	1.55	1.00	1.00	1.00	11.3	1200
	MEGA Volume	2	3	1.80	1.32	0.80	1.37	8.7	1800
7th-generation	McPlus	2	3	1.55	1.00	1.00	1.00	13.6	1200
	MEGA VolumePlus	2	3	1.80	1.32	0.80	1.37	11.3	1800
8th-generation	Mc[18]	2	3	1.55	1.00	1.00	1.00	18.0	1200

*1：噛み合い比＝1.55を基準にして．
　　スクリュ外径と溝深さは，軸間距離CLを一定として計算した．
*2：噛み合い比＝1.55を基準にして，
　　剪断速度は，$\gamma = \pi DNs/H$ で計算した．
*3：噛み合い比＝1.55を基準にして，空間体積を計算した
*4：比トルク＝スクリュシャフト最大トルク／CL^3　Nm/cm^3

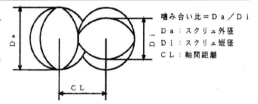

噛み合い比＝Da/Di
Da：スクリュ外径
Di：スクリュ短径
CL：軸間距離

Specific Torque=Max screw shaft torque/CL^3

下げることができるという特徴を持っている．

　第一，二世代は3条スクリュで，第三世代から2条スクリュになった．この違いは，次の通りである．3条スクリュの押出機は，流路数が多く（分配混合），せん断速度が高い（分散混合）ので，混練性能は良好であるが，搬送能力（生産性が低い）が低いのが特徴である．3条スクリュの押出機は生産性が低いため，ほとんど使われなくなった．2条スクリュの押出機は，流路数が5から3に減り，且つ，せん断速度も小さいため，混練性能は低いが搬送能力が高いのが特徴である．2条ネジの押出機は混練性が低いので，混練性が良好なスクリュ構成を組むことが求められている．2条スクリュの噛み合い比は1.44から第五世代に1.55により深溝になって以降，第八世代まで同じである．簡単に言えば，第六世代はトルクとスクリュ回転数が高くなり，第七世代，第八世代はトルクを上げることで，さらに樹脂温度を下げ，押出量を上げることができる．ただし，3条スクリュは混練性が良いために2条スクリュ押出機でも，3条ロータスクリュや3条ニーディングディスクとして，可塑化の混練ゾーンで使われることがある．

　MEGA Volumeシリーズは，噛み合い比1.8と押出機の空間体積が大きな押出機であり，見かけ比重が小さく，スクリュへの食い込み性が低い材料のコンパウンドに向いている．

　図1[1,5]は高機能コンパウンドの同方向回転二軸押出機の一例である．使用される押出機のモーターは，定トルク型のインバーターモーターで，図2[1,5]に示すように，モーター所要エネルギーはスクリュ回転数に比例するように設計されている．

第3章　スクリュ設計

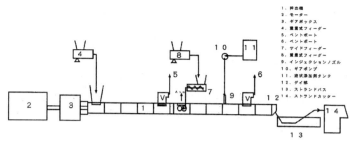

図1　押出機プロセス概要図

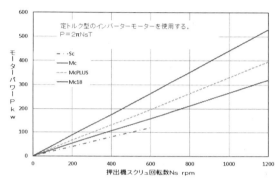

図2　各世代の押出機スクリュ回転数とモーターパワーとの関係（例：ZSK58）

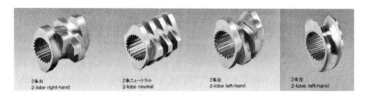

混練用スクリュエレメント（ニーディングディスク）

搬送用スクリュエレメント

図3　各種スクリュエレメント

図3[1,3,5]にスクリュエレメントの代表例として右回り2条ネジスクリュエレメントとニーディングディスク（ニーディングブロック）を示す。通常使用するスクリュエレメントは、スクリュピッチ長さの異なる右回りスクリュ（SC-R）3種類と左回り1種類（以下SC-L）の計4種類使う。ニーディングディスクは、ねじれ角度が45度の右回り（以下KR）でニーディングディスク長さが異なるもの3種類とねじれ角度90度の搬送能力のないニュートラル（以下KN）1種類とねじれ角度135度（−45度）の左回りニーディングディスク（以下KL）1種の計5種類を使用する。

図4[1,3,5]は、バレルの代表例である。フィードバレル、クローズドバレル、サイドフィードバレル（コンビバレルとも言う）と真空、大気ベント用のベントバレルがある。バレルの長さはバレル径の3.3〜4.2倍であり、その長さは押出機メーカーによって異なる。

2.3 同方向回転二軸押出機の5つの混練要素について

まず、同方向回転二軸押出機の充満率、圧力、温度、混・練の各混練要素について簡単な理論を述べる[1,5,6]。

2.3.1 スクリュの充満率

図5[5,6]は押出機のスクリュシャフト抜き出しの写真である。充満率30〜50％の未充満の搬送ゾーンと充満率100％の完全充満の混練ゾーンからなることが判る。

同方向回転二軸押出機の固体と溶融樹脂の搬送ゾーンは、SC-Rを使う。搬送用スクリュのSC-Rは、搬送能力が大きいので、未充満状態になる。

SC-Rの基本式は、(1)式である（図6[1,5,6]参照）。

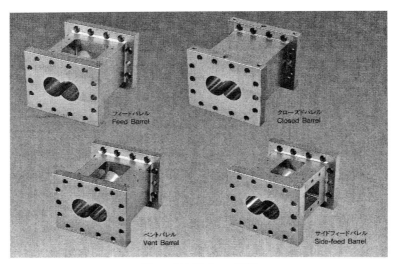

図4　押出機バレル種類

第3章　スクリュ設計

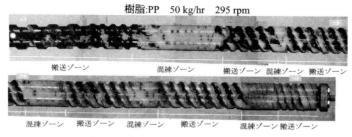

図5　二軸押出機スクリュの充満状態

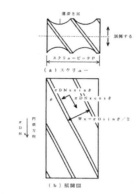

図6　スクリュエレメントの展開図

$$Q = Qd - Qp \tag{1}$$

　Q　：押出量　　m^3/s
　Qd：推進流　　m^3/s
　Qp：圧力流　　m^3/s

$$Qd = Wx \times H \times \pi \times D \times Ns \times \cos\theta /2 \tag{2}$$

$$Qp = Wx \times H^3/(12\eta) \times (dP/dZ) \tag{3}$$

　Wx：スクリュ溝幅（Wx = πDsinθ/2）　m
　H　：スクリュ溝深さ　　　　　　　　　m
　η　：溶融粘度　　　　　　　　　　　　Pa・s
　dP/dZ：圧力勾配
　Ns：スクリュ回転数　1/s

　SC-Rは，通常の運転範囲において未充満状態となるので（図7[1,5,6]参照），dP/dZ = 0であり，Qp = 0となる。
　すなわち，充満率ϕは，

$$\phi = Q/Qd \tag{4}$$
$$\quad = K \times (Q/Ns)/\sin\theta \tag{5}$$
K：係数

　図8[1,5,6]は，充満率 Φ の定義である。Af は(4)式の Q，A0 は，(4)式の Qd に相当する。充満率 Φ は，Q/Ns に比例することが判る。又，$\sin\theta$（スクリュピッチ P）に反比例することが判る。Q/Ns を大きくするほど充満率 Φ は大きくなり，スクリュピッチ P を大きくするほど充満率 Φ は小さくなることが判る（図9[1,5,6]参照）。

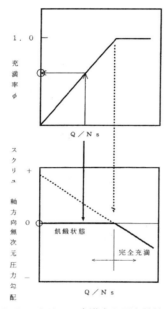

図7　SC-R スクリュの充満率と圧力特性との関係

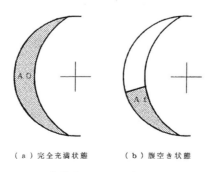

（a）完全充満状態　　（b）腹空き状態

充満率 Φ ＝ A f ／ A O
図8　充満率の定義

第3章 スクリュ設計

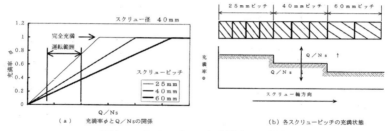

図9 スクリュピッチと充満率との関係

2.3.2 スクリュの圧力特性
(1) 各種スクリュ圧力特性

図10[1,5,6)]にスクリュ中に樹脂が上流側から下流側へ流動するときの圧力勾配の模式図を示す。圧力勾配の値が正のスクリュは搬送能力があり，昇圧する性質がある。しかし，この圧力勾配が正のスクリュは，図7に示すようにスクリュの下流側の圧力が立っていないと昇圧せず，圧力勾配は0になり，未充満状態になる。圧力勾配が負のスクリュは，下流側に向かって降圧となる。

図11[1,5,6)]は，流動解析ソフトを使って計算した第五世代40 mm同方向回転二軸押出機のスクリュ圧力特性図である。この流動解析の計算方法は，2次元FAN法を使い，スクリュ形状は，Booyの文献8)を使った。図の縦軸は無次元圧力勾配，横軸は押出量である。無次元圧力勾配とは圧力勾配を樹脂溶融粘度と回転数で割った値である。

図11より，各種スクリュの性能が把握できる。

　　昇圧能力：SC-R ＞ KR

　　降圧能力：SC-L ＞ KL ＞＞ KN

図12[1,5,6)]は，右回りのニーディングディスクのニーディングディスク長さによる圧力特性を検討した図である。

　　昇圧能力：ニーディングディスク長さ　長＞短　(60 mmと40 mm)

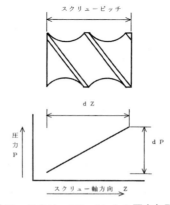

図10 スクリュエレメントの圧力勾配図

95

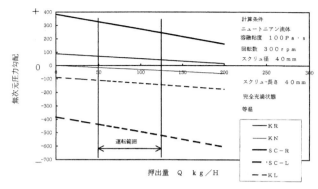

図11 二軸同方向回転押出機 スクリュエレメントの圧力特性図

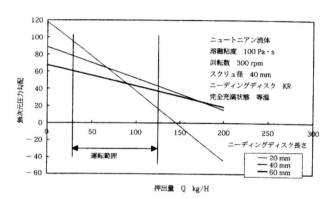

図12 ニーディングライトのスクリュ長さと圧力特性の関係

であるが，特にニーディングディスク長さ20 mmの場合，無次元圧力勾配の値は，65 kg/H付近で60 mmのニーディングディスクと逆転し，90 kg/H付近で40 mmのニーディングディスクと逆転することが判る。

図13[5,6]はSC-Rを上流側，SC-Lを下流側に配置し，所定の運転条件で押出機を急停止させ，SC-Rの上にある止め栓を外して，充満長さを測定した。SC-Rの充満長さは運転条件で変わり，計算値と傾向が一致している。

図14[5,6]は圧力センサーを軸方向に4か所設置した特殊バレルを作り，各種エレメントの圧力勾配を実測し，流動解析の計算値と測定値の比較を示す。計算値は実測値に近い値であることが判る。2次元FAN法の流動解析した各種スクリュエレメントの計算値は信頼性があることが判る。

(2) スクリュ構成の圧力分布計算

図15[1,5,6]は，スクリュ構成を基に圧力分布と充満率分布を計算した結果である。混練ゾーンの圧力分布において，搬送能力のあるRの付くスクリュは昇圧し，KN，KL，SC-Lは降圧となる。無次元圧力勾配の絶対値の大きなスクリュほど降圧の圧力降下は大きくなることが判る。

第3章 スクリュ設計

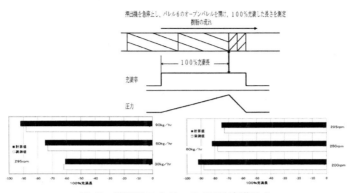

図13 順送りスクリュの100%充満長さ

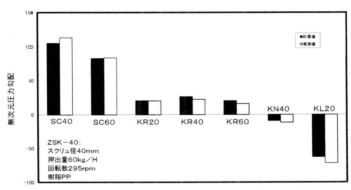

図14 各スクリュ無次元圧力勾配の計算値と実測値の比較

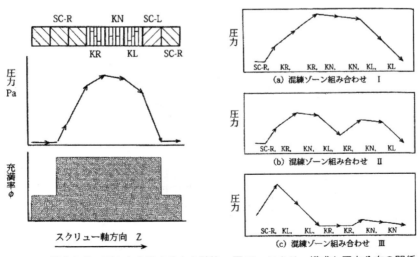

図15 スクリュ構成を基に圧力と充満率分布を計算　図16 スクリュ構成と圧力分布の関係

図16[1,5,6]は，ニーディングディスクの種類と数は同数でニーディングディスクの並べ方を変えたときの圧力分布を計算した図である。ニーディングディスクの並べ方で圧力分布が異なることが判る。

同様に図17[1,5,6]と図18[1,5,6]にもスクリュ構成と圧力分布の関係を示す。スクリュ構成図のみを並べて検討するより，圧力分布や混練ゾーンの長さを可視化して検討した方がより良いスクリュ構成を導き出せる。

2.3.3 温度計算

押出機中の樹脂温度は，図19[1,5,6]に示すように樹脂の発熱量とバレルからの熱容量（ヒーター容量，冷却能力）からマスヒートバランス計算により計算できる。

樹脂の温度の計算式は，(6)式から求められる。

$$To = Ti + \frac{\eta\gamma^2 V - UA(Tp-Tb)}{CpQ\rho} \tag{6}$$

$\eta\gamma^2 V$：発熱量　　　　　　　w

U：伝熱係数　　　　　　　$w/m^3℃$

A：バレルと樹脂の接触面積　m^2

Tp：樹脂の温度　　　　　　℃

ρ：密度　　　　　　　　kg/m^3

Cp：比熱

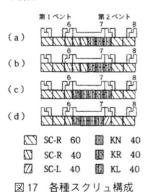
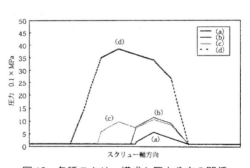

図17　各種スクリュ構成　　　　図18　各種スクリュ構成と圧力分布の関係

図19　スクリュ内のマスヒートバランス

第3章　スクリュ設計

図20[1,5,6]は各種樹脂のシミュレーション計算によるダイ出口の樹脂温度と実測値の比較である。各樹脂とも計算値と実測値の誤差は，0～＋7℃と一致している。

2.3.4　スクリュの混・練

図3の右回りと左回りのスクリュのフライト部からの漏洩流量は少ないのでほとんどがせん断による混合（分散混合）と考えて良い。図3のニーディングディスクはニーディングディスクの羽根と羽根の間から樹脂が逆流する。すなわち，ニーディングディスクの中では，前進流と逆流の合一と分配が起こる（分配混合）（図21[1,5,6]参照）。羽根の中ではせん断による分散混合も起こる。図22[1,5,6]は，ニーディングディスクの混練を模式化した図で，ニーディングディスクは，分配混合と分散混合の役割を持っている。

スクリュによる混練において，分配混合は，例えば3mm程度のペレットから10μm程度の混合に寄与し，分散混合はさらに1μm以下に微分散させるときに効果があると考えている。

例えば，分配混合はGFの破断やフィラーの分散に必要で，分散混合は，ポリマーアロイで1μm以下に微分散するとか，相溶性の良好であるが溶融粘度比の大きな樹脂同士のブレンドで

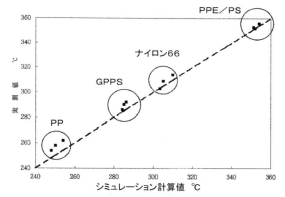

図20　各種樹脂のシミュレーション計算値と実測値との関係

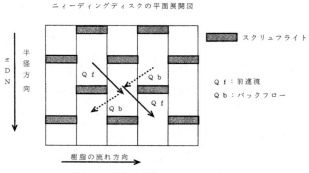

図21　分流の創出と合一のモデル

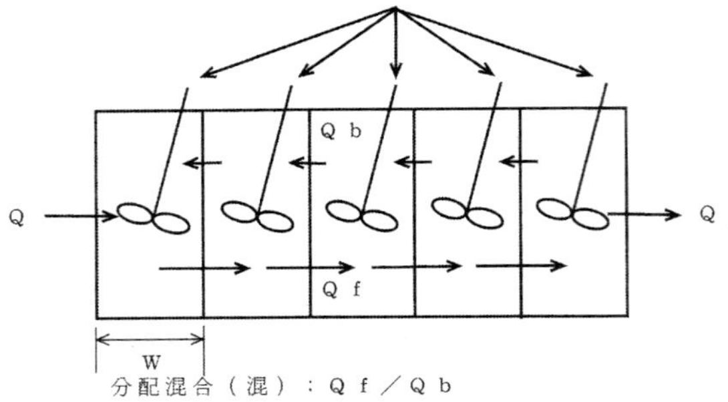

樹脂の溶融混練・押出機と複合材料の最新動向

分散混合（練り）：剪断による練り

Q b

Q → → Q

W

Q f

分配混合（混）：Ｑｆ／Ｑｂ

図22　ニーディングディスクの分散混合・分配混合のモデル

分散性を上げるのに使われる。

　分配混合（混）と分散混合（練）は下記数式で定義できる。

　　分配混合（混）　（Qf/Qb)/(Q/V)/Ns　　　　　　　　　　　　　　　　　　　(7)

　　分散混合（練）　$\eta \gamma^2 t$　　　　　　　　　　　　　　　　　　　　　　　(8)

t = V/Q, γ＝Ns と仮定すると(8)式は，(9)式となる。

　　ηNsV/(Q/Ns)　　　　　　　　　　　　　　　　　　　　　　　　　　　(9)

　　　V：押出機内の空間体積　m^3

　　　η：樹脂溶融粘度　Pa·s

(7)式と(9)式より，例えば，Q/Ns を一定にして，押出量を上げていけば，分配混合（混）は変化せず，分散混合（練）は良好になることが予測できる。ただし，樹脂温度が高くなることは(6)式からも判る。逆に，Q/Ns 一定にして，押出量を下げていくと分散混合は低下していく方向であることが判る。

　分散混合(8)式$\eta \gamma^2 t$は，密度換算すると，比エネルギー（モーターの消費エネルギーを押出量で割った値）である。

　　$\eta \gamma^2 t = (\eta \gamma^2 V) /Q$　　　　　　　　　　　　　　　　　　　　　(10)

　　　　　= P/Q　　　　　　　　　　　　　　　　　　　　　　　　　　(11)

　$\eta \gamma^2 V$ はスクリュ内での溶融樹脂の発熱量であり，単位は W（ワット）である。すなわち，これはモーターの消費エネルギー P と一致する。モーターの消費エネルギーを密度換算した押出量で割れば，比エネルギーになる。

2.3.5　押出機のシミュレーションの計算例

　図23[1,5,6)]に 2.3.1〜2.3.4 の混練要素をシミュレーションソフトで計算した例を示す。このシミュレーションソフトは，押出機のスクリュ構成，樹脂の物性データ，運転条件（押出量，回転

第3章　スクリュ設計

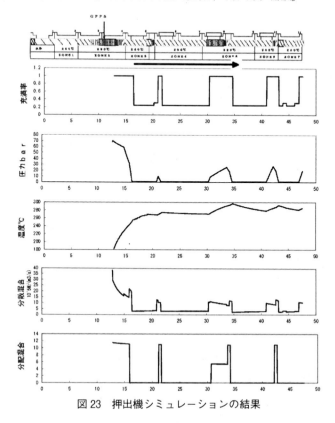

図23　押出機シミュレーションの結果

数，バレル温度，サイドフィードの有無）を入力すると5つの混練要素を計算する。なお，プログラムのアルゴリズムや計算の手法の詳細は文献7）に記載している。

2.4　スケールアップの考え方[1,5)]

2.4.1　2～3乗則でスケールアップ時の課題

　表3[1,5,6)]に二軸押出機を40 mm 押出機の100 kg/hr　300 rpm の条件から，58 mm，92 mm に2，2.5と3乗則でスケールアップした例を示す。スクリュ回転数は300 rpm 条件では，平均せん断速度は変わらないが，スクリュ／バレル隙間とスクリュ／スクリュ隙間のせん断速度はサイズで異なる。2乗則と3乗則では押出量が3乗則の方が大きくなり，滞留時間は短くなる。分配混合は3乗則では40，58と92 mm では同値であるが，2乗則では大きくなる。2乗則の場合，分配混合（発熱量）が大きすぎるので，樹脂の分解や熱劣化を起こすので，回転数を下げて，分配混合の値を合わせる必要がある。2乗則でスケールアップの利点は，単位押出量当たりの伝熱面積が40 mm と同値になるので，冷却が難しい樹脂には向いている。

表3 2～3乗則でスケールアップ時の課題

同方向回転二軸押出機	40mm	58mm			92mm		
バレル径 Db mm	40.0	58.0			92.0		
Do/Di	1.55	1.55			1.55		
バレル/スクリュ隙間 Bs mm	0.15	0.3			0.5		
スクリュ/スクリュ隙間 Ss mm	0.50	0.50			0.50		
平均溝深さHav mm	4.7	6.9			10.9		
乗数	－	2.0	2.5	3.0	2.0	2.5	3.0
Q 押出量kg/hr	100	210	253	305	529	802	1217
N 回転数rpm	300	300	300	300	300	300	300
平均せん断速度 $\gamma=\pi DbN/Hav$ 1/s	133	132	132	132	132	132	132
$\gamma=\pi DbN/Bs$ 1/s	4187	3035	3035	3035	2889	2889	2889
$\gamma=\pi DbN/Ss$ 1/s	1256	1821	1821	1821	2889	2889	2889
押出機内体積V cm^3（L/D=52充満率50%）	936	2865	2865	2865	11410	11721	11405
滞留時間(V／Q) 秒	33.7	49.1	40.7	33.8	77.6	52.6	33.7
伝熱面積 cm^2	2612	5493	5493	5493	13820	13820	13820
伝熱面積／Q $cm^2/kg/hr$	94.0	94.0	78.1	64.9	94.0	62.0	40.9
分散混合 $\eta\gamma^2t$（$\eta=1$とする）	599040	854434	709569	589265	1353526	916812	588243
分散混合を一定にする回転数rpm	－	250	274	－	197	243	－

2.4.2 押出機の設計とスケールアップについて

40～130 mm クラスまで，スクリュ噛み合い比と比トルクは同値で設計している。比トルクは軸トルクを軸間距離 CL（（スクリュ長径＋スクリュ短径）／2）の3乗で割った値である。

スクリュ噛み合い比（スクリュ外径 Da ／スクリュ短径 Di の比）は 1.55 なので，軸間距離CL は，

$$\text{CL} = (1+1/1.55)\,\text{Da}/2 = 2.55/3.1\,\text{Da} \tag{12}$$
$$= 0.82\,\text{Da} \tag{13}$$

押出機のトルク T は，

$$\text{動力}\quad P = 2\pi NsT \tag{14}$$
$$\text{トルク}\,T = P/(2\pi Ns) \tag{15}$$

比トルク ST は，

$$\text{ST} = T/\text{CL}^3/\text{NS} \tag{16}$$
$$= 0.29\,P/(\text{Da}^3/\text{Ns}) \tag{17}$$

Da^3/Ns は，押出量 Q になるので

第 3 章　スクリュ設計

$$= 0.29\,P/Q \tag{18}$$

となり，⒅式は⑾式と同じで比トルクは分散混合 $\eta\gamma^2 t$ と同じ意味である。

　押出機は比エネルギー（分散混合）一定でスケールアップ，すなわちスクリュ外径の 3 乗則で設計されている。

　また，せん断速度 γ は，スクリュ噛み合い比（スクリュ外径 Da ／スクリュ短径 Di の比）が 1.55 で相対的にスケールアップするならば，

$$\gamma = \pi\,DaNs/H \tag{19}$$

溝深さ H は，

$$H = (Da - Di)/2 \tag{20}$$

Da = 1.55 Di を⒇式に入れると，

$$= (1.55 - 1)Di/2 \tag{21}$$
$$= 0.275\,Di \tag{22}$$

よって，⒆式は，

$$\gamma = \pi\,1.55\,DiNs/0.275\,Di \tag{23}$$
$$= 5.64\,\pi\,Ns \tag{24}$$

すなわち，噛み合い比 1.55 のスクリュでスケールアップするとせん断速度は⒄式で表すことができ，スケールアップしてもスクリュ回転数 Ns に比例することが判る。

2.4.3　分散混合と分配混合を使ったスケールアップ

　分散混合（練）一定でスケールアップすると⑼式は

$$\eta\,1Ns1V1/(Q1/Ns1) = \eta\,2Ns2V2/(Q2/Ns2) \tag{25}$$

スクリュ径 D の 3 乗 D^3 を V とすると⒆式は

$$\eta\,1Ns1D1^3/(Q1/Ns1) = \eta\,2Ns2D2^3/(Q2/Ns2) \tag{26}$$

粘度が一定 $\eta1 = \eta2$，スクリュ回転数一定 Ns1 = Ns2

$$Q1/D1^3 = Q2/D2^3 \tag{27}$$
$$Q1/Q2 = (D1/D2)^3 \tag{28}$$

すなわち，スクリュ径の 3 乗則でスケールアップすれば，分散混合が同じと言える。そのときの分配混合は，V = D^3 とすると⑺式は

103

$$Qf/Qb/(Q/D^3)/Ns \tag{29}$$

スケールアップすると

$$Qf1/Qb1/(Q1/D1^3)/Ns1 = Qf2/Qb2/(Q2/D2^3)/Ns2 \tag{30}$$

Ns1 = Ns2, 3乗則でスケールアップするならば, (15)式は

$$(Qf1/Qb1)/(Qf2/Qb2) = (Q1/D1^3)/(Q2/D2^3) \tag{31}$$
$$(Qf1/Qb1)/(Qf2/Qb2) = (Q1/Q2)/(D1/D2)^3 \tag{32}$$

スクリュ径の3乗則でスケールアップすれば, (13)式より,

$$(Qf1/Qb1)/(Qf2/Qb2) = 1 \tag{33}$$

スクリュ, ニーディングディスク形状が相似でスクリュ構成が同一, 混練ゾーンのQf/Qbの比率が一定であるので, (27)式が成り立つ。

従って, スクリュ形状が相似で, スクリュ構成が同一, スクリュ回転数一定ならば, スクリュ径の3乗則でスケールアップすれば, 分配混合, 分散混合は同一になる。

2.4.4 まとめ

押出機のスケールアップは押出機の設計, 分散混合や分配混合を考慮するとスクリュ径の3乗則でスケールアップしても問題がないことが判る。

図24[1,5,6]は, 40 mmから133 mmまで, 3乗則でスケールアップした計算例である。3乗則でスケールアップすると押出機が大きくなるに連れて, 樹脂温度が上がることが判る。熱劣化を起こす樹脂の場合, 樹脂温度の制限までしか上げられないので, バレル設定温度を下げる, 押出量と回転数の比を一定で押出量を下げる等の対応をする必要がある。

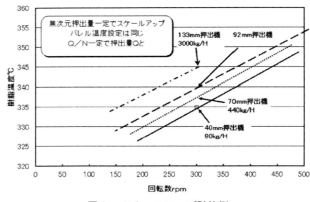

図24 スケールアップ計算例

第3章　スクリュ設計

2.5　応用事例
2.5.1　スクリュ構成改良による溶融粘度比が大きな樹脂同士の分散性改良[1]

相溶性の良い樹脂同士でも，溶融粘度比が大きい場合，高溶融粘度樹脂と低溶融粘度樹脂の分散が低下することが知られている。特に，混練ゾーンの長さが短い場合とか，押出量を上げたときに起きることがある。対策として，押出量を下げ樹脂の滞留を長くしたり，スクリュ回転数を上げる（せん断速度を大きくする）ことで解決できる場合がある。しかし，製造部場では，生産性を上げて，且つ混練性も維持しなければならないという課題がある。

次の例は，樹脂の溶融粘度比が7：1（樹脂温度300℃，せん断速度100 1/s）のとき，押出量とスクリュ構成を変えて混練を行った例である。

図25[1,5](b)は，一般的に用いられるKR，KR，KN，KLのスクリュ構成である。このスクリュ構成では，60 kg/H（295 rpm）の分散性評価は◎であった。しかし，押出量を100 kg/Hに上げると分散性評価は，××であった。比エネルギーも0.127から0.10 kw・H/kgに低下している。Q/Nsを上げたことで混練性が低下した。押出量100 kg/Hの条件で，混練性を向上させる手段として，一つは，回転数を上げて，動力を上げて混練を向上させる。もう一つは，スクリュ構成の混練性を強くして混練性を上げることである。前者は，回転数に余裕があれば，可能となる。後者は，回転数に余裕がなく，モーターの動力に余裕があるときに可能となる。

前者は，比エネルギーの値を60 kg/H時と同じ値になるように回転数を上げていけばよい。

	001	002	003	004
スクリュ構成	(a)	(a)	(b)	(b)
押出量 kg/H	55	100	65	100
スクリュ回転数 rpm	295	295	295	295
トルク %	51	68	42	56
比エネルギー kw・h/kg	0.151	0.132	0.127	0.10
樹脂温度 ℃	318	298	306	280
分散性評価	◎	◎〜○	◎	××

◎：高分子樹脂の未溶融物が全くなし。
○：高分子樹脂の未溶融物が極僅かある。
×：高分子樹脂の未溶融物が少しある。
××：高分子樹脂の未溶融物が多数ある。

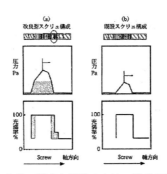

図25　改良型スクリュ構成と既設スクリュ構成の圧力，充満率分布

後者は，一般的に混練ゾーンの長さを長くして（ニーディングディスクの数を増やす），滞留時間を長くすれば，混練は向上する。しかし，我々の経験では，特に溶融粘度比の大きな樹脂の混練には単純に混練ゾーンの長さを長くしても，混練性はさほど向上しない。

　図25[1,5](a)は，スクリュ構成を工夫し混練性（樹脂同士の分散性）を向上させた例である。このスクリュ構成にすると比エネルギーは，(b)既設スクリュ構成での60 kg/Hとほぼ同一になることが実験値から判る。圧力勾配値の絶対値が大きく，せん断速度の大きい値を持つSC-Lを使うと，混練ゾーンの圧力分布は広がり，混練ゾーンが広がる。最下流のKRの効果は，充満率を段階的に下げることで，樹脂のショートパスを防止していると考えられる。また，最下流のKRを設けるスクリュ構成は，少しだけ混練性を上げたいときに有効である。ガスを多く含む樹脂で練りを強くするとガスが逆流し，練りを弱めると混練不足を招くというときに有効である。

2.5.2　混練ゾーンとベントポートの距離が短いためベントアップする場合の対策例[1]

　スクリュ構成の設計が不適なため，ベントポートから樹脂がベントアップすることがある。ベントアップ対策をスクリュ構成と操作条件から検討した結果について述べる。

(1) 昇圧部のスクリュの種類を変える効果

① 昇圧部のスクリュピッチの長さによる比較

　図26[1,5]の左図は，実際に樹脂材料の試作中に起きたベントアップ現象である。この例は，KD-Lの位置を下流側に移動できないという制約があった。この例の各スクリュの図9のスクリュ圧力特性図から押出量アップにともなうベントアップ現象を解析し，KLの上流のスクリュを60 mmピッチから40 mmピッチに変えるだけで押出量を80 kg/Hから100 kg/Hに上げることができた。

　まず，ベントアップの原因を押出量アップによる完全充満長さのためと推察した。シミュレーションソフトで80，90 kg/Hの完全充満長さを計算するとそれぞれ34 mmと36 mmであった。完全充満長さが36 mmであると図26左図よりベントポートから溶融樹脂が盛り上がることが判

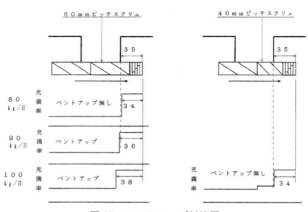

図26　ベントアップ対策図

第3章　スクリュ設計

断できる。対策として図27[1,5)]より，KL上流のスクリュを60mmから40mmに交換すると，完全充満長さが短くなることが推察できる。そこで，再び押出量を80，90，100 kg/Hと変えて計算を行った。100 kg/Hのとき完全充満長さは34 mmであった。この条件で押出テストを行うと100 kg/Hでもベントアップしないことが確認できた。この原理は図28[1)]に示す。すなわち，押出量が上がるとKLの圧力勾配の絶対値が大きくなり，KLの最大圧力も大きくなる。60 mmピッチのスクリュの圧力勾配値は小さくなり充満長さは長くなる。それに比べ40 mmピッチのスクリュの圧力勾配値は大きいので完全充満長さは短くなる。

このように簡単なスクリュ構成の変更でも20％強の能力アップが可能となることが判る。

② 昇圧部のスクリュ種類による対策

2.3.2(1)より，圧力勾配の絶対値の大きい順に最大圧力が大きいことが判るので，混練ゾーンの最大圧力の大きさは，SC-L ＞ KL ＞ KNの順であると推察できる。

図29は，ニーディングディスクとSC-Lの長さを20 mmとし，スクリュ構成の圧力分布を模式的に書いた図である。図29[1)]から判るように，最大圧力の小さいKNは，完全充満長さが最も短くなることが判る。すなわち，スクリュ構成をKLからKNに交換するだけでも，ベントアッ

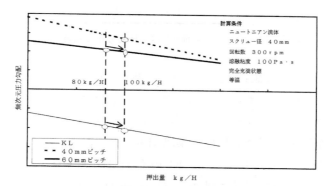

図27　ベントアップ対策スクリュの圧力特性図

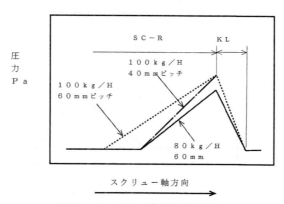

図28　ベントアップ対策の圧力分布

樹脂の溶融混練・押出機と複合材料の最新動向

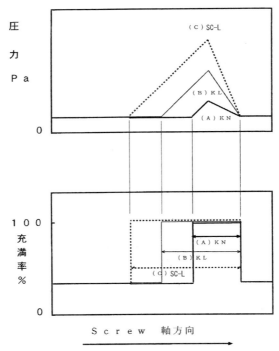

図29　ニーディングの種類による圧力分布と充満率分布

プを防止できることは容易に推定できる。しかし，我々が使っている押出機のKNの長さは40 mmのものしかないので，図で判るようにKLの代わりにKNを使うとニーディングディスクの最下流からベントポートまでの距離36 mmを越えるので実験で確かめることはできなかった。

(2) 押出機の操作条件によるベントアップ防止対策

図27[1)]では，Q/Nsの値を小さくすると，KLの絶対値は小さくなり，且つSC60の値は，大きくなる。この原理を模式的に描くと図30[1)]となる。図29と同じように完全充満長さが短くな

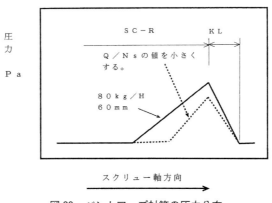

図30　ベントアップ対策の圧力分布

108

第3章　スクリュ設計

ることが判る。この対策方法は，押出量Qを少なくすると生産性が低下し，回転数を上げると樹脂温度が上昇するので，あまり好ましくはないが，生産現場ではすぐに対処できるのでよく使われている。

2.5.3　パウダー状樹脂のスクリュ構成による押出量の比較[5,7]

　樹脂の形態がパウダー状の場合，ペレット状樹脂に比べスクリュへの食い込み性が低下し，押出量が低下し，混練過剰となる場合がある。例えば，ニーディングディスクゾーン長さとニーディングディスクの数が同じでもその種類でパウダー状樹脂の押出性能が2倍向上することが報告されている[7]。表4[5,7]はニーディングディスクの無次元圧力勾配値を示している。図31[5,7]と表5[5,7]は，ニーディングディスクゾーン長さが同一でその種類をKR20（ニーディングディスク長さ20 mm）からKL20（ニーディングディスク長さ20 mm）に入れ変えただけである。Aのときのポリフェニレンエーテルの押出量は75 kg/Hであるのに対し，Bのときはパウダー状樹脂の搬送能力が低下し，35 kg/Hの押出量しか出ない。Aのスクリュ構成では生産性が2倍以上になるということである。

　この原因は，次のように考えられる。パウダー状樹脂は，ガスの含有量が多く，また，パウダー粒径がペレット状樹脂に比べ小さいので比表面積が大きく，付着水も多いという特徴を持っている。表5(B)では，搬送能力のない無次元圧力勾配の値が−26のKN40（ニーディングディスク長さ40 mm）と無次元圧力勾配の値が−135のKL20を連続して使っているので，混練ゾーンの溶融樹脂の最大圧力が高くなり，ガスが抜けにくくなり，ガスがホッパー側に逆流し，パウダー状樹脂の押出量を低下させる。表5(A)のときは，KL20をKR20に変え，KN40と順番を入れ替えることで，混練ゾーンには搬送能力のない無次元圧力勾配の値が−26のKN40だけが残り，

表4　各種スクリュエレメントの無次元圧力勾配

種類	ねじれ角度 （度）	スクリュ長さ （mm）	羽根枚数	無次元圧力勾配*
KN40	90	40	5	−26
KR20	45	20	5	59.6
KR40	45	40	5	59
KR60	45	60	5	51
KL20	135	20	5	−194

　*無次元圧力勾配の計算値は，無次元押出量0.01のときの値。
　　計算は，ニュートニアン流体とした。

表5　各スクリュ構成の最大押出量

	第一混練ゾーンのスクリュ構成	ポリフェニレンエーテルの フィードMax時の押出量
A	KR60，KR40，KR20，KN40	75 kg/H
B	KR60，KR40，KN40，KL20	35 kg/H

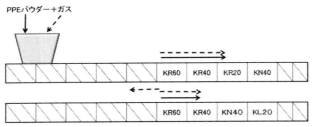

図31 パウダー樹脂とスクリュ構成図

　混練ゾーンの溶融樹脂の最大圧力は，(B)に比べ大幅に低下する。そのため，パウダー状樹脂に同伴されるガスは溶融樹脂と共に下流側に同伴され，押出能力が向上する。しかも，混練ゾーンには圧縮部があるため，真空脱気も可能である。このように，スクリュ構成を設計する上で，樹脂の形態に応じて，図11に示される各スクリュの圧力特性を把握し，スクリュ構成を設計すれば，生産性を大幅に向上することが期待できる。

2.6　おわりに
　押出機の混練要素の5つの要素について，30年前は経験的なことしか判らなかったが，25年前から，シミュレーション解析が進み，押出機のスクリュエレメントの混練性能が定量的に把握できるようになった。さらに押出機のトラブル現象にも適用できるようになってきた。
　スクリュ構成を作成するとき，若しくは，押出機のトラブル解析をするときに，スクリュエレメントの混練要素を図に描いて解析するだけでも，定性的に解析することができるので，スクリュエレメントの5つの混練要素を理解することが必要である。

文　　献

1) 大田佳生，フィルム成形・加工とトラブル対策，p.288（2013）
2) コペリオン社技術資料
3) 東芝機械カタログ
4) 日本製鋼所カタログ
5) 大田佳生，押出・混練の基礎と最新技術動向，成形加工学会編（2017）
6) 旭化成㈱，特開平09-29819号　押出機シミュレーションシステム
7) 旭化成㈱，特開平09-70872号　パウダー状樹脂用押出機及びそれを用いた押出方法
8) M. L. Booy, *Polym. Eng. Sci.*, **18**, 1220（1980）

3 人工知能アルゴリズムを利用したスクリュデザインの自動最適化

福澤洋平*

3.1 はじめに

人工知能AI（Artificial Intelligence）は人間の脳が行っている学習・推測・判断などの知能の働きを，人工的にコンピュータ上で実現する技術である。近年のAIブームは，特にディープラーニングの技術をAIの学習に用いたことと，ネットワーク通信網の高度化を代表とする情報集積手段の普及によりビッグデータを容易に収集できるようになったことが背景にある。2012年に開催されたコンピュータによる画像認識の精度を競う国際コンテストILSVCR（ImageNet Large Scale Visual Recognition Challenge）にて，Hintonらの研究チームがディープラーニング[1]を用い，画像認識率で2位以下のチームに10％以上の大差をつけて圧勝した。また同年に，Googleがディープラーニングによって，AIが自発的に猫の認識に成功したと発表した[2]。これらディープラーニングの成功事例によって第3次AIブームをもたらし，あらゆる産業分野での普及・進展が期待されており，プラスチック成形加工分野における様々な技術課題に対しても有効な手段になり得る可能性がある。

二軸押出機によるコンパウンディングでは，要求される品質やコンパウンドプロセスが多種多様であるため，各用途に合わせた最適なスクリュデザインを決定するには難易度が極めて高く優れた技術が必要となる。スクリュデザインの決定には，CAEを駆使しつつ，実践によるトライアルアンドエラーを繰返しながら最適デザインへと導くことになるが，最終的には技術者個々の思考・判断に委ねられ，確立された技術がないうえに多くの課題がつきまとう。この課題に対して，CAEとAI技術を活用した新たなスクリュ最適化システムの開発[3]を行っている（図1）。

本節では，ディープラーニングを用いた二軸スクリュデザインの自動最適化技術について説明する。

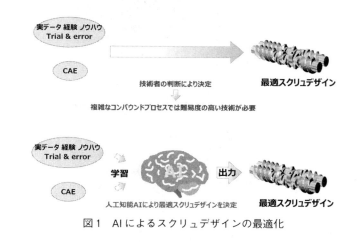

図1 AIによるスクリュデザインの最適化

---

* Yohei Fukuzawa ㈱日本製鋼所　広島製作所　技術開発部　主任

3.2 ディープラーニング（Deep Neural Network）
3.2.1 ディープラーニング（Deep Neural Network：DNN）とは

　ディープラーニングは多層のニューラルネットワーク（Deep Neural Network：DNN）を用いた機械学習方法の一つである（図2）。ニューラルネットワークは人間の脳の仕組み（神経細胞ニューロン間の伝達）をコンピュータ上で再現するために模した数学モデルであり[4]，複数のニューロンが層として組み合わさって形成され，これらのニューロン間で情報の伝達・処理が行われる。ニューラルネットワークの構造は図3に示すように入力層，隠れ層，出力層から構成されており，一般的に隠れ層が4層以上の多層構造になっているものがDNNと定義されている。ニューロン同士のつながりの強さは重みと呼ばれるもので表現され，この重みを最適値に調整することがニューラルネットワークでの「学習」であり，AIの能力の高さ（頭の良し悪し）は重みの値によって左右される。代表的な学習方法として，人が正解データ（教師データ）を与えて学習を行う「教師あり学習」，正解データを与えず大量なデータから自動的に特徴やパターンを見出す「教師なし学習」，コンピュータ自身が環境や状態に基づいてより良い行動を選択するように学習する「強化学習」の3種類に分けられる。以下では産業界で最も活用が進んでいる「教師あり学習」について記述する。

3.2.2 DNN教師あり学習

　DNNは単純パーセプトロンと呼ばれるアルゴリズムを応用したものであり，ここではDNNの基本的な考え方である単純パーセプトロンについて説明する。単純パーセプトロンは図4に示

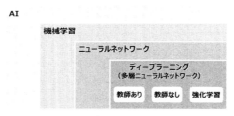

図2　ディープラーニングの位置づけ

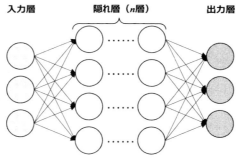

図3　ニューラルネットワークの構造

第3章　スクリュ設計

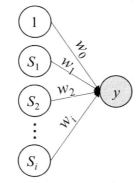

図4　単純パーセプトロンの構造

す入力と出力の2層からなる構造となっており，複数の入力データに対して1つ出力する。

まず，入力データ $\mathbf{S}$ に対して層間の強さを示す重み $\mathbf{w}$ を乗じることで，出力値 y を算出する。

$$\mathbf{S} = (1\ S_1\ S_2\ \cdots\ S_i) \tag{1}$$

$$\mathbf{w} = (w_0\ w_1\ w_2\ \cdots\ w_i) \tag{2}$$

$$y = \mathbf{S} \cdot \mathbf{w}$$
$$= w_0 + S_1 w_1 + S_2 w_2 + \cdots + S_i w_i \tag{3}$$

このように入力から出力に向かって演算処理を行うことを順伝播（forward propagation）と呼ぶ。

教師あり学習では，順伝播によって算出した出力層のデータ y と教師データ（正解データ）z との誤差が最小になるように重み $\mathbf{w}$ を調整する。つまり，この重みの調整処理が学習であり，順伝播とは逆に出力から入力に向かって演算を行う。出力データ y と教師データ z の誤差を示すものを損失関数（誤差関数）E と呼び，教師データに対してどの程度適合しているかを表す関数である。この損失関数に用いる関数はいくつかあるが，単純パーセプトロンを複数接続するニューラルネットワークでは2乗和誤差（(4)式）と交差エントロピー誤差（(5)式）が最も多く使用される。

$$E = \frac{1}{2} \sum_k (y_k - z_k)^2 \tag{4}$$

$$E = -\sum_k z_k \log y_k \tag{5}$$

k はデータ数である。損失関数 E が最小値を取るときが教師データの値に対して最も適合しており，学習性能が良いことを意味する。E が最小値を取るためには，重み $\mathbf{w}$ の最適値を探索する必要があり，この最適化手法として E の値を徐々に減らす勾配法が用いられる。

$$\mathbf{w}^{new} = \mathbf{w}^{old} - \varepsilon \frac{\partial E}{\partial \mathbf{w}^{old}} \tag{6}$$

$\mathbf{w}^{old}$, $\mathbf{w}^{new}$は更新前と更新後の重み，ε（$0 < \varepsilon \leq 1$）は学習率である。学習率の値は予め任意で設定しておく必要があるが，値が大きいと発散し，小さいと収束が遅くなるといった問題が生じるケースが多く，学習を効率的に進めるうえで非常に重要なパラメータである。階層が深い DNN では層間ごとに(6)式の勾配を計算すると演算量が莫大になるため，効率良く高速に勾配を求めることができるアルゴリズムとして誤差逆伝播（back propagation）が一般的に用いられる。以上のように，順伝播と誤差逆伝播を反復させることで教師データに最も適合した重みを求めることができる。

3.3 二軸スクリュデザインの自動最適化への AI 適用事例
3.3.1 二軸スクリュデザインの自動最適化へのアルゴリズム

本項では富山ら[3]が行った二軸スクリュデザインの自動最適化事例について紹介する。AI が最適なスクリュデザインを出力するまでには，①ビッグデータである教師データの作成，②教師データより AI の核となる学習ファイルの作成，③学習ファイルに指定条件を与え推奨スクリュデザインの出力，といったステップが必要であり，これらステップの詳細について説明する。

ここで押出機とスクリュの構成については，シリンダ径 D = 26.5 mm，7 ブロックのシリンダ，スクリュ L/D = 24.5（L/D：規定長，L：スクリュ長さ）の二軸押出機 TEX25αⅢ（日本製鋼所製）を対象とし，樹脂はポリプロピレン（PP，MFR = 9 g/10 min：プライムポリマー製 J105G）を用いている。スクリュ構成は図5に示す L/D = 4 の混練領域を有しており，それ以外は全てフルフライトスクリュ（FF）で構成する形状である。混練領域は表1に示す3種類のニーディングディスク（KD）とし，各エレメント L/D が3パターン（0.5，1.0，1.5）の計9種類で構成するものとする。この9種類でのスクリュ構成可能なパターンは 46,090 通りとなり，AI には指定条件に対して 46,090 通りの中から最適スクリュ構成を出力することになる。

3.3.2 実験と解析による教師データの作成

高精度の AI を作成するためには，教師データの量と質の良いデータを学習させる必要があり，これらの教師データを事前に選定・準備する必要がある。46,090 通りあるスクリュ構成の全実験データを取得し学習させることが本来望ましいが，この作業を行うことは現実的ではない。そこでこの教師データには，シミュレーションソフトによる全通りの解析結果を基とし，数パターンの実験データを併せて準備した。解析には FAN 法混練シミュレーションソフトウェア TEX-FAN version 2.1[5]（日本製鋼所製）を用い，表2に示す6水準の押出条件と各シリンダ設定温度で計 276,540 通りの解析を行った。実験には表3に示す無作為に選択した4種類のスク

図5　スクリュ構成

第3章　スクリュ設計

表1　ニーディングディスクの種類

ニーディングディスク種類 (kneading disk：KD)	スクリュ形状	スクリュ模式図	ディスク ねじれ角	スクリュ規定長 L／D
順ねじれ ニーディングディスク F-KD			45°	0.5 1.0 1.5
逆ねじれ ニーディングディスク B-KD			－45°	0.5 1.0 1.5
直交 ニーディングディスク C-KD			90°	0.5 1.0 1.5

表2　押出条件とシリンダ設定温度

押出量 [kg/h]	スクリュ回転数 [rpm]	シリンダ温度 [℃]						
		C1	C2	C3	C4	C5	C6	C7
10	100							
	200							
	300	80	120	180	200	200	200	200
30	200							
	300							
	400							

表3　実験に使用したスクリュデザイン

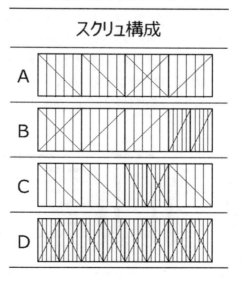

115

表4 実験と解析結果による吐出温度と溶融状態

スクリュ構成	押出量 10 kg/h スクリュ回転数 200 rpm 実験 温度 [℃]	溶融	解析 温度 [℃]	溶融	押出量 30 kg/h スクリュ回転数 300 rpm 実験 温度 [℃]	溶融	解析 温度 [℃]	溶融
A	206.0	○	211.0	○	196.0	×	207.2	×
B	213.3	○	214.1	○	198.3	○	214.7	○
C	197.3	○	201.9	○	187.0	×	197.0	×
D	209.3	○	211.2	○	196.7	×	207.1	×

リュ構成とし，解析と同様に表2の押出条件下にて計24通りの実験を実施した。

表4に実験結果と解析結果の一例を示す。押出量10 kg/hの場合は全条件で完全溶融し，吐出温度も実測と解析値とで同等の値を示している。30 kg/hの結果では，混練性能（可塑化能力）が最も高いと想定されるスクリュBのみが完全溶融しており，それ以外のスクリュでは未溶融成分の吐出が確認できる。また，全体的に解析結果の温度は実測に対して5～15℃高めに予測されている。

これら実験と解析で得られた膨大な教師データを基にして，ニューラルネットワークによる深層学習を実施する。

3.3.3 DNNによる学習ファイルの作成

実験と解析で得られた教師データを用いてDNNにより学習を実施し，学習ファイル（学習済み重みファイルとも言う）を作成する。図6にニューラルネットワークを示す。入力層には樹脂の種類，押出機サイズ，押出量，スクリュ回転数，スクリュ構成，シリンダ構成の押出条件を設定し，教師データとなる出力層には解析で得られる物理量の出口温度，比エネルギー，最大トルク，固相率，混練部の最大圧力，滞留時間を設定する。実験結果を有する入力条件の場合，入力層に出口温度と比エネルギーを設定し，出力層には温度と比エネルギーの解析結果との誤差を学習させることで，より実測値を捉えた現実的な精度が保証されることとなる。このニューラルネットワークを用いて276,540通りの全条件に対して(1)～(6)式の演算処理を行うことで最適な重

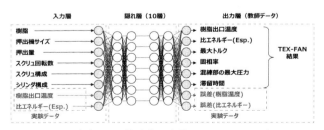

図6 スクリュデザインの最適化に適用したニューラルネットワーク

第3章　スクリュ設計

みが求まり，最終的に教師データに適合した学習ファイルが作成できる。学習には2CPU（Intel Xeon E5-2680）による並列計算を行い，学習時間は約120時間である。

3.3.4　AIによる推奨スクリュデザインの出力と検証実験

　図6に示すニューラルネットワークの学習ファイルが作成したところで，このニューラルネットワークに指定条件を与え，条件に最も適したスクリュ構成とスクリュ回転数を出力する。指定条件は押出量30 kg/h，完全溶融，吐出温度200℃とし，AIにより推奨されたスクリュ形状とスクリュ回転数および一致度を表5に示す。推奨スクリュ形状は一致度が99％以上と高確度の4種類であり，いずれもスクリュ回転数が300 rpmであった。

　表6にAIが推奨したスクリュ構成とスクリュ回転数300 rpmに加えて，250 rpmと350 rpmにて行った検証実験の結果を示す。スクリュ回転数300 rpmでは4種の全スクリュ形状で完全溶融を達成しており，吐出温度も指定値200℃を十分に満足する結果が得られている。250 rpmでは吐出温度が200℃よりやや低く，それに対して350 rpmでは200℃をオーバーしており，AI

表5　AI推奨によるスクリュデザインとスクリュ回転数

スクリュ回転数 [rpm]	推奨スクリュ構成		一致度 [%]
300	E		99.6
	F		99.3
	G		99.1
	H		99.0

表6　推奨スクリュデザインによる検証結果

スクリュ構成	AI推奨 250 rpm		300 rpm		350 rpm	
	実測温度 [℃]	溶融	実測温度 [℃]	溶融	実測温度 [℃]	溶融
E	200.7	○	**201.0**	○	202.0	○
F	199.7	○	**200.0**	○	202.3	○
G	198.0	○	**199.7**	○	203.3	○
H	197.7	○	**198.7**	○	202.7	○

が推奨した 300 rpm が最適なスクリュ回転数である。また，AI が推奨した 4 種のスクリュ形状は類似性が見られないものの，F-KD の選択が少なく，B-KD と C-KD が多数組み合されている。表 4 で示した実験と解析ともに完全溶融を満たすことができなかった A，C，D のスクリュ構成に比べて，より混練性能を高めたスクリュ形状が必要と学習成果から判断したものである。

　学習にはスクリュ形状 46,090 通りの解析結果と僅か 4 種類の予備実験結果であったが，AI が出力したスクリュ構成で得られた検証結果は高精度であった。少量の実験データとこれらの解析誤差を含んだ莫大な解析データを同時学習させることで，解析誤差を考慮した最適スクリュ形状の選定が可能であることを示している。

3.4　さいごに

　本節では，ディープラーニングの基礎的理論と二軸スクリュデザインの自動最適化への AI 適用事例について説明した。近い将来，AI が成形加工分野において重要な基盤技術になっていき，押出機や成型機，またサービスに搭載・活用されることは明瞭である。しかし，多くの企業が AI に対して高い興味を持っているものの活用手段について頭を悩ませているのが現状である。どのようなビッグデータを収集し，それをどのように AI に活用するかは技術者の知恵と知識にかかっており，今後世界をリードできる新製品の開発に期待する。

文　　　　献

1)　G. E. Hinton *et al., Science,* **313**，504（2006）
2)　Q. V. Le *et al., ICML2012*（2012）
3)　富山秀樹ほか，成形加工，**30**，125（2018）
4)　F. Rosenblatt, *Psychological review,* **65**，386（1958）
5)　富山秀樹ほか，日本製鋼所技報，**67**，26（2016）

第4章　シミュレーション・評価技術

1　二軸押出機の樹脂流動シミュレーション技術

福澤洋平*

1.1　はじめに

　現在の産業界はCAE（Computer Aided Engineering）技術の活用によって飛躍的な進歩を遂げ，プラスチック成形加工分野においてもこのCAE技術を駆使して，現象のメカニズム解明や新製品の開発へと繋げている。特に二軸スクリュ押出機を用いた混練プロセスでは，押出機の運転条件，樹脂の材料物性や溶融による状態変化など様々な要因が複雑に作用するため，これらの現象を直感的に理解することは容易でなく，複雑な現象を理論的に解釈するためにもシミュレーション技術は必要不可欠の存在である。二軸スクリュ押出機内の流動解析には様々な手法が開発されているが，あらゆる用途や抱えている問題に適したシミュレーション手法を駆使して問題解決に導くことが望ましいとされている。本節では，二軸スクリュ押出機の様々なシミュレーション技術について説明する。

1.2　二軸スクリュ押出シミュレーション技術

　二軸スクリュ押出機内の流動解析は1970年代より国内外の大学や研究機関によって開発されてきた。当初は溶融体領域を対象とした粘度・温度一定の解析であったが，その後の研究開発によって溶融樹脂の挙動を示す非ニュートンモデルの導入や非等温解析へと発展を遂げてきた。二軸スクリュ押出機はスクリュフライトが噛み合い型と非噛み合い型，スクリュ回転方向が同方向と異方向のものがあるが，それぞれの時代のニーズに沿って各種押出機によるシミュレーション技術も開発された。1980年代後半から噛み合い型同方向回転二軸スクリュ押出機が主流となって以降，現在でもなお本機を対象としたものが報告例のほとんどを占める。

　二軸スクリュ押出シミュレーションで用いられる代表的な手法として，FAN法（Flow Analysis Network Method），FEM（Finite Element Method），粒子法が挙げられる。FAN法は2D解析をベースとしており，二軸スクリュ押出機内のペレット搬送から溶融可塑化を経て溶融体まで全域の物理量変化を予測することができる。FEMは溶融樹脂を対象とした3D解析が主であり，押出機内の混練部などを局所的に予測することを得意としており，混練挙動を詳細に把握することが可能である。粒子法は比較的新しい解析手法であり，自由表面を有する流動解析を容易に行えることが最大の強みといえ，非充満領域を多く含む二軸スクリュ押出内の挙動予測には最適な手法である。

　＊　Yohei Fukuzawa　㈱日本製鋼所　広島製作所　技術開発部　主任

以下では噛み合い型同方向回転二軸スクリュ押出機内の流動解析に焦点を絞り，FAN法，FEM，粒子法のシミュレーション手法について説明する。

1.3 FAN法シミュレーション
1.3.1 FAN法について

FAN法は射出金型や押出ダイ内の樹脂流動解析を対象として，1974年にTadmorら[1]によって開発され，1987年にSzydlowskiとWhite[2]によって噛み合い型同方向回転二軸スクリュ押出機の流動解析へと展開された。当初，ニュートン流体を扱ったものであったが非ニュートン流体へと適用[3]され，White[4]やGogos[5]らの研究により溶融可塑化理論が提案され，押出機内の全域を予測することができる実用的な解析手法へと発展を遂げた。

近年では噛み合い型同方向回転二軸スクリュ押出機のFAN法シミュレーションソフトウェアが市販されるようになり，PolyTech（アメリカ）の「TXS」，CEMEF（フランス）の「Ludovic」，日本製鋼所（日本）の「TEX-FAN」[6,7]などがある。これらのソフトウェアは樹脂物性，スクリュ構成，押出条件の解析条件を設定し解析実行すると，スクリュ軸方向の樹脂温度，圧力，充満率，滞留時間，可塑化挙動などが予測でき，混練プロセスにおけるスクリュ構成や押出条件の最適化など混練理論の支援として成形現場で活用されている。

1.3.2 FAN法の基礎方程式

FAN法[6]とは押出機内の流路を図1に示すように2次元の平板流れへと展開し，この平板間の流路を要素分割することで要素間での流入と流出の流量・圧力バランスを解く手法である。

各要素間の圧力損失は牽引流と圧力流の合成で表されるスクリュ押出特性式[8]に基づいて計算される。

$$\overline{Q} = \alpha' - \beta' \frac{\Delta \overline{P}}{\overline{L}} \tag{1}$$

$$\overline{Q} = \frac{Q}{ND^3}, \quad \Delta \overline{P} = \frac{\Delta P}{\eta N}, \quad \overline{L} = \frac{L}{D} \tag{2}$$

$\overline{Q}$は無次元体積流量，$\Delta \overline{P}$は無次元圧力差，$\overline{L}$はスクリュエレメント長Lとスクリュ外径Dで無次元化したもの，αとβは牽引流と圧力流の大小を示すパラメータ，Qは体積流量，Nはスクリュ回転数，ηは溶融粘度である。αとβはスクリュのリードや外径などの形状因子によって定まり，例えばリードが増加するほどαは大きくβが小さくなり，圧力流よりも牽引流の寄与が

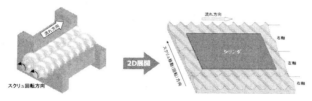

図1　FAN法による押出機内流路のモデル化

第4章　シミュレーション・評価技術

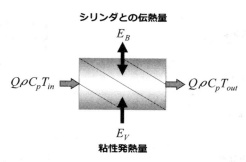

図2　要素内のエネルギーバランス

大きく下流へと流れやすくなる。また，(1), (2)式より求めた圧力値から各要素の充満率と滞留時間を同時に求めることができる。

樹脂温度はシリンダからの伝熱と粘性発熱量のエネルギーバランスを各要素内で計算する（図2）。

$$Q \rho C_p (T_{out} - T_{in}) = E_B + E_V \tag{3}$$

$$E_B = h(T_{in} - T_b)A \tag{4}$$

$$\overline{E}_V = \varepsilon_1 \overline{Q}^2 + \varepsilon_2 \overline{Q} + \varepsilon_3 \tag{5}$$

$$\overline{E}_V = \frac{E_V}{\eta N^2 D^3} \tag{6}$$

ρ は樹脂密度，C_p は樹脂比熱，T_{in} と T_{out} は要素内の入と出の樹脂温度，E_B は伝熱量，E_V は粘性発熱量，$\overline{E}_V$ は $\eta N^2 D^3$ で無次元化したもの，h は熱伝達係数，T_B はシリンダ温度，A は接触面積，ε_1, ε_2, ε_3 はスクリュの形状因子によって定まるパラメータである。また，FAN法では温度計算だけでなく，伝熱と剪断エネルギーより樹脂の溶融可塑化を予測できることも大きな特徴である。

このように，平板間の流路をシリンダとスクリュ間との流路として具体的にモデル化することで固体輸送から溶融可塑化領域を含む二軸押出機内全領域の樹脂物性を予測することができる。

1.3.3　FAN法による二軸スクリュ混練シミュレーション

FAN法シミュレーションは汎用性の高さと利便性の良さからその利用価値が高く，生産現場でスクリュ構成や押出条件の最適化を図るツールとして活用されている[6]。

図3に二軸スクリュ押出機 TEX65αⅢ（日本製鋼所製）を用いたポリプロピレン混練プロセス（押出量 $Q = 331$ kg/h，スクリュ回転数 $N_s = 21$ rpm）のFAN法シミュレーション結果と実測による圧力値と押出機先端温度を併せて示す。押出機に供給された固体ペレットは第一混練部で溶融可塑化が開始し，第二混練部で完全に溶融状態となり押出機先端へと搬送される。押出機先端での樹脂温度の実測値238℃と予測値243℃との差異は5℃程度であり妥当な予測結果が得

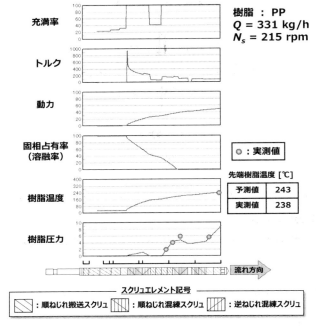

図3　PP混練プロセスのFAN法シミュレーション結果

られていることがわかる。また、送り能力が低い順・逆ねじれ混練スクリュの位置では充満率の上昇とともに圧力値が上昇し、圧力の実測値とも比較的良い一致を示している。

近年では多様化・複雑化する混練プロセスに対応した更なる開発が進められており、押出機先端にダイスを装着した一連プロセスの予測や、樹脂に含有している副成分を除去する脱揮プロセスの予測[9,10]、また2D解析が基本であったFAN法を3D解析に拡張し、2D-3Dとの連成解析[11]など実用性の高い解析手法へと応用展開している。

二軸スクリュ押出機を用いたストランドペレット製造ラインでは押出機先端にブレーカープレートやダイスを取り付けて運転することが大半であり、これらの装置構成を含んだより現実的なシミュレーションを実施するのが望ましい。図4にシミュレーション結果の一例を示す。押出機先端にブレーカープレートとスクリーンメッシュおよび5穴のダイスを取付けた装置構成となっており、各々の装置部位で圧力損失が生じ、押出機内の圧力分布もそれに反映した結果が予測される。

二軸スクリュ押出機による脱揮プロセスは樹脂に含まれている不要な揮発成分を真空ベントシリンダによって除去することを目的とする。近年ではこの脱揮プロセスをFAN法シミュレーションによって予測することが可能である。図5は低密度ポリエチレン製造プロセスでのヘキサン含有濃度の推移を予測したものであり、樹脂がベント部を通過することで含有濃度が低下し、液添を設けることで脱揮がより促進されている。押出機出口におけるヘキサン含有濃度の計算値と実測値が良く一致しており、予測精度の高さが窺える。

第4章 シミュレーション・評価技術

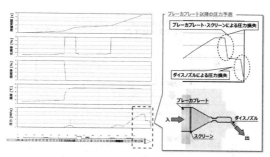

図4 ブレーカープレート・スクリーンメッシュ・ダイスを考慮した圧力予測

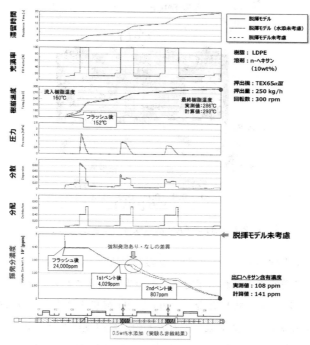

図5 低密度ポリエチレン製造プロセスでのヘキサン脱揮予測

　FAN法は2Dをベースとした流動解析により押出プロセス全域の物性を予測することは可能であるが，混練メカニズムの更なる解明と明確な理論付けには局所的な混練性評価も同時に必要となってくる。そこで，押出プロセス全域を従来の2D-FAN法により解析を行い，ここで得られた予測結果の一部領域を抽出し，例えば混練部などを局所的に3Dで解析することで詳細に混練性を評価できる連成解析機能が開発されている。図6は2D-FAN法によるプロセス全体の圧力結果と，混練領域を抽出した3D-FAN法による圧力結果である。混練部のスクリュ構成は順ねじれ混練スクリュ，直交混練スクリュ，逆ねじれ混練スクリュの $L/D = 4$ である（Lはスクリュの実長，Dはバレル径，L/Dは無次元スクリュ長を意味する）。順ねじれ混練スクリュは搬

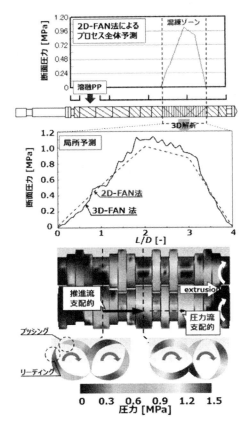

図6 2D－3DのFAN法連成解析による圧力予測

送能力が高く推進流が支配的となり，$L/D = 2$ 以降の直交・逆ねじれ混練スクリュ部では搬送能力が低く流れ方向に逆向きの流れ（圧力流）が発生する。これらのスクリュ境界である $L/D = 2$ で圧力値がピークを示す結果となり，2Dと3D解析ともにこの傾向は一致している。3D-FAN法による圧力演算では推進流と圧力流との流量収支のバランス式で求めており，各スクリュピースに対してこれらの圧力バランスを良く再現できている。また，スクリュ断面の圧力予測に関してもスクリュのプッシングサイドで圧力が高く，逆にそのフライト背面では圧力が低く，定性的に妥当に表現できている。

1.4 FEMによる3次元スクリュ流動解析
1.4.1 FEMについて

FEMやFVMは計算対象領域の流れ場を四面体や六面体の要素（メッシュ）に分割し，要素ごとに解くべき微分方程式の近似解を求めて最終的に計算対象領域の速度，圧力，温度などの物理量を予測する手法である。FEMやFVMは基本的に完全充満状態を前提として計算されるため，主に充満領域である混練部を局所的に予測するのが最も効果的であり，現象のメカニズム解

第4章 シミュレーション・評価技術

明やスクリュ形状による混練挙動の違いを詳細に知るために活用されている。

　FEMによる二軸スクリュ3D解析は1990年代にYangら[12]や梶原ら[13]によって取組みが開始され，石川ら[14]は非等温解析による温度と圧力の定量評価を実施している。FEMによる新たな予測技術として，船津ら[15]は粒子追跡法を用いて多種多様なスクリュエレメントによる滞留時間分布や分配混合特性を評価するなど，現在ではFEMでの流動解析によって二軸スクリュ押出機の混練性能を評価する手法として確立されている。

1.4.2　FEMの基礎方程式

　定常問題での非圧縮性流体の支配方程式は次式で表される連続の式(7)，ナビエストークス方程式(8)，エネルギー方程式(9)を用いる。ナビエストークス方程式において，溶融樹脂は高粘度流体よりRe数が非常に小さく粘性支配となるため，慣性項，重力項を無視した形となる。

$$\nabla \cdot \mathbf{u} = 0 \tag{7}$$

$$-\nabla p + \nabla \cdot \eta \nabla \mathbf{u} = 0 \tag{8}$$

$$\rho C_p \mathbf{u} \cdot \nabla T = k \nabla^2 T + \eta \dot{\gamma}^2 \tag{9}$$

$\mathbf{u}$は速度ベクトル，pは圧力，ηは剪断粘度，ρは流体密度，C_pは定圧比熱，Tは温度，kは熱伝導率，$\dot{\gamma}$は剪断速度である。実際の溶融樹脂は粘弾性流体であるが，過去の研究より二軸スクリュ押出機内の流れ場は剪断流れが支配的であるとされており，純粘性流体として扱い解析を実施するケースが多い。解析に用いる純粘性流体モデルとしては，溶融樹脂の特徴であるShear-thinning性を十分に再現でき温度依存性を考慮したCarreauモデル(10)式やCrossモデル(11)式を用いるのが一般的である。

$$\eta = \eta_0(T_0) a_T \left(1 + (\lambda a_T \dot{\gamma})^2\right)^{\frac{n-1}{2}} \tag{10}$$

$$\eta = \eta_0(T_0) a_T \left(1 + \lambda a_T \dot{\gamma}\right)^{n-1} \tag{11}$$

$$a_T = \exp\left\{b\left(\frac{1}{T} - \frac{1}{T_0}\right)\right\} \tag{12}$$

η_0は参照温度T_0でのゼロ剪断粘度，a_Tは温度シフトファクター，λ，n，bはフィッティングパラメータである。図7に示すように計算対象域である流路をメッシュ分割するが，このときメッシュサイズによって計算精度が左右されるなど，メッシュ分割を効率良く行うことが重要となる。メッシュ分割した後，各メッシュで離散化方程式を作成し連立一次方程式によって物理量を求める。

1.4.3　FEMによる3次元スクリュ混練シミュレーション

　従来の混練スクリュ（Kneading Disk：KD）に対して，チップ部にリードを設けることで局所的な圧力の発生と発熱を抑制し均一な混練を得ること，かつ搬送能力を付与することを目的としたリード付混練スクリュ（Twist Kneading Disk：TKD）が開発されている（図8）。ここでは，

125

図7 流路のメッシュ分割

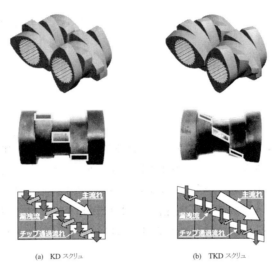

(a) KDスクリュ　　　　(b) TKDスクリュ

図8　KDスクリュとTKDスクリュ

FEM解析によって，KDとTKDスクリュの混練性能を比較評価した事例について説明する．

　シミュレーションの解析モデルは，ディスクが5枚，$L/D = 1.5$のスクリュエレメントを2つ組んだ全長$L/D = 3$としたKDのみとTKDのみで構成したスクリュである．押出機はTEX44αⅢ（日本製鋼所製），押出量200 kg/h，スクリュ回転数400 rpm，溶融樹脂はポリプロピレン（MI = 30 g/10 min）である．図9はスクリュが180°回転する間での最大圧力の予測結果である．TKDの圧力値はKDに比べて全体的に2 MPaほど低い予測が得られている．KDではスクリュ噛み合い時である回転角度40°と130°近傍で圧力ピークが確認できるが，TKDではそのピークの幅が小さく局所的な圧力の発生を抑制し，均一に混練できることが推察できる．

　図10はFEM解析での予測結果を基に粒子追跡法を行った結果である．粒子追跡法はスクリュ入口にマーカー粒子を配置し，FEM解析での速度場の結果を用いてマーカー粒子を移動させ，その粒子挙動と流動履歴によって滞留時間，剪断応力履歴，分散，分配といった指標を評価できる．図11は粒子追跡法の予測から得られた滞留時間分布と累積剪断応力分布の結果である．

第4章　シミュレーション・評価技術

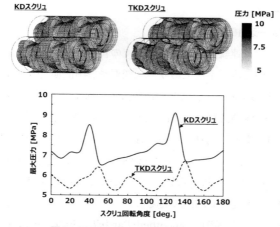

図9　KD と TKD スクリュの圧力予測

図10　粒子追跡法による予測結果

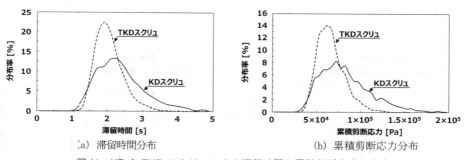

図11　KD と TKD スクリュによる滞留時間と累積剪断応力の分布

粒子がスクリュ入口から出口を通過するまでに要する時間を滞留時間，出口までに粒子が受ける剪断応力の合計値を累積剪断応力としている。滞留時間分布の結果より，TKD の滞留時間分布の広がりは KD に比べて小さく，粒子がほぼ一様に出口を通過している。KD は漏洩流の影響で滞留時間にばらつきが生じるが，一方で TKD は滞留時間分布の広がりが小さいことから漏洩流が少ないことを意味している。次に累積剪断応力の結果より，TKD は KD に比べて応力値が低い分布を示しており，KD は漏洩が多いことで練り返しが増え応力積算値の高いものが増える。以上より，TKD スクリュを用いることで樹脂が均一かつマイルドに混練でき，局所的な剪断発熱を抑えられ温度ムラを解消できることを示している。

1.5 粒子法シミュレーション
1.5.1 粒子法シミュレーションについて

　粒子法シミュレーションは連続体（流体）を個々の粒子によって表し，各粒子の運動を計算することで連続体の挙動を予測する手法であり，大変形や自由表面を有する問題に対して容易に予測できることが最大の特徴である（図12）。粒子法シミュレーションは理論研究を中心に精力的に行われ，近年では様々な産業分野へ適用・応用されている。粒子法シミュレーションの一例として，図13に自由表面を有する流れ場で最も代表的なベンチマーク問題である水柱崩壊シミュレーションを示す。シミュレーションでは水柱が崩壊し，やがて壁に衝突することで水が跳ね上がる。さらに，自由表面上から液滴が飛散し，それがまた落下するといった流体の変形と自由表面を有する問題を粒子法では容易に再現できる。

　粒子法の代表的解法として SPH（Smoothed Particle Hydrodynamics）法と MPS（Moving Particle Simulation）法が挙げられる。SPH法は1977年にLucy[16]やMonaghanら[17]によって開発され，惑星の衝突など圧縮性流れを中心とした宇宙物理学の分野で発展してきた。一方で非圧縮性流れを対象とした粒子法としてMPS法が越塚[18]によって提案され，船舶工学[19]，原子力工学[20]，土木工学[21]などの分野に用いられてきた。MPS法は低粘性ニュートン流体の流動解析が主流であり豊富な実績を有しているが，溶融樹脂流体である高粘性非ニュートンモデルを適用した事例[22]など，近年ではプラスチック成形加工分野を対象とした技術開発が著しく，現在も実用性を高めるための演算手法の開発が進められている。プラスチック成形加工を対象としたものではMPS法による実績が多く，ここではMPS法の手法と解析事例について説明する。

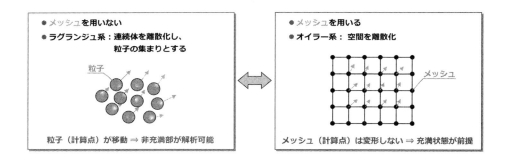

(a) 粒子法　　　　　　　　　　　　　(b) FEM

図12　粒子法とFEMの違い

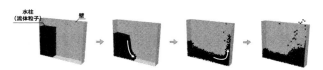

図13　粒子法による水柱崩壊シミュレーション

第4章　シミュレーション・評価技術

1.5.2　MPS法の基礎方程式

　ラグランジュ的記述による非圧縮性流体の支配方程式は次式で表される連続の式(13), ナビエストークス方程式(14), エネルギー方程式(15)を用いる。

$$\nabla \cdot \mathbf{u} = 0 \tag{13}$$

$$\rho \frac{D\mathbf{u}}{Dt} = -\nabla p + \nabla \cdot (\eta \nabla \mathbf{u}) + \rho \mathbf{g} \tag{14}$$

$$\rho C_p \frac{DT}{Dt} = k\nabla^2 T + \eta \dot{\gamma}^2 \tag{15}$$

$\mathbf{u}$ は速度ベクトル, t は時間, ρ は流体密度, p は圧力, η は剪断粘度, $\mathbf{g}$ は重力, C_p は定圧比熱, T は温度, k は熱伝導率, $\dot{\gamma}$ は剪断速度である。溶融樹脂は, 剪断速度 $\dot{\gamma}$ の増加に伴い剪断粘度 η が低下する擬塑性非ニュートン流体である。この流体の粘度を表現するモデルの一例として代表的な Power-law モデルを示す。

$$\eta = \eta_0 \dot{\gamma}^{n-1} \tag{16}$$

$$\dot{\gamma} = \sqrt{2\mathbf{D} : \mathbf{D}} \tag{17}$$

$$\mathbf{D} = \frac{1}{2}\left\{\langle \nabla \mathbf{u} \rangle + \langle \nabla \mathbf{u}^t \rangle\right\} \tag{18}$$

η_0 はゼロ剪断粘度, n は Power-law index, $\mathbf{D}$ は変形速度テンソルである。

　MPS法では(14), (15), (18)式の勾配（∇）とラプラシアン（∇^2）の微分演算子に対して, ある粒子 i とその近傍の粒子 j との間で相互作用モデルを与え離散化を行う。粒子 i の物理量 ϕ に対して勾配モデル(19)とラプラシアンモデル(20)はそれぞれ以下の式で定義される（図14）。

$$\langle \nabla \phi \rangle_i = \frac{d}{n_0} \sum_{j \neq i} \frac{(\phi_j - \phi_i)}{|\mathbf{r}_{ij}|^2} \mathbf{r}_{ij} w_{ij} \tag{19}$$

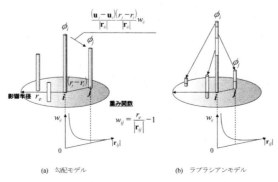

図14　勾配モデルとラプラシアンモデル

$$\langle \nabla^2 \phi \rangle_i = \frac{2d}{\lambda n_0} \sum_{j \neq i} (\phi_j - \phi_i) w_{ij} \tag{20}$$

$$\lambda = \frac{\sum_{j \neq i} |\mathbf{r}_{ij}|^2 w_{ij}}{\sum_{j \neq i} w_{ij}} \tag{21}$$

d は空間次元数，n_0 は初期配置での粒子数密度，$\mathbf{r}_{ij}$ は粒子間距離，w_{ij} は重み関数である。MPS法において，各粒子間の相互作用は粒子の有効半径内に位置する近傍粒子との粒子間距離に応じて粒子間相互作用の重み付き平均を求めることで評価する。その際用いる重み関数 w_{ij} は粒子間距離 $\mathbf{r}_{ij}$ に対して(22)式から求められる。また，MPS法では，粒子 i における密度 ρ_i の代わりに粒子数密度 n_i を用いる。粒子数密度 n_i は重み関数を用いて(23)式で定義する。

$$w_{ij} = \begin{cases} \dfrac{r_e}{|\mathbf{r}_{ij}|} - 1 & (|\mathbf{r}_{ij}| < r_e) \\ 0 & (|\mathbf{r}_{ij}| \geq r_e) \end{cases} \tag{22}$$

$$n_i = \sum_{j \neq i} w_{ij} \tag{23}$$

r_e は粒子間相互作用の及ぶ有効半径であり影響半径と定義され，通常 2.1〜4.1 の値が用いられる。以上のように各粒子に対して離散化を施すことで，位置，速度，圧力，温度の物理量を求めることができる。

　MPS法は各時間ステップに対して(14)式の粘性・重力項を陽的に計算し，圧力項は陰的に計算する半陰的アルゴリズムが一般的な特徴とされる[18]。しかし，粘性項の陽的計算では刻み時間に制約があり，溶融樹脂のような高粘性解析では刻み時間を非常に細かく設定する必要がある。これより高粘性解析を半陰的アルゴリズムで実施する場合は計算ステップ数が増加し膨大な演算時間を要することになるため，粘性項を陰的に計算する陰的アルゴリズム手法[22,23]を用いるなどの対策が必要となる。

1.5.3　二軸スクリュ押出機内における溶融樹脂の混練シミュレーション

　ここでは粒子法シミュレーションによる二軸スクリュ押出機内での溶融樹脂の流動解析について述べる。

　フルフライト（搬送用）スクリュによる溶融樹脂の搬送挙動を予測した事例を図15に示す。解析モデルはフルフライトスクリュ（$L/D = 2$）を設け，押出機内の充満率38％で流体粒子を配置し，スクリュ回転数 180 rpm で流体粒子を押出す条件である。対象とした流体モデルは低粘度 $\eta = 0.01$ Pa·s と高粘度 $\eta = 1{,}000$ Pa·s のニュートン流体の2種流体とし，それぞれの粘度での流体挙動を比較した。低粘度流体はスクリュに巻上げられることなく下面に沿って前方へ流出され，スクリュ 2.5 回転では押出機内の流体粒子はほぼ排出されている。一方で，高粘度流体はスクリュに巻上げられ徐々に前方へと押出される挙動を示しており，これらの予測結果は定性的に妥当である。

第4章　シミュレーション・評価技術

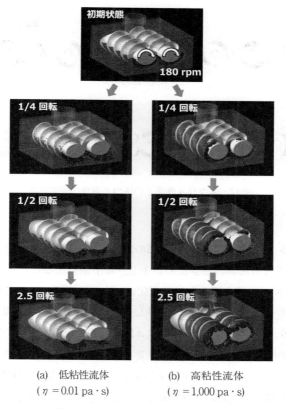

図15　搬送スクリュによる流体挙動
（低粘性流体と高粘性流体）

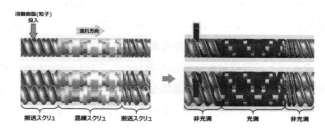

図16　二軸スクリュ押出機内における溶融樹脂の混練シミュレーション

　次に非充満領域を含む押出機内での溶融樹脂の混練挙動を予測した事例を図16に示す。押出機はTEX65αⅢ（日本製鋼所製），スクリュ構成は全長$L/D = 7$，中央部に$L/D = 3.5$の混練スクリュを有しており，押出機上流部に溶融樹脂を供給するフィード口を設け，押出機出口は自然開放である。押出量は200 kg/h，スクリュ回転数200 rpm，シリンダ温度200℃，押出機に供給した溶融樹脂はポリプロピレン，粒子径は3 mmである。図16はスクリュ混練挙動の予測結果を示しており，搬送スクリュ部では非充満部が大半を占め，スクリュフライト押し側にのみ粒

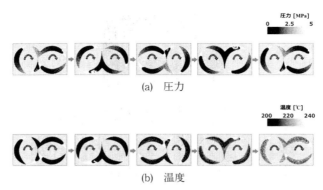

(a) 圧力

(b) 温度

図17 スクリュ断面での圧力と温度の予測結果

子が溜まり搬送される。一方で混練スクリュ部の領域では，混練部下流に設けている逆ねじれスクリュの作用によって樹脂流体のせき止めが生じ，粒子が溜まることで充満状態を形成している。図17はスクリュ回転に伴う圧力と温度変化のスクリュ断面での予測結果である。圧力結果より，スクリュフライト押し側で圧力値が上昇し，逆にそのフライト背面では粒子が存在せず非充満状態となっており，実現象に沿ったスクリュ断面の圧力分布を定性的に捉えている。温度予測では，高剪断速度領域であるスクリュ・シリンダ壁面近傍では剪断発熱の影響によって温度上昇が生じ，次第にスクリュ回転によって粒子は循環して均一に温度上昇することが確認できる。これらの挙動と温度予測は定性的に妥当であり，良好な予測精度と判断できる。

1.6 さいごに

本節ではFAN法，FEM，粒子法による二軸スクリュ押出機の流動解析について説明した。二軸スクリュ押出機のシミュレーション技術はここ数年で飛躍的に発展を遂げ，現在では製造現場の技術者が当然のように活用している。様々な解析手法によるシミュレーションを駆使することで，より一層の現象理解と設計指針や新製品の開発への支援になることは確かである。今後，押出機の性能向上や高機能プラスチックの製品開発の上で，シミュレーション技術が欠かせない存在となり重要な役割を担うためにも，シミュレーション技術の発展に期待する。

文　献

1) Z. Tadmor, E. Broyer, C. Gutfinger, *Polym. Eng. Sci.*, **14**, 660 (1974)
2) W. Szydlowski, J. L. White, *Adv. Polym. Technol.*, **7**, 177 (1987)
3) Y. Wang, J. L. White, *J. Non-Newt. Fluid Mech.*, **32**, 19 (1989)

第4章　シミュレーション・評価技術

4) S. Bawiskar, J. L White, *Polym. Eng. Sci.,* **38**, 727 (1998)

5) C. G. Gogos, Z. Tadmor, M. H. Kim, *Adv. Polym. Tech.,* **17**, 285 (1998)

6) 富山秀樹，石橋正道，井上茂樹，日本製鋼所技報，**55**, 32（2004）

7) 特許第 3679392 号

8) D. B. Todd, *Int. Polym. Proc.,* **45**, 992（1991）

9) 富山秀樹，高本誠二，新谷浩昭，井上茂樹，成形加工，**19**, 565（2007）

10) 特許第 5086383 号

11) 富山秀樹，福澤洋平，日本製鋼所技報，**67**, 26（2016）

12) H. H. Yang, I. Manas-Zloczower, *Polym. Eng. Sci.,* **32**, 1411（1992）

13) T. Kajiwara, Y. Nagashima, Y. Nakano, K. Funatsu, *Polym. Eng. Sci.,* **36**, 2142（1996）

14) T. Ishikawa, S. Kihara, K. Funatsu, *Polym. Eng. Sci.,* **40**, 357（2000）

15) K. Funatsu, S. Kihara, M. Miyazaki, S. Katsuki, T. Kajiwara, *Polym. Eng. Sci.,* **42**, 707（2002）

16) L. B. Lucy, *Astron J.,* **82**, 1013（1977）

17) R. A. Gingold, J. J. Monaghan, *Mon. Not. R. astr. Soc.,* **181**, 375（1977）

18) S. Koshizuka, Y. Oka, *Nucl. Sci. Eng.,* **123**, 421（1996）

19) K. Shibata, S. Koshizuka, *Ocean Eng.,* **34**, 589（2005）

20) H. Y. Yoon, S. Koshizuka, Y. Oka, *Int. J. Multiphase Flow,* **27**, 277（2001）

21) J. Tomiyama, T. Iribe, K. Sakihara, S. Iraha, Y. Yamada, *J. Structural Eng.,* **55A**, 164（2009）

22) 福澤洋平，富山秀樹，柴田和也，越塚誠一，日本計算工学会論文集，No 20140007（2014）

23) X. Sun, M. Sakai, K. Shibata, Y. Tochigi, H. Fujiwara, *Nucl. Eng. Des.,* **248**, 14（2012）

2 マクロとミクロをつなぐスクリュー押出機内流動解析

竹田　宏[*]

2.1 流動解析によるスクリュー押出機内流動状態の評価

　1軸に加え，2軸スクリュー押出機内の熱流動解析が行われるようになって20年以上が経過し，昨今ではさまざまな用途でスクリュー押出機の流動解析が活用されている[1]。しかしながら，流動解析から直接得られる情報は，スクリュー押出機内の流速，圧力，温度，粘度，変形速度，剪断応力等々，マクロな物理量に限られるのに対し，スクリュー押出機の設計あるいは性能評価に求められる指標は，樹脂中に含まれる微粒子，繊維等の分散状態等，ミクロな物理量で，流動解析で得られるマクロな物理量だけでは押出機の性能評価を行うのが困難なことが多い。とは言え，ミクロな状態はマクロな物理量から何らかの因果関係を介して決まることが多いため，流動解析から得られるマクロな物理量からスクリュー特性に直結するミクロな物理量を予測することが鍵となる。このような中，これまで筆者は，流動解析にトレーサー粒子を用いた粒子解析を併用することにより，スクリュー押出機内のミクロな状態を予測する試みを行ってきた。以下，その一端を紹介する。

2.2 粒子解析を利用したスクリュー特性評価とクリアランスに関する考察

　流動解析で得られた流速分布等の結果を利用して，多数のトレーサー粒子を用いた粒子解析を行うことにより，流速，剪断応力等のマクロな物理量からは把握し難かった現象が見えてくることがあるため，スクリュー押出機の流動解析では，粒子解析がしばしば行われる。

　例として，図1の1軸スクリュー押出機に対する流動解析と粒子解析からどのような情報が取り出せるかを見てみる。図2（左）は，流入面から投入されたある粒子が出口面から出て行くまでのある粒子の位置座標の経時変化を示している。縦軸は，粒子のyおよびz座標値（z軸が回転軸）で，横軸は粒子が流入面から投入された後の経過時間をスクリューの回転周期によって無次元化して表している。図を見ると，粒子のy座標は，4回半振動しており，この粒子は，流入面から入ってスクリューの周りを4回半回転した後出口面から出て行ったことがわかる。一方，横軸の時間軸の値をみると，その間にスクリュー回転周期の約19周期分を要していることから，差し引き14周半，粒子よりもスクリューが速く回ったことになる。これは，スクリュー表面では流体はスクリューの回転速度で回転しているのに対し，バレル表面では静止しているため，その間では図1（右）の流速分布に見られるように粒子（流体）はスクリュー回転よりも遅く回転することになり，スクリューとバレルに挟まれた流体はスクリューに追い越されながら回転しているためと考えられる。なお，2条スクリューでは1周の間に2箇所クリアランスが存在するため，流体がスクリューに1回転分追い越される間に，流体はクリアランスを2回通過することになる。実際には，下流側に進みながら追い越されるため，クリアランスを通過する回数はこれよ

　　＊　Hiroshi Takeda　㈱アールフロー　代表取締役

第4章　シミュレーション・評価技術

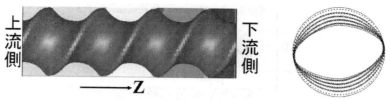

図1　1軸スクリュー押出機に対する熱流動解析で得られた圧力分布（左）と，回転軸に垂直な断面内の流速分布（右）
圧力は，上流側から下流側に向かって上昇する。

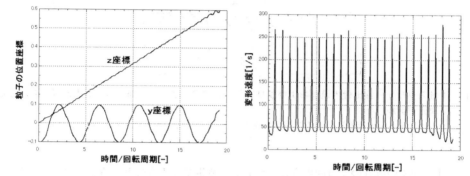

図2　図1の1軸スクリュー押出機に対する粒子解析結果の一例
左図は，あるマーカー粒子が流入面から投入後出口面から出て行くまでの粒子軌跡で，縦軸は粒子のyおよびz座標（z軸が回転軸），横軸は粒子投入後の経過時間。時間はスクリューの回転周期によって無次元化してある。右図は，粒子の通過地点の変形（剪断）速度。

りも少なくなるが，それでも，流体は相当回数クリアランスを通過することになる。図2（右）には図2（左）の粒子（流体）が受けた変形速度の大きさの経時変化を示してあるが，25のピークがあり，この粒子は投入後出口から出て行くまでに25回クリアランスを通過したことがわかる。このように，粒子は，流入面から入って出口面から出て行くまでに，相当回数，クリアランスを通過し，そのたびに，大きな変形速度，したがって大きな歪み応力を受けていることが確認できる。

2.3　クリアランス通過頻度の理論的予測

前項でスクリュー押出機内に投入された材料（流体）は出口から出るまでに少なからずクリアランスを通過することを粒子解析により確認したが，1軸スクリュー押出機に対する近似理論の応用により，クリアランスの通過割合を理論的に予測することができる。

図3の1軸スクリューにおいてスクリュー表面の曲率を無視し，フライトに垂直な断面内での流速分布（図4）を考察する。また，スクリュー長は十分に長く，溝部内の流れのフライトに沿う方向（図3中のz方向）の変化を無視し，さらに，溝幅（W）が溝深さ（h）に比べて十分に

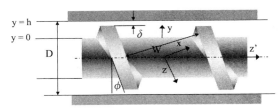

図3 1軸スクリュー押出機に対する近似理論計算におけるスクリュー押出機モデル

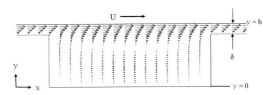

図4 1軸スクリュー押出機内溝部およびクリアランスでのスクリュー溝直角断面内形状を近似した2次元モデル
　　　上面（バレル表面）は一定速度（＝U）で移動。下面（スクリュー表面）は静止。

大きく，溝部内での流れのx方向の変化についても無視できるものとする。スクリューとともに回る回転座標系で考えることにし，フライトに垂直なx−y断面内でのx方向の流速成分をuとおくと，クリアランス内部での流れは図4に見られるようにy方向のみに変化するクエット流になっていると考えられることから，

$$u(y) = U(y - h + \delta)/\delta \quad (h - \delta \leq y \leq h) \tag{1}$$

と表される。なお，上式を導出するにあたっては，スクリューとともに回る回転系で考えていることから，スクリュー表面（y＝h−δ）でu＝0，バレル表面（y＝h）でu＝U（一定速度）という境界条件を用いている。ここに，Uはスクリュー（バレル側を回している場合にはバレル）の回転周速のx方向成分に相当し，スクリューのねじれ角φ（図3を参照）を用いて，$U = V_0 \sin\phi$と表される。クリアランスを通過するx方向の流量は，uを溝深さ方向に積分することにより

$$Q_c = \int u(y)dy = U\delta/2 \tag{2}$$

として得られる。一方，図4中の溝部での流速分布は，スクリュー溝深さに対して溝幅が十分に大きく，x方向の変化が無視できる場合，次式により記述できる。

$$u(y) = U(y/h)(y + c)/(h + c) \quad (0 \leq y \leq h) \tag{3}$$

式(3)中のcは任意定数で，別途決定される。なお，式(3)を導出するにあたっては，スクリュー表

第4章　シミュレーション・評価技術

面（y=0）で u=0，バレル表面（y=h）で u=U（一定速度）という境界条件を用いている。式(3)中の任意定数 c は，x 方向の流量が式(2)で表されるクリアランス部での流量に等しくなければならないという条件から決定され，式(3)は最終的に下記のようになる：

$$u(y) = (Uy/h) \{1 - 3(h-y)/h^2\} \quad (0 \leq y \leq h) \tag{4}$$

式(4)で表される溝部での流速分布は，図4の流速分布に見られるように，バレル側（上部）では流れは x の正の方向のクリアランスに向かい，スクリュー側（下部）では逆向きとなる。

　図4の溝部の流速分布において，上面の流れ方向と同じ順方向（x の正方向）の流れ領域と逆流領域（x の負方向）の境目の y 座標を y_0 とすると，式(4)において $u(y_0) = 0$ とおくことにより，y_0 は次のように求まる。

$$y_0 = h(2h-3\delta)/\{3(h-\delta)\} \tag{5}$$

式(4)を，u が正の領域（$y > y_0$）と負の領域（$y < y_0$）とで別々に積分することにより，それぞれの領域での x 方向の流量 Q_+ と Q_- を求めると

$$Q_- = -\int u(y)dy = U\{1 + (h-\delta)(3h-2y_0)/h^2\} y_0{}^2/(2h) \tag{6}$$

$$\text{（定積分で積分の範囲は } 0 \sim y_0）$$

$$Q_+ = \int u(y)dy = U\delta/2 + Q_- \quad \text{（定積分で積分の範囲は } y_0 \sim h） \tag{7}$$

が得られる。ただし，流量保存から $Q_+ - Q_- = Q_c$（Q_c はクリアランスの通過流量）が成り立つ。ここでさらに，Q_+ と Q_c の比 $F = Q_c/Q_+$ を求めると，F はクリアランス部に向かう流れがクリアランス部に入る際の割合に相当することになる。表1に δ/h を変えたときの F の値を示してある。表をみると，$\delta/h = 0.1$ のときに F の値は約 0.3，すなわち，クリアランスに向かった流れの約3割が実際にクリアランスを通過することがわかる。そのため，実際のスクリュー押出機内に入った流体はスクリュー外に出るまでに相当回数クリアランスを通過することになる。このように，クリアランス領域は体積的にはわずかであるが，スクリュー内部を押し出される流体のほとんどが通過し，クリアランス内では大きな剪断応力を受けるため，クリアランスは重要な働きをしているものと考えられる。

　表1には，溝部での順（x の正）方向と逆（x の負）方向の平均流速

$$v_+/U = Q_+/(h-y_0) \tag{8}$$

$$v_-/U = Q_-/y_0 \tag{9}$$

についても示してある。クリアランス部に入らなかった流れは，溝部を逆流に乗って戻り，再びクリアランス部に向かうことになるが，その際に要する時間は凡そ

$$W/v_- + W/v_+ \quad \text{（W：溝部の巾）} \tag{10}$$

137

樹脂の溶融混練・押出機と複合材料の最新動向

表1　さまざまなクリアランス（δ）に対する F＝Qc/Q+, v+/U, v−/U の値

δ/h	F	v+/U	v−/U
0.0001	0.000337	0.444	0.222
0.001	0.00337	0.444	0.222
0.01	0.0335	0.444	0.218
0.05	0.161	0.442	0.200
0.1	0.308	0.438	0.178
0.2	0.557	0.431	0.136
0.3	0.749	0.421	0.096
0.4	0.883	0.407	0.059
0.5	0.964	0.389	0.028

となる。表中の値を見ると v+/U については，ほぼ0.4程度となっているが，v−/U については，δ/h に大きく依存し，δ/h が小さくなるほど大きくなっている。すなわち，δ/h が小さくクリアランスが狭くなるほど，クリアランスに入り込む可能性は小さくなるが，一方において，クリアランスに入らなかった流体は溝部を一周してδ/h が小さいほど早く戻ってくることがわかる。

2.4　凝集粒子の粒径分布の予測

　スクリュー押出機内の流体中に1次粒子と呼ばれる小さな粒子から構成される凝集粒子（1次粒子の結合体）が分散している状態を想定する。凝集粒子径は凝集粒子の成長（凝集）あるいは分裂により変化し，凝集粒子の成長（凝集）および分裂は流れの剪断力によって引き起こされるという前提の下で，凝集粒子を構成する1次粒子の数，k，に対して，次のようなモデル式がUsui[2]によって提案されている。

$$\frac{dk}{dt} = \frac{4\alpha_S \phi_0 k \dot\gamma}{\pi} - \frac{3\pi d_0^3 k}{4F_0 N_b}\left(\frac{k}{1-\varepsilon}-1\right)\eta\dot\gamma^2 \tag{11}$$

k：クラスター内粒子数，　η：スラリー粘度，　α_S：剪断凝集速度定数，

ε：クラスター内ボイド率，　ϕ：固体体積分率，　N_b：クラスター破壊の切断鎖数，

F_0：粒子間結合エネルギー

上記 Usui の式の右辺第1項は剪断凝集項と呼ばれ，剪断流れでの速度勾配による粒子同士の衝突により引き起こされる凝集を表している。一方，右辺第2項は剪断破壊項と呼ばれ，流れの剪断力による凝集粒子の分裂を表している。いずれも流れの剪断によって引き起こされる項のため，流れの変形速度（$\dot\gamma$）に依存する形になっているが，剪断凝集項は $\dot\gamma$ の1乗に比例するのに対し，剪断破壊項は $\dot\gamma$ の2乗に比例している。その結果，高剪断になるほど，剪断破壊項がより支配的となり，凝集粒子の分裂が進行する。なお，元々の Usui の式では，上記以外にブラウ

第4章 シミュレーション・評価技術

ン凝集項が含まれているが，ブラウン運動の影響はミクロンよりも小さい粒子においてのみ現れるため，ブラウン凝集項についてはここでは無視している。凝集粒子径分布は，前項で行った粒子解析において，Usuiの式を各々の粒子ごとに解くことにより得られる。この場合，粒子解析における粒子1個が，k個の1次粒子から成る凝集粒子1個に対応する。

例として，図5の2次元の1軸スクリュー内での凝集粒子の解析例を示す。なお，スクリューを回転する代わりに，スクリューを固定して，バレル側を回転した解析になっている（図5左）。図5（右）は解析で得られた流速および変形速度分布である。図6に，凝集粒子解析で得られた粒子投入後0.5回転（周期）および2回転経過した時点での凝集粒子分布を示す。ただし，投入凝集粒子数は約12,500で，投入時の凝集粒子のkの値は6.62となっている。図において，表示された各粒子が1個1個の凝集粒子を表しており，粒子表示の濃淡は各凝集粒子を構成する1次粒子の数（k）を表している。図7には，全凝集粒子の内，サンプル的に取り出した3つの凝集粒子の凝集粒子径（凝集粒子を構成する1次粒子の数k）の時間変化と各粒子位置での変形（剪断）速度を示してある。図を見ると，粒子3に対応する凝集粒子は変形速度の大きい領域を周期的に通過しており，図5（右）の変形速度分布と照らし合わせると，クリアランス内を周期的に通過している粒子に対応しているものと考えられる。なお，この凝集粒子はクリアランス通過の度に強い流体剪断応力を受けて分裂し，クリアランスから抜けると徐々に凝集を始めるものの再びクリアランスを通過してまた分裂するということを繰り返していることがわかる。一方，粒子1と粒子2に対応する凝集粒子は，より内側の領域に位置する粒子で，クリアランス領域に近づくものの，クリアランスには入らずにクリアランスの手前でバレルに沿って戻るようなルー

図5　2次元1軸スクリュー解析で得られた流速分布と変形速度分布（1/s）
スクリューが静止でバレルが回転。

図6　2次元1軸スクリューモデルでの粒子解析結果
粒子表示の濃淡は凝集粒子を構成する1次粒子数（k）。kの初期値は6.62。

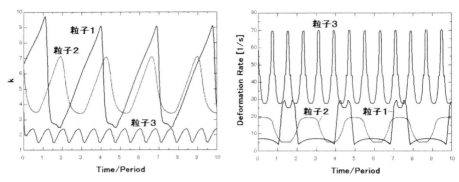

図7 2次元1軸スクリュー内に投入された12,500個の粒子の内のサンプル的に取り出した3粒子の凝集粒子径の時間変化(左)と各粒子位置での変形速度(右)

プを通過しているものと考えられる。これらの粒子についても，粒子が通過した各位置での変形速度に基づいて，それぞれの周期で分裂と凝集を繰り返していることがわかる。このように，個々の凝集粒子は粒子ごとに異なる周期で分裂と凝集を繰り返し，凝集粒子径(k)が一定値になることはないが，多数の凝集粒子に対する凝集粒子径分布として見たときには，粒子投入後2〜3周期で統計的定常状態に達することがわかる。次に，クリアランスの凝集粒子に与える影響を考察するため，2次元1軸スクリューにおいて，クリアランスを0.875 mmから0.5 mm，0.3 mmと狭くした場合の解析結果を図8に示す。ただし，いずれも粒子投入後5周期経過した後の凝集粒子分布となっている。また，図9には，図8の結果を粒子径分布ヒストグラムとして表した結果を示してある。図8の結果を見ると，クリアランスが狭くなるほど，クリアランス通過時に大きな剪断応力を受けることにより凝集粒子径が小さくなり，粒子径分布はより小さい方向にシフトしていることがわかる。ただし，クリアランスが小さくなるほど，粒子はクリアランスに入りにくくなるため，クリアランスがある値以下になると，クリアランスが小さいほど逆に凝集粒子径が大きくなるという傾向に転じるものと考えられる。実際，図8の平均粒子径はクリアランスが小さいほど小さくなっているものの，図9のヒストグラムでは，凝集粒子径分布がピーク値を持つk=2での粒子数割合は，クリアランスが0.3 mmのときの方が0.5 mmのときよりも

図8 2次元1軸スクリューでの5回転後の粒子解析結果
　クリアランスは標準の0.875 mmと0.5 mm，0.3 mmの3通り。粒子表示の濃淡は凝集粒子を構成する1次粒子数(k)。

第4章　シミュレーション・評価技術

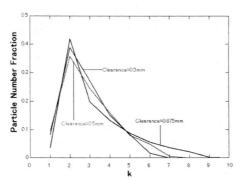

図9　3通りのクリアランスの2次元1軸スクリューでの5回転後の凝集粒子径 (k) ヒストグラム
縦軸は各 k に対する凝集粒子数割合。

大きくなっており，クリアランスが 0.3 mm では 0.5 mm のときよりもクリアランスの通過頻度が小さくなる影響が現れているものと考えられる。

2.5　おわりに

　スクリュー押出機内の流動解析とトレーサー粒子を用いた粒子解析を併用することにより，スクリュー押出機内のマクロな物理量からミクロな状態を予測する方法の一端を，解析事例とともに紹介した。また，今回は紙面の都合で割愛したが，流れによる繊維破断理論に基づくスクリュー押出機内に分散した繊維長分布の予測解析についても行われている。

文　　　献

1) 竹田宏，最近の化学工学, **57**, 118-132 (2007)
2) Usui, H., *J. Chem. Eng. Japan,* **35**, 819-829 (2002)

3 コンピュータシミュレーションを利用した二軸スクリュ押出機内成形現象の可視化

谷藤眞一郎[*]

3.1 はじめに

　外界から容易に観測できない二軸スクリュ押出機内の複雑な成形現象を，数値解析を通じて可視化することは，成形品の品質や生産性の向上，運用条件やスクリュデザインの最適化，新規複合材料の開発に際して重視されており，大学・研究機関や企業が，長年に亘って追及し続けている研究課題である。

　現在，表1に示す二軸スクリュ押出機に関わる数値解析法が，実用化されている。FAN（Flow Analysis Network）法[1,2]は，スクリュ流路の肉厚方向と螺旋経路に沿う2D（2次元）断面内で成形現象を捉える近似解法である。計算負荷が小さく，操作性も良いため，二軸スクリュ押出機の解析法として古くから活用されている。3D解析法では表現が難しい未充満状態を定量化可能なことより，実成形条件を考慮した全域解析に適するが，分析可能なスクリュエレメントが限定されて汎用性に乏しく，また，混練性能の分析で重要になる流動状況の詳細な表現には不向きである。

　一方，FEM（Finite Element Method）あるいはFVM（Finite Volume Method）などの3D解析法は，流体支配方程式を精度良く解析可能な特長を有する。その解析結果を利用した流体界面の変形解析や粒子運動解析を併用することで，混練性能の分析で重要視される分配・分散混合効率の定量化を目的とした研究成果[3,4]が報告されている。また，粒子法は，FEMやFVMなどのメッシュベースの3D解析法では捉え難い複雑な流体界面の挙動を表現可能なことより，二軸スクリュ押出機の全域解析に対応可能な次世代型解析法として注目されている[5]。これら3D解析法は，詳細な分析に適するが，計算負荷が大きく，操作も難しいため，実用性を高めるために，今後，解消すべき課題が，数多く残されている。

表1　二軸スクリュ押出機に関する各解析法の特徴の比較

	2D	2.5D	3D
計算手法	FAN法	2.5D FEM（Hele-Shaw流れ）	FEM, FVM, 粒子法
計算負荷	軽い	中程度	重い
解析対象	押出機全体	押出機全体	一部のエレメント
速度場			

---

　*　Shinichiro Tanifuji　㈱HASL　代表取締役

第4章　シミュレーション・評価技術

最近，既往数値解析法の短所を補い長所を生かすことを目的として，2.5D FEM に立脚した数値解析法が実用化された。本稿では，当解析法の理論背景や適用事例について解説する。

3.2　成形現象の定量化法
3.2.1　二軸スクリュ押出機モデリングツール

解析に際して，技術者を煩わせる作業は，二軸スクリュ押出機の形状定義と計算要素生成作業である。これらの作業の軽減を目的として，専用プリプロセッサが開発された。

二軸スクリュ押出機の形状は，基本的な幾何パラメータで記述される。幾何パラメータを専用プリプロセッサに入力し，誰もが，容易に且つ短時間内に，二軸スクリュ押出機に対する解析用計算要素を作成可能である。

専用プリプロセッサで作成される 2.5D 要素は，バレル上に転写された形式で作成される。流路肉厚は，要素に定義された情報と見なされる。肉厚方向に生じる大きな速度と温度の勾配を表現するために，十分な密度の差分格子を付帯させても，計算負荷が増大し，実用性が損なわれることはない。

2.5D 要素は，再生成することなく，肉厚情報を更新することで様々な形状を表現可能である。幾何パラメータで表現し難い切欠や偏心などの特殊エレメントは，CAD（Computer Aided Design）で定義する。この CAD 情報を解析モデル内に挿入し，レイトレーシング技術を応用することで，自動的に要素肉厚を更新可能である。当技術を利用し，定型から外れた特殊エレメントも解析対象とされる。

3.2.2　一般化 Hele-Shaw 流れの定式化

Hele-Shaw 流れの定式化が背景とする理論基盤は，潤滑近似理論であり，以下に示す仮定を採用する。

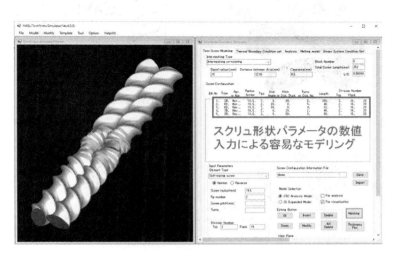

図1　二軸スクリュ押出機専用プリプロセッサ

①薄肉の流路内では，肉厚方向に向かう流速成分は小さく，無視できる。
②せん断応力と圧力勾配が，流動状態を支配する。
③回転座標系に観測点を設け，回転状態にあるスクリュを止め，バレルにスクリュの回転速度と逆の速度を設定するモデル化が許容される。

スクリュ流路を平面展開した近似を採用すると，ひずみ速度の計算値に誤差が生じる。この誤差を低減するために，円柱座標系で記述された流体支配方程式を解析対象とする。

同方向回転噛合型二軸スクリュ押出機では，噛合部の流量収支が互いに相殺され，両スクリュ間の流量交換が支配的と考えられる。この特徴に注目し，図2に示すようにスクリュ流路深さの情報を付帯させた四角形要素を採用して解析モデルを離散化する。

圧力を求めるために，連続方程式を利用する。重み付き残差法に従って，形状関数 ϕ_α（ $\alpha = 1 \sim 4$ ）を重み関数として，連続方程式を離散化すると以下に示す離散化方程式が得られる。

$$Q_\alpha^e = -(S_{\alpha\beta}^{e\theta} + S_{\alpha\beta}^{ez}) p_\beta^e + D_\alpha^e \tag{1}$$

荷重ベクトルや係数行列は，次式で与えられる。

$$\begin{aligned}
Q_\alpha^e &= \int_{\Gamma_e} \phi_\alpha (n_\theta q_\theta + n_z q_z) d\Gamma, \\
S_{\alpha\beta}^{e\theta} &= S^\theta \int_{S_e} \frac{\partial \phi_\alpha}{\partial \theta} \frac{\partial \phi_\beta}{\partial \theta} dS, \quad S_{\alpha\beta}^{ez} = S^z \int_{S_e} \frac{\partial \phi_\alpha}{\partial z} \frac{\partial \phi_\beta}{\partial z} dS, \\
D_\alpha^e &= D^\theta \int_{S_e} \frac{\partial \phi_\alpha}{\partial \theta} dS
\end{aligned} \tag{2}$$

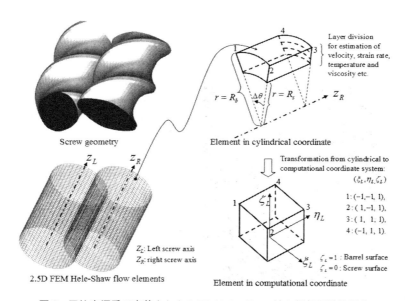

図2　円柱座標系で定義された 2.5D Hele-Shaw 流れ解析用計算要素

第4章　シミュレーション・評価技術

Γ_eは要素領域側面を表し，$(n_\theta,\ n_z)$は側面に対する単位法線ベクトル，$(q_\theta,\ q_z)$は側面を通過する流束である。また，S_eは要素面である。S^θ，S^z及びD^θなどの係数は，それぞれ次式で与えられる。

$$S^\theta = \frac{1}{4}\left(\alpha_c - \frac{\beta_c^2}{\gamma_c}\right),\ \ S^z = \frac{1}{4}\left(\delta_c - \frac{\alpha_c^2}{\beta_c}\right),$$

$$D^\theta = \frac{\Omega}{2}\left(R_b^2 - \frac{\beta_c}{\gamma_c}\right) \tag{3}$$

ここで，Ωは回転角速度である。各係数は，粘度の肉厚方向の積分値として，それぞれ次式で与えられる。

$$\alpha_c = \int_{R_s}^{R_b}\frac{r}{\eta}dr,\ \ \beta_c = \int_{R_s}^{R_b}\frac{1}{\eta r}dr,\ \ \gamma_c = \int_{R_s}^{R_b}\frac{1}{\eta r^3}dr,\ \ \delta_c = \int_{R_s}^{R_b}\frac{r^3}{\eta}dr \tag{4}$$

流量荷重ベクトル成分Q_αは，節点αを含む四角形要素の二つの構成辺の中点までの範囲が形成する側面を通過する流量に相当する。(1)式は，この流量が，その左辺第一項が表現する圧力勾配流れの流量寄与と第二項が表現する牽引流れの流量寄与の総和に一致する関係を示している。

3.2.3　未充満状態の計算方法

(1)式には，圧力規定あるいは流量規定の何れかの境界条件を課せる。全域解析の境界条件として，流入面には大気圧条件，流出面には背圧条件を設定する圧力規定境界条件が採用されることが多い。この場合，流量が一意的に決定されることになる。しかしながら，二軸押出機の一般的な運用では，計量フィーダを利用して流量を意図的に制御することが多い。すなわち，流入出面の圧力を規定した上で流量も規定した状態の表現が要求される。同一境界面に圧力と流量規定の境界条件を共に設定すると，拘束過多となり，解を求めることが不能となる。この難点は，充満率と呼ばれる未知量を追加することで解消される。但し，充満率を追加した場合においても，(1)式は，同一境界面に圧力と流量規定の境界条件を共に設定することを許容しない。このため，流入面を流量規定境界とする。この場合，流入面で計算される圧力が大気圧に一致する保証はない。未充満領域の定量化法としては，FAN法に基づく1D圧力再計算アルゴリズムの基本的な考え方を踏襲しつつ，その計算次元を2Dへ拡張した以下に解説する定式化を採用する。

最初に，流入面を流量規定，流出面を背圧規定とした解析を行う。その後，以下に示す圧力変数の離散化式を利用して圧力分布を再計算する。

$$p(z-\Delta z,\theta-\Delta\theta) = p(z,\theta) - \frac{\partial p}{\partial z}\Delta z - \frac{\partial p}{\partial \theta}\Delta\theta \tag{5}$$

非圧縮条件を前提とし，材料物性の圧力依存性を無視した場合，流体支配方程式は，一定圧力の加減算に対して不変である。すなわち，圧力を変更しても，圧力勾配を不変に保てば，流動状態は変化しない。(5)式を利用して圧力を再計算する際，背圧規定の流出面を基点として，上流側に向けて計算を進行させ，下流側の要素で計算される圧力勾配を優先的に採用する。要素毎に計算される流量の符号を利用して，下流側を判定する。当方法に従った充満・未充満状態の計算フ

145

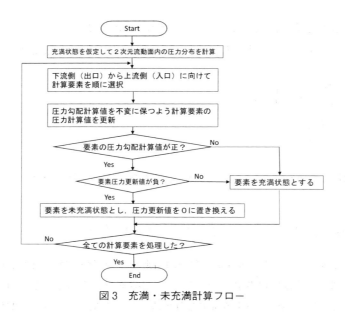

図3 充満・未充満計算フロー

ローを図3に示す。

3.3 二軸スクリュ押出機内成形現象の可視化例
3.3.1 未充満解析

　充満率の予測精度を実現象と対比し，検証することは，解析法の基幹性能を把握する上で重要である。押出機内の状態を可視化する手法として一般的な方法は，図4に示すスクリュ引抜試験である。解析結果として算出される充満率は，背圧の影響を受け易い先端部や牽引輸送能力が低下するニーディングディスク部で高くなる。また，標準スクリュチャネル内では，フライトの押側の方が引側よりも充満率が相対的に高く評価される。2.5D FEMを利用して評価される圧力は，3D解析結果と同様，フライトの押側が引側と比較して高くなる。この圧力勾配が，押側の充満率を相対的に高める要因である。充満率の解析結果に観られるこれらの傾向は，図4内に示すように引抜試験結果と定性的に一致する。

　引抜試験では，引抜時に生じる原料の移動が測定誤差となるため，ラインレーザを利用した非接触型の充満率測定法が考案された[6]。当測定法では，図4内に示すように下流側未充満領域に可視化窓を設け，溶融体にラインレーザを照射する。図5に示すようにその反射光を利用して作成される画像情報を分析することで該当位置における充満率を定量化する。当測定方法で収集された充満率実測値のスクリュ回転数及びフィード量依存性は，解析結果と定量的に良い一致を示し，解析法の妥当性が検証された。

3.3.2 繊維破断解析

　押出機内の繊維破断状態は，複合材の機械的な特性に大きく影響するため，その定量化に対する期待が高い。

第4章 シミュレーション・評価技術

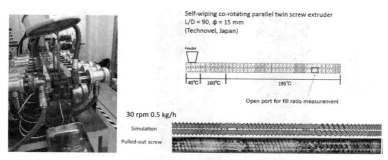

図4 充満率解析結果の検証用実験装置

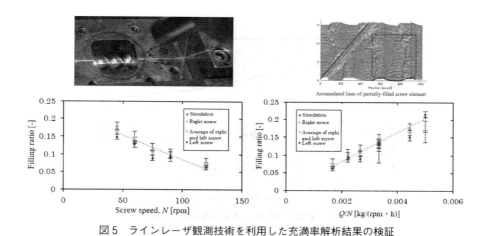

図5 ラインレーザ観測技術を利用した充満率解析結果の検証

最近,Phelps らによって,繊維破断状態を定量化する以下に示す現象論的モデル[7]が提案されている。

$$\frac{dN_i}{dt} = -P_i N_i + \sum_{k=i+1}^{i\max} R_{ik} N_k \tag{6}$$

全ての繊維長を解析で予測することは,不可能であるため,投入された初期繊維長を等分割した長さ区間 i 毎の繊維長 L_i の繊維数 N_i を求める。(6)式の右辺第一項は,破断に伴う繊維数の減少を表す。破断頻度 P_i は,オイラーの座屈理論に従って,繊維剛性や繊維形状,粘性応力に依存する関数として評価される。一方,右辺第二項は,着目する区間 i よりも長い区間 k の繊維が破断することで,区間 i の繊維数を増加させる効果を表す。相互作用係数 R_{ik} は,区間 k の繊維が,中央部で破断される頻度を最大値とするガウス分布で表される。

当モデルの適用例として,図6に示すように各種成形条件を共通とし,ミキシングエレメントの形状の変化が繊維破断状況に与える影響について検討した。

図7に各ケースで算出された重量平均繊維長 L_w:

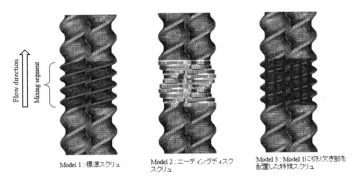

図6　繊維破断比較検討解析モデル

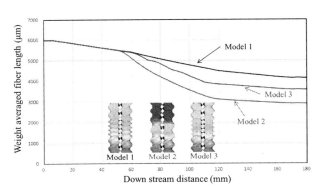

図7　重量平均繊維長分布解析結果の比較

$$L_w = \frac{\sum_{i=1}^{10} N_i L_i^2}{\sum_{i=1}^{10} N_i L_i} \tag{7}$$

の比較を示す。

　定性的に予測される通り，標準スクリュ内の平均繊維長が最も長くなる。ニーディングディスク部では，図8に示すように該当部の充満率と応力が高いため，平均繊維長が最も短くなる。切欠を配置すると，フライトの押側から引側に逆流する漏洩流れが充満率を高めるとともに応力を増加させる効果を示すため，標準スクリュと比較して平均繊維長は短くなる。

　複合材の混練は，応力と混練時間の双方に依存する。フィード量を共通として充満状態を高めるスクリュ構成は，滞留時間を増加させるため，混練を促進する。応力の高い領域の充満率が高い場合，混練の促進は，より顕著になる。

第4章　シミュレーション・評価技術

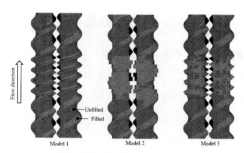

図8　エレメント形状変化が充満率分布に与える影響の解析結果

3.4　おわりに

　本稿では，計算負荷が小さく，操作性の良い 2.5D FEM に立脚した二軸スクリュ押出機の解析法の理論背景とその適応事例について解説した。

　複合材の混練を評価する上で，押出機内の未充満状態の評価は重要である。従来の 2D FAN 法が軸方向の 1D 情報として充満率を評価するのに対し，当解析法は，軸・径流動面内の 2D 情報として充満率を定量化可能な長所を有する。また，当解析法で予測された充満率分布の妥当性は，実測情報を用いて検証された。

　2.5D FEM は，流量収支を重視する解析法であり，輸送方程式の取り扱いにおいて利点を発揮する。当解析法の利点を生かし，輸送方程式で記述される複合材の液滴分裂や繊維破断，及び化学反応押出などの現象論的モデルを効率的に解析可能である。

　今後，これらの複合材の混練プロセスに対する当解析法の予測精度を実験的に検証する計画である。

文　　献

1) Tadmor, Z., Brover, E., Gutfinger, C., *Polym. Eng. Sci.*, **14**, 660（1974）
2) White, J. L., Chen, Z., *Polym. Eng. Sci.*, **34**, 229（1994）
3) Fard, A. S., Anderson, P. D., *Computer & Fluids*, **87**, 79（2013）
4) Nakayama, Y., Takeda, E., Shigeishi, T., Tomiyama, H., Kajiwara, T., *Chem. Eng. Sci.*, **66**, 103（2011）
5) Eitzlmayr, A., Khinast, J., *Chem. Eng. Sci.*, **134**, 861（2015）
6) Taki, K., Tanifuji, S., Sugiyama, T., Murata, J., Tsujimura, I., *SPE ANTEC Anaheim*, 1075（2017）
7) Phelps, J. H., Abd El-Rahman, A. I., Kunc, V., Tucker, C. L., *Composites Part A*, **51**, 11（2013）

4 押出混練シミュレーション，樹脂挙動解析とスクリュ条件の求め方

朝井雄太郎[*]

4.1 セクションごとの役割と評価すべきパラメータ

押出成形は，材料を「溶かす，形にする，固める」の3つの要素から成り立つと言われているが，その中で「溶かす」要素を担うのが押出機である。また溶かした材料を「形にする」為に必要な，「混練する」「温度と吐出量を一定にする」という役割もある。

本節では，そうした役割を単軸スクリュの部位ごとに割り振り，役割を果たす為の適切な形状と運転条件について，コンピュプラスト社（チェコ共和国）製押出成形シミュレーションソフト「バーチャル押出ラボ」を用いて，具体的に考察する（解析画面写真は全て「バーチャル押出ラボ」）。

4.2 フィード部，圧縮部，計量部，そしてミキシング部

4.2.1 フィード部で考慮すべき事

フィード部の役割は，ホッパーから押出機に供給されたペレットを，スクリュ溝に確実に詰め込み圧縮セクションへと搬送する事である。

この目的の為に必要な長さは6～9Dが一般的であるが，この長さはペレットの性質（柔らかい，滑りやすいなど）によって変わる。具体的にはLDPE用のスクリュは短い場合もあるが，HDPEやPPは搬送が難しい為，フィード部を長くする場合がある（これらのペレット搬送トラブルでお困りの場合，フィード部を少し延長すると，効果が実証できるかもしれない）。

運転条件を考える上で必要なのは，ヒーターの設定温度である。ペレットをスムーズに搬送し溝に詰め込む為には，材料を十分に加熱し且つフィード部で材料が溶け切ってしまわないようにしなくてはならない。よって使用する材料の融点は，必ず知っておく必要がある。

またペレットとバレル内壁の摩擦が高いほど，吐出量は増大する。バレル内壁に溝を掘る加工（グルーブ加工）はこの考えに基づくが，この場合はペレットがバレル溝に引っかかり摩擦を増大する効果を最大化する為に，ペレットのサイズとバレル溝の深さ，およびスクリュ溝の深さのバランスに考慮する必要がある。バレル溝が浅すぎたり深すぎたり，又はスクリュ溝が深すぎるとペレットがバレル溝に固定される効果が低下し，バレル溝による摩擦増大効果が低下する。

4.2.2 フィード部で評価すべき解析パラメータ

フィード部で溶融が早く始まり過ぎてしまうと，溝にペレットを適切に詰め込む事ができず吐出量の不安定化や気泡混入の危険性が高まる。

シミュレーションで材料が溶けているか否かを判断する為には，「ソリッドベッド率」というパラメータを出力する。

これはスクリュ溝幅に対する，未溶融ペレット（ソリッドベッド）の幅の占める割合である。

---

* Yutaro Asai　アイ・ティー・エス・ジャパン㈱　営業部

第4章　シミュレーション・評価技術

図1　溶融中のペレットの模式図とソリッドベッド率の定義

フィード部ではソリッドベッド率が減少し始める（溶融開始）位置があまり早すぎず，圧縮部開始位置に近い事が理想的である。これにより十分にペレットが詰め込まれる為の距離を確保できる。

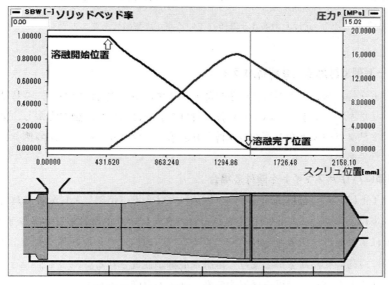

図2　ソリッドベッド率と圧力グラフ
（溶融開始位置が圧縮部開始位置に近い）

4.2.3　圧縮部で考慮すべき事

　スクリュ溝内のペレットは，融点以上に温度設定されたバレルから熱を貰い溶融を始め，スクリュの回転によるせん断発熱で溶融し混練される。よって圧縮部ではソリッドベッド率の他に混練性を評価する解析パラメータが必要となる。溶融材料を混練（変形）しているのはせん断なので，せん断応力値を評価するのが合理的である。

　また溶融後の材料は，スクリュの形状や運転条件により，スクリュ溝底に滞留したり熱劣化したりする危険性がある。コンピュプラスト社ではこれらの判断指標にもせん断応力値が利用できる事を実験で裏付け，その目標値も求めている。

　シミュレーションにより混練性や滞留の危険性を数値化できる為，これらの問題を設計段階で予防できる。

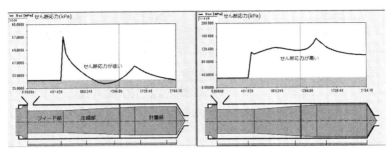

図3　スクリュ溝底せん断応力の低いスクリュと高いスクリュ

高せん断のかかるスクリュでは，材料の混練性が良好で材料が溝底に滞留しない事が実験で明らかになっている。対して低せん断のスクリュでは，混練不足や材料の滞留が報告されている。スクリュ壁面のせん断応力値は，常に一定以上の高さを維持している事が理想的である。

4.2.4　フィード部で評価すべき解析パラメータ

また図2のように，ペレットの溶融は圧縮部で完了する事が理想的である。これはスクリュの圧縮によりソリッドベッドが常にバレルに押し付けられ続ける事で溶融が安定し，更にバレルとスクリュ溝でソリッドベッドが上下から支持される事で，ソリッドベッドが破壊されるのを防ぐ事ができるからである。

4.2.5　圧縮部にバリアフライトを設ける場合

バリアフライトにより，材料はソリッド（固体）とメルト（溶融）とに分けられる。ソリッド溝内のソリッドは，融点以上に温度設定されたヒーターにより溶融してメルトフィルムになり，スクリュ回転により後方に引きずられバリアギャップを通過してメルト溝に入る。この狭い隙間を通過する際に，高いせん断変形を受け，溶融と混練が促進される。

また全てのメルトがバレル直近を通過する為，メルト温度にムラがあってもバレル温度に均一化される効果がある。つまり，圧縮部をバリア設計とする事で，より安定した溶融と混練，吐出温度が可能となる。

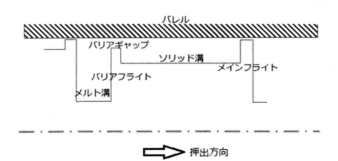

図4　バリア部の模式図

バリアフライトのピッチ設定や各溝深さの設定には様々なパターンがあるが，ソリッドの溶融メカニズムはバリアフライトがない場合と同じである為，ソリッド溝は出口に向かって圧縮される（浅溝化する）事が理想的である。

第4章　シミュレーション・評価技術

バリア部では，溶融速度とメルト溝の容積のバランスが取れている事，およびバリアギャップが適切なせん断をかけられる寸法になっている事，が評価項目となる。

4.2.6　バリア部で評価すべき解析パラメータ

メルト溝内の圧力値がバリア部で低下する場合，メルト溝へのメルトの流入が少ない事を意味する。圧縮速度の見直しが必要である。

またバリア部のない場合と同様，メルト溝内の壁面せん断応力値は滞留防止と混練性の為に，低すぎず一定以上の値を維持し続けている事が理想的である。

バリアフライトがある場合も，溶融はバリア区間中で完了する事が理想的である。全ての材料がバリアギャップを通過する構造上，バリア区間の終了部で大量のソリッドが残っていると，狭いバリアギャップにソリッドが集中し，場合によっては詰まる事になる為，押出量の減少やスクリュの損傷，吐出材料への未溶融材の混入の危険性が高まる。

バリアの欠点は，その構造上，ソリッドベッド率やせん断応力値がバリア部の形状に適合した状態でないとその性能を発揮できず，かえって逆効果となってしまう点である。よって，物性の異なる材料でスクリュを使いまわすのがほぼ不可能となる。この問題をクリアできれば，圧縮部をバリア化するのは非常に有効である。

4.2.7　計量部で考慮すべき事

計量部ではメルトに十分なせん断を与えて混練し，吐出量と温度を安定化させる。ここでも滞留防止と十分な混練が重要な役割である。またメルトに高いせん断変形がかかり続ける事により，せん断発熱も大きくなる。計量部付近のヒーターが過熱せずにブローして冷却している場合，せん断発熱も大きいと考えられる。シミュレーションではこのせん断発熱も数値化できるので，メルトの温度ムラがどの程度あるのかが分かる。

4.2.8　計量部で評価すべき解析パラメータ

計量部の手前迄に，ソリッドベッド率がゼロになっている事（全てのペレットが溶け終わっている事）が理想的である。ここでソリッドが残っているとスクリュやフライトの損傷，未溶融材料の吐出の危険性が高まる。これまでの解析事例では，圧縮部～計量部にフライトの摩耗や損傷が発生しているスクリュでは，その場所にソリッドが大量に溶け残っているという解析結果になった事も数多くある。

図3の右グラフのように，十分なせん断応力値が計量部を通じてかかっている事が理想である。コンピュプラスト社では実験と解析によって得られた，十分な混練の為に必要なせん断応力値の目標値をご用意している。

またせん断発熱は，スクリュ内の材料温度分布のシミュレーション結果によって評価できる。

高粘度材料はよりせん断発熱する事は定性的に予想されるが，ヒーター温度190℃に対し，低粘度HDPEの平均温度＝198.86℃，高粘度HDPEの平均温度＝219.2℃と解析された。

実際の押出機の温度表示値もこれと近似した温度を表示していると思われる。よってこの温度が押出機からの吐出温度と解釈されるのが一般的である。

153

樹脂の溶融混練・押出機と複合材料の最新動向

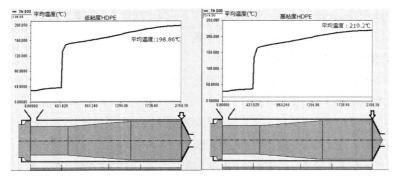

図5 スクリュ長手方向，最終溝でのメルト平均温度

低粘度と高粘度の材料を，同一スクリュ形状，同一運転条件で解析した場合の，押出機出口部のメルトの平均温度をグラフ化し比較した。解析条件は以下の通り。
低粘度材料：HDPE MI＝5　高粘度材料：HDPE MI＝0.1。
スクリュΦ 90 L/D＝24。フルフライト。
運転条件：50 rpm，計量部ヒーター温度：190℃。

　しかし，スクリュの溝内では，バレルに近い部分，バレルから離れた部分など場所によって材料にかかるせん断が異なる為，当然せん断発熱も異なる。つまり平均温度だけでなく溝内の温度分布も評価しないと，温度ムラがどの程度あるのかは分からない。
　これは実際の押出機で計測するのは不可能である。こういう場合にシミュレーションが役に立つ。

4.2.9　適切なせん断応力を得る為にできる事

　せん断応力は，せん断速度×せん断粘度で求められる。つまりせん断応力を上げるには，現実的には以下の方法が考えられる。

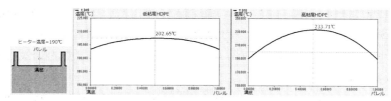

図6　スクリュ最終溝内の，溝内（溝深さ方向）温度分布

スクリュ最終溝内の深さ方向の温度分布をシミュレーションした結果である。
この場合，ヒーター温度190℃に対し，スクリュ溝内の材料温度は，低粘度材料で最高202.65℃，高粘度材料では233.71℃に達すると解析された。
ヒーター温度と材料温度に約40℃の違いがあるという，驚くべき解析結果になっているが，コンピュプラスト社では，実際のスクリュから吐出される材料に40℃程度の温度ムラが発生しうる事も，実験により確認している。
高粘度材料や浅溝スクリュ，高回転押出などの場合，往々にして過剰なせん断発熱により予期せぬ材料温度になる場合がある。特に熱に弱い材料の場合は注意が必要である。
吐出材料の温度制御を厳密に行う場合，シミュレーションで溝内の温度分布をみる事が不可欠である。

第4章 シミュレーション・評価技術

①速度を上げる：回転数を上げる，浅溝にする
②粘度を上げる：高粘度グレード材料にする，温度を下げる

必要な吐出量（スクリュ回転数）と材料温度（ヒーター温度）が決まったら，スクリュの設計は，混練と滞留防止の為の十分なせん断応力がかかり，且つ過剰なせん断発熱を避けられる溝深さをシミュレーションで求めるのが，合理的な方法と言える。シミュレーションではこれらの設計や運転条件との組み合わせを，パソコン上で無制限に比較検討ができる。

4.2.10 ミキサーの要否と選択

4.2.8項の高粘度材料の温度ムラは，約40℃と解析された。これほど大きな温度ムラがある場合は，押出機から吐出させる前に温度を均一化させる必要がある。最も有効な対策の一つが，ミキサーの取り付けである。ミキサー部は以下の手順で設置するのが合理的である。

まず，ソリッドベッドを破壊しない為に，設置位置は溶融が完了した位置（ソリッドベッド率がゼロになる位置）より出口側となる。ソリッドが残っている位置にミキサーを設置すると，ソリッドベッドが破壊され，未溶融の吐出や温度ムラ，吐出量変動（サージング）の原因となる。ミキサー設置位置も，シミュレーションにより合理的に決定できる。

溶融完了位置から1～2Dの短いフルフライトの計量部を設ける。これは次の分散型ミキサーへ材料を送る為のセクションである。

分散型ミキサーには狭い隙間が設けられており，ここをメルトが通り抜ける事で大きなせん断変形を与える構造になっている。これにより，未溶融ペレットが残っていた場合でも，ペレットサイズより狭い隙間がある為に溶融が促進され，未溶融材料を溶かし切る効果がある。またメルトの混練の他に，温度の均一化，更にはその冷却が可能である。ミキサーに流入するメルトに大きな温度ムラがある場合，より低温の材料は，高温の材料より大きなせん断発熱を経る事になる。またメルトが狭い隙間を通過する事により，材料とバレルの熱伝達が容易に行われる。バレル温度が低く設定されている場合，材料の熱は奪われ冷却される。

つまり，未溶融材料を溶かし切り，メルトを高混練させ温度を均一にする分散型ミキサーは，安定押出の為に非常に有効である。ミキサー部の長さは1～3Dで，最も一般的な長さは2Dであるが，この最適な長さやミキサーフライトの形状も，シミュレーションによりせん断応力値を元に決定できる。

図7 分散型ミキサーの例
左：フルーテッド型，右：スパイラルフルーテッド型

また，分散型ミキサーを通過した材料は，「撚糸状」になって吐出する為，スクリュ先端に設置すると成形品の品質や外観に影響を与える可能性がある。よって分散型ミキサーはスクリュ先端から2〜3D後退した位置に設置し，ミキサーから出た材料を第2計量部により再結合，均質化させる必要がある。しかし同時にこのミキサー後の第2計量部で再び過大なせん断発熱が発生するのも避けなければならないので，第2計量部は長すぎないようにし，またせん断発熱による温度ムラを最小化する為にせん断速度を低く抑えるように設計する必要がある。

スクリュのシミュレーションにより，スクリュの何処にどの程度のせん断速度がかかるか，明確に分かる。

またミキサーの位置について，もう一つ考慮すべき点がある。前述の通り分散型ミキサーは，メルトをバレル表面に接触させてメルトから熱を取り除く働きがある為，該当するヒーターの中心部分に設置するようにする。ヒーターとヒーターの間やバレル支持部分は熱伝導効果を低下させるので，ここに設置するのは避けなければならない。

要約するとバリアスクリュは以下のように構成されるのが理想的である。7D：ペレット搬送部＋2D：バリア後の第1計量部＋2D：分散型ミキサー＋2D：ミキサー後の第2計量部＝13D。残りの長さはバリア部（圧縮部）とする。L/D＝30のスクリュの場合，バリア部長は17Dとなる。

バリア部は材料を効果的に溶融させ，また過大なせん断速度を与えるのを避け，成形安定性を向上させる為に，十分な長さが必要である。つまり，フルフライトでもバリアであっても，急激な圧縮は避けるべきである。図8は上述の条件を満たした一般的なバリアスクリュの構成図である。

またミキサーには図9のような分配型ミキサーがある。

分配型ミキサーには分散型ミキサーと異なり，未溶融ペレットを溶かし切ったり材料に高せん

図8　分散型ミキサー付きバリアスクリュの構成図

図9　分配型ミキサーの例
左：ピン型，右：ダルメージ，サクストン型

第4章　シミュレーション・評価技術

断を与えたりする効果はないが，メルト材料の位置交換作用により，せん断発熱により発生した
温度ムラを均一化する効果がある。よって溶融完了直後に設置するのは合理的ではない。スク
リュ出口付近に温度ムラを均一化する為に設置するのが一般的であるが，メルトの押出能力がな
い為，熱劣化しやすい材料には不向きであり，またあまり長くすると滞留やゲル発生の危険性が
高まる。

4.3　まとめ

　本節では，シミュレーションと実成形の両方の観点から，スクリュの最適条件の求め方を考察
した。

　押出機は溶融と混練を行う装置である為，シミュレーションによりソリッドベッド率（溶融）
とせん断応力（混練，流動）を中心に評価するのが合理的である。

　また実機では分からないせん断発熱による温度ムラの実情の理解にも，シミュレーションが寄
与する。

　シミュレーションにより，スクリュ設計に理論的な裏付けを与え，またトラブルを未然に防ぐ
事ができる。本節が皆様のご研究のお役に立ちましたら幸甚である。

文　　献

1)　J. Vlcek, J. Perdikoulias, Barrier Screw Design for Low Melt Temperature（2016）
2)　E. E. Auger, J. Vlachopoulos, Polymer engineering and science（1982）
3)　C. Rauwendaal, Polymer extrusion（1990）

5　メッシュフリー法に基づく樹脂混練機内の非充満流動解析を活用した樹脂混練機セグメントの性能評価

山田紗矢香[*]

5.1　はじめに

　連続混練機，二軸押出機およびバッチミキサ等の装置（以下，混練機とする）は，樹脂やゴム等の高粘性流体の均質化や高機能化に有用である。混練対象や目的によって，適した混練機，混練ロータの形状や運転条件は様々であり，数値流動解析（以下，流動解析）を活用して内部の流動挙動を把握し，混練性能を評価する，つまり混練メカニズムを把握する重要度は年々高まっている。これまでの研究において流動解析は完全充満状態で行われている[1,2]ことが多かった。しかし，実際の混練機内部は部分充満状態であることが多いことから，完全充満状態の解析での評価には限界があり，近年，部分充満流動解析技術を開発し，より高精度に混練性能評価を行う技術が注目されている[3~5]。本研究においては混練機内流動に適した部分充満流動解析技術の検討を行い，その手法を用いて混練技術を評価する技術を検討した。

　混練機内の流体は，スクリュの高速回転により流動するため，自由表面の変動が大きいことが特徴である。本研究では，この大きな自由表面変動を伴う部分充満流動に対して，メッシュ法よりも有利とされるメッシュフリー法に着目し，混練機内流動に適用可能な解析手法の開発を試みたので紹介する。また，精度向上のために開発した新手法および実験との比較による精度検証について紹介する。

　開発した手法をバイモーダル高密度ポリエチレン均質化混練向け連続混練機の評価技術に適用した。実験により混練性能を評価し，開発した流動解析を用いて実験結果の理由を考察した。

5.2　解析手法

5.2.1　支配方程式

　慣性項を無視し，材料は等温で微圧縮性の粘性体としたときに，運動方程式は式(1)から式(3)のように，構成方程式は式(4)のように表される。

$$\rho \dot{u} = \nabla \cdot \sigma + b \qquad in\ \Omega \tag{1}$$

$$n \cdot \sigma = \bar{s} \qquad on\ \Gamma_s \tag{2}$$

$$u = \bar{u} \qquad on\ \Gamma_u \tag{3}$$

$$\sigma_{ij} = 2\mu \dot{\varepsilon}'_{ij} + \lambda \dot{\varepsilon}_v \delta_{ij} \tag{4}$$

---

[*]　Sayaka Yamada　㈱神戸製鋼所　技術開発本部　機械研究所　流熱・化学研究室　主任研究員

第4章　シミュレーション・評価技術

ここでΩ：対象領域，Γ_s：表面力規定境界，Γ_u：速度規定境界，σ：応力テンソル，b：体積力ベクトル，∇：ベクトル微分演算子，u：速度ベクトル，n：境界の法線方向ベクトル，$\bar{u}$：境界速度ベクトル，$\bar{s}$：表面力ベクトル，σ_{ij}，$\dot{\varepsilon}'_{ij}$，$\dot{\varepsilon}_v$：時刻 $t + \Delta t$ における応力成分，ひずみ速度成分および体積ひずみ速度である。λ はここでは充分大きい値として100とした．また，計算点速度が規定されている境界においては，Penalty法を用いて拘束条件を与えた。

5.2.2　離散化法（EFGM）

部分充満解析を行う際に，計算点が格子状に固定されるメッシュ法の場合（図1，左），複雑な自由表面のモデル化が必要である。一方，メッシュフリー法（図1，右）の場合，特別なモデル化を必要とせず，一般に自由表面の解析に向いているとされる。よって本研究では，メッシュフリー法に着目した。

高粘性流体の流動においては，流動へのせん断場（伸長と回転が組み合わされた流れ）や回転場の寄与度が高いため，それらを高精度で予測できる必要がある。また，混練性能評価指標としてはせん断速度やせん断応力が重要であると一般にいわれている[6]。そのため本研究では，離散化法にEFGM（Element-Free Galerkin Method[7]）を採用した。EFGMは，本問題のような移流項を含まない微分方程式の解法として確立している有限要素法の定式化によっており，上記のようにせん断場や回転場の寄与度が高い流動においても，高精度な解析が可能である。

また，複雑な自由表面に対しても境界条件の設定が容易であるという特長も有する。EFGMは，定式化の特徴により，後述するメッシュフリー法向け速度の補間法において，標準的に速度の補完次数を1以上とすることが可能であり，そのことにより角運動量を保存でき，回転成分を高精度で予測できる。

一般的にEFGMでは，数値積分のためのbackground cellを用いるが，計算負荷軽減のために，これを用いず計算点で積分（nodal integration）を行った。

時間積分には完全陰解法を採用した。この理由は，陽解法で高粘性体を解析する場合，時間増分が極めて小さくなって計算時間がかかるからである。

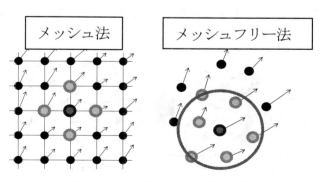

図1　メッシュ法とメッシュフリー法

5.2.3 速度の近似関数

速度の近似関数には，MLSM（Moving Least Square Method）を用いた。本研究では次数は1次であれば充分であると考え，重み関数 W として以下の指数関数を用いた。

$$W(r) = \frac{e^{-\alpha(r/r_0)} - e^{-\alpha}}{1 - e^{-\alpha}} \tag{5}$$

ここに，r は計算点間距離，r_0 はカーネル半径，α は係数である。上式は，$r \leq r_0$ の場合のみに用い，$r > r_0$ の場合は $W(r) = 0$ とする。本研究の解析においては，全て $\alpha = 7$，r_0 は初期計算点間隔の2.6倍とした。

なお，代表的なメッシュフリー法である SPH（Smoothed Particle Hydrodynamics）法[8]や MPS（Moving Particle Semi-implisit）法[9]で多く用いられるゼロ次の近似関数を用いた場合，角運動量が保存できないため，本研究のように高粘性流体が回転するような流動解析を行う場合は精度に影響が出ると考えられ，一次以上の近似関数を用いるのが望ましい。

5.2.4 精度向上のための手法（計算点再配置）

メッシュフリー法においては一般に，時間進行とともに計算点間隔が不揃いになり，離散化誤差が増大し，精度が悪化することが知られている。しかし，混練機内の非充満流動は，流動が回転に対して定常状態になるまでに長時間の計算を行う必要があることが多い。よって，精度および計算の安定性改良に取り組んだ。図2に，精度および計算の安定性改良のスキームを示す。本研究では，図2のようにばねの反発力を利用して計算点間隔を一定に保つ手法（計算点再配置）を組み入れた。

この処理によって，計算点の座標が変更されるので，再配置後の計算点は物理量情報に誤差を生ずる。また，自由表面形状が非物理的な再配置処理により歪むという誤差も導入される。これらの誤差を最小化するために，ここでは最も簡便な手段として，Δt を十分小さく取り，さらに毎ステップ再配置を実施することで1ステップ当りの座標変動量を小さくした。

5.3 提案した手法の精度の検証

提案した流動解析の精度を以下の3つの流動状態で検証した；同軸二重円筒内におけるクエット（Couette）流動（完全充満），同軸二重円筒内における部分充満流動，単純な形状の混練機内

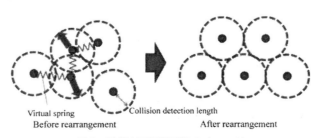

図2　計算点再配置手法のイメージ

第4章 シミュレーション・評価技術

の部分充満流動。以下にそれぞれの条件と結果を示す。

5.3.1 同軸二重円筒内完全充満流動

まず，同軸二重円筒クエット（Couette）流れの完全充満流動解析を行った。結果は理論解[8]と比較した。内筒半径を10 mm，外筒半径を25 mmとし，内筒は角速度20.944 rad/sとした。流体の粘度は相当ひずみ速度の関数として，べき乗則 $\mu = \mu_0 \gamma^{(n-1)}$ に従うものとした。ここで，μ は相当ひずみ速度，μ_0 および n は定数で，内筒に作用するトルクが1,000 Pa·sのニュートン流体と同じになるよう，μ_0 = 11324.76 Pa·s，n = 0.3を使用した。比較のために，再配置を導入しない手法の解析についても実施した。

図3に再配置ありと再配置なしの場合に対する，計算点の中心からの距離 r に対する全計算点の周方向速度 u をそれぞれ示す。再配置ありの結果は定常解とよく一致した。一方，再配置なしの場合は配置の粗密の影響から大きな離散化誤差を生じ，各所の u が理論解と大きく乖離した。

5.3.2 同軸二重円筒内の部分充満における流動

次に，二重円筒間に模擬流体（シリコンオイル）を50％充填し，内側の円筒を6 rpmで回転させた。シリコンオイルの粘度は周波数式粘度計により測定した。周波数式粘度計により測定したシリコンオイルの粘度を図4に示す。同図からわかるように，粘度は低ひずみ速度では一定であるが，高ひずみ速度ではせん断速度依存性を示す。解析では粘度はべき乗則に従うものとし，

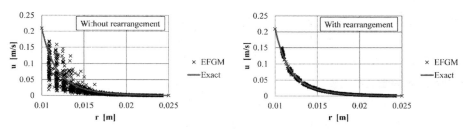

図3 中心からの距離と周方向速度の関係における理論解と解析結果との比較
（左：再配置なし，右：再配置あり）

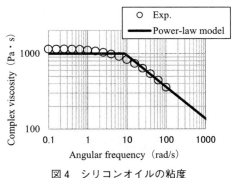

図4 シリコンオイルの粘度

161

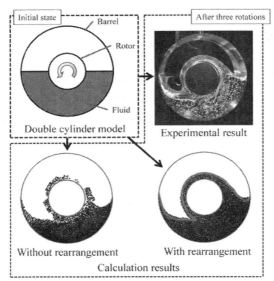

図5 二重円筒内の非充満流動に対する計算点再配置の効果
(右：再配置あり，左：再配置なし)

μ_0 = 2491.72 Pa·s，n = 0.5814 とした。また，μ が 1,000 よりも大きい場合は μ を 1,000 とした（図4の実線）。

3回転後の流体の様子を図5に示す。再配置を導入しない解析では，計算点の粗密が発生するが，再配置を導入した解析では，粗密が発生しないことがわかる。また，再配置を導入した解析では，高い計算の安定性を確認することができた。

5.3.3 模擬混練実験との比較

続いて，混練機内を模擬したモデルで実験および解析を行った。半径 19.7 mm 奥行き 46 mm の円形バレル内部で，ロータ径 18.5 mm の三翼ロータを 60 rpm で回転させた。図6に，ロータの軸方向に垂直な断面形状を示す。実験においては，軸方向に垂直な断面の形状が解析形状と同様で軸方向にねじれがないロータを採用し，軸方向の流れを極力除した(二次元モデル実験)。一方で，ロータの軸方向の長さは 89 mm，バレルの軸方向長さは 90 mm であり，軸方向端面に

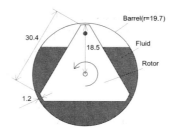

図6 三角ロータ流動解析モデル

第4章　シミュレーション・評価技術

前後合わせて1mmの隙間が存在する。

　円筒バレル内に5.3.2項で使用したものと同じシリコンオイルを80％部分充填し，三角形状ロータを回転させた。比較対象は，流動挙動およびロータに加わるトルクとし，実験においては，流体の自由表面形状をビデオ観察した。

　図7に，スタートから十分な回転を経て，表面形状が大きく変化しなくなった状態（以下，定常状態）における，解析および実験の流動挙動を示す。図中の実線は，実験結果から読取った自由表面の輪郭で，軸方向の中央部における自由表面形状を表している。同図からわかるように，3つに分離した流体の自由表面が解析と実験とで異なるが，実験ではバレルとロータの隙間が10％ほどの製作誤差を含むことにより，均等に三等分されていないためと考えられる。A部のように，解析と実験で流体の量が同程度であれば，形状がよく一致することが確認できた。

　次に，定常状態における，解析および実験の各回転数に対するトルクを図8に示す。同図から，実測結果 T_{exp} に比べ解析結果 T_{cal} のトルクが小さくなることがわかる。

　この差の原因としては，解析が二次元であることに対して，実験では上述のように軸方向端面とロータに隙間があり，そこでもトルクが発生することが挙げられる。また，二次元モデル実験

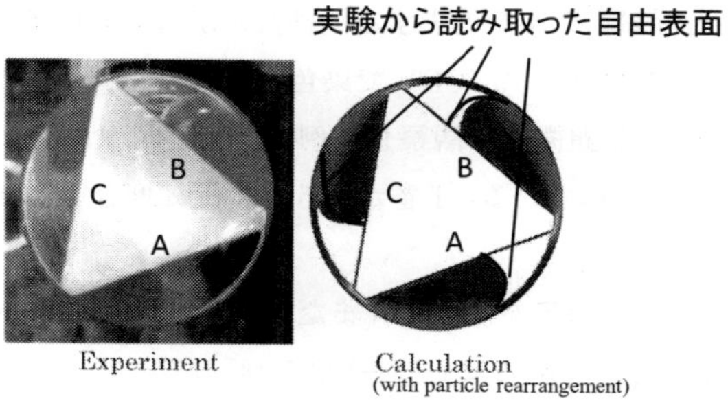

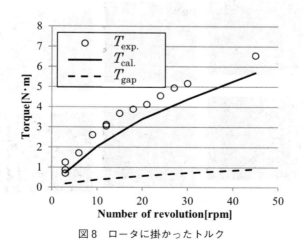

図7　6rpmで回転させたときの定常流動

図8　ロータに掛かったトルク

163

では，軸方向への流れが完全には除し切れないことによりトルクが変化することも考えられる。このうち，試算が可能である軸方向端面とロータの隙間で発生するトルク（T_{gap}）を図8に合わせて記載した。なお，試算においては，簡単のため，三角形状を等価な面積を持つ円形状に換算し，流体が隙間全体に充満しているとした。

図8から，T_{gap}は，T_{exp}とT_{cal}との差と同オーダーであることがわかり，今回の検討においてT_{cal}とT_{exp}の差が生じるのは避けられない。このことから，今回開発したメッシュフリー法による二次元解析でのトルク予測結果としては，良い予測精度が得られていると考えられる。

5.4 混練評価への適用
5.4.1 混練実験と結果

開発した流動解析技術を用いて，神戸製鋼の連続混練機LCMおよび二軸押出機KTXの混練実験結果の考察を行った。混練実験ではバイモーダルHDPE（High Density Polyethylene）の均一混練を対象にした。バイモーダルHDPEは，分子量分布に二つのピークがあることにより，機械強度と成形性を両立することができるため，PE市場で注目されている。一方で，高分子量分に由来する不均一部分がシングルモーダルHDPEと比較して発生しやすい。本研究においてはこの不均一部分をゲルと呼ぶ。ゲルを消去する混練技術が求められている。ゲル消去混練の評価法の1つが樹脂をカーボンブラック（CB）で染色し，非染色部分をゲルとする手法がある。図9にCBで染色したHDPEを顕微鏡で観察した例を示す。図中に白く見えている部分（ホワイトスポット）がゲルと考えられている。1番から6番で混練度合いが強くなっており，混練するほどWSは減少する。

実験にはパイプグレードのHDPEを用いた。また，ホワイトスポットの観察のためにカーボンブラックを2.25%添加した。実験にはLCM-100H（呼び径100 mm）およびKTX-30（呼び

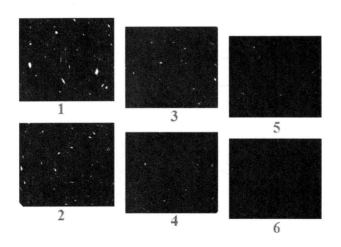

図9 White Spot 観察例

第4章　シミュレーション・評価技術

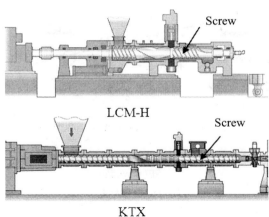

図10　実験機の概略図
（上：連続混練機LCM，下：二軸押出機KTX）

表1　実験条件

	Rotation speed (rpm)	Production rate (kg/hr)
LCM-100H	330-460	320-450
KTX-30	170-380	25-35

径30 mm）を用いた．スクリュおよびロータの断面形状は，LCM同士で同じ，またKTX同士でも同じである．実験の条件を表1にまとめる．それぞれの生産量は実機の生産量をスケールダウンさせて算出した．

図11に実験結果を示す．横軸は投入エネルギーSEI（Spesific Energy Input），縦軸は混練度WSA（White Spot Area）である．先に記したようにWSAは小さい方が良く混練されている状態を示す．図11よりLCMの方がKTXよりも同じSEIにおいてWSAが小さくなり，バイモーダルHDPEのゲル消去に関してLCMの方が効率良く混練できると言える．

5.4.2　流動解析手法と結果

図11中に丸で囲んだ4点について流動解析を行った．本研究では，形状の違いが混練に及ぼす影響を検討するため，バイモーダルHDPE均一混練においての作用が大きいと考えている第二混練部が異なる条件のものを選択した（第一混練部は溶融のみに作用していると考えた）．(LCM-1) スクリュと送りロータ構成，(LCM-2) スクリュ，送りロータと戻しロータの構成，(KTX-1) 送りニーディングディスク（KD），ニュートラルKD，戻しKDを1つずつ組み合わせた構成，(KTX-2) 送りニーディングディスク（KD），ニュートラルKD，戻しKDを2つず

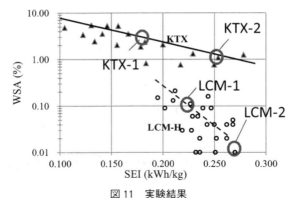

図11　実験結果
(SEI に対する WSA 減少挙動)

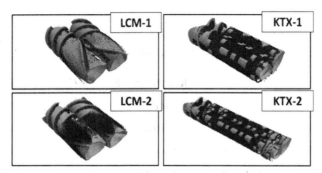

図12　3次元解析で異方向連続混練機の第二混練部を解析した結果
(LCM-1, LCM-2, KTX-1, KTX-2)

つ組み合わせた構成である。解析モデルは図12に結果とともに示す。LCMに関しては生産量が439.8 kg/hであり，回転数は440 rpmである。KTXに関しては生産量が26.0 kg/hであり，回転数は270 rpmである。境界条件としては，すべての条件で壁面はすべりなし条件を適用し，出口は自由流出境界条件を適用した。

それぞれ計算結果を図12に示す。部分充満流動解析を用いたことにより，充満状態の違いを明らかにできた。一般に構成に戻しロータが使われると，充満率が上昇する傾向があることが知られており[10,11]，図12の結果はその傾向と一致する傾向である。図12のカラーバーは相当応力を示しており，混練との関係は後述する。

5.4.3　流動解析を用いた混練性能評価

一般に混練性能評価指標として滞留時間が重要であると言われている。よって，非充満流動解析結果から得られた式(6)を用いて混練部の平均滞留時間 $T_{mix, ave}$ を算出した。

$$T_{mix, ave} = V_{mix}/Q \tag{6}$$

第4章 シミュレーション・評価技術

　ここで，V_{mix} は，混練部に存在した流体の体積（LCM では 120 度分の平均値，KTX では 180 度分の平均値）であり，Q は体積流量である。結果を図 13 に示す。結果から，KTX-2 が最も平均滞留時間が長く，滞留時間だけでは実験結果を説明することができないことがわかる。

　混練性能評価指標として，次に応力に着目した。図 14 に Manas-Zloczower らが粘度の異なる液体の分裂を観察した結果例を示す[12,13]。Manas-Zloczower らはこの結果，周囲流体から液滴に掛かる応力がある閾値を超えると，液滴が分裂し，閾値応力以下では液滴が分裂しなかったことを報告した。

　次に，滞留時間と応力を組合せることを検討した。流体の滞留時間のうち，閾値応力を受けている時間のみが混練には有効であると考えた。この時間を有効滞留時間と呼ぶ。本研究では閾値を明確にするための実験や解析を別途行うことはせず，いくつかの閾値応力を与えて実験との相関を観察し，適切な閾値応力を明確化する手法とした。

　図 15 に有効滞留時間の結果を示す。上述したように有効滞留時間は閾値を変えて算出した。

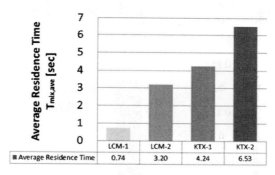

図 13　第二混練部の平均滞留時間の比較

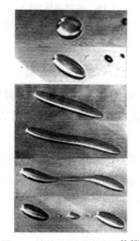

図 14　液滴分裂観察実験[11,12]

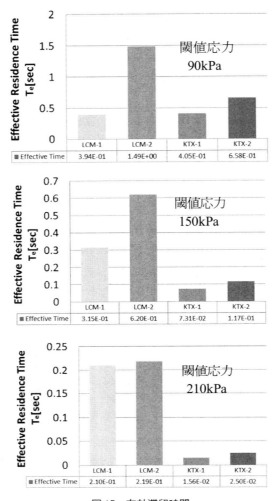

図15　有効滞留時間
（上：閾値応力 90 kPa，中：閾値応力 150 kPa，下：閾値応力 210 kPa）

本研究では閾値は 90 kPa，150 kPa，210 kPa とした。図 15 より閾値を 150 kPa としたときに実験の順序を良く表していることがわかる。すなわち，今回対象とした LCM-2 構成はバイモーダル HDPE に 150 kPa 以上の応力を長く掛けることができることにより良く混練できたと言うことができる。

　今後は，三次元流動解析における定量性の検証および精度のさらなる向上を行うとともに，混練性能評価研究の対象を拡大させ，混練機の形状検討，混練機の適切な運転条件の解明および軸方向の構成の検討に活用可能な技術とする予定である。

第4章　シミュレーション・評価技術

5.5　最後に

　メッシュフリー法のひとつである EFGM を基礎とし計算点再配置手法を取り入れて高粘性流体のシミュレーションを行い，自由表面形状がよく一致すること，二次元モデルではトルクが定量的に十分予測可能なことを示した。また，実機の溶融混練部の三次元解析を実施し，充満状態を表現できることがわかった。バイモーダル HDPE を対象に実験および流動解析を用いた実験結果の考察を行い，滞留時間のうちある応力を超えている時間（有効滞留時間）が混練評価指標として有用であることがわかった。実機活用拡大を目指して引き続き研究を行う。

文　　献

1)　山田ほか，成形加工，**24**(5)，279-285（2012）

2)　M. Malik *et al., Polym. Eng. And Sci.,* **29**(1), 51-62（2014）

3)　富山ほか，成形加工年次大会'13　講演予稿集，257（2013）

4)　福澤ほか，日本計算工学会論文集，20140007（2014）

5)　S. Riviere *et al., Polym. Eng. And Sci.,* **24**(5), 296-300（2000）

6)　Q. Li *et al., Rub. Chem. And Tech.,* **68**(5), 836-841（1995）

7)　T. Belytschko *et al., Int. J. Numerical Methods in Eng.,* **37**, 229-256（1994）

8)　J. Monghan *et al., Annual. Rev. of Astro. And Astrophysics,* **30**(1), 543-574（1992）

9)　S. Koshizuka *et al., Nucl. Sci. Eng.,* **123**(3)，421-434（1996）

10)　K. Kohlgruber, Co-Rotating Twin-Screw Extruders, Hanser Publishers, Munich（2008）

11)　Z. Tadmor *et al.,* Principles of Polymer Processing, Wiley Publishers, America（2006）

12)　I. Manas-Zloczower *et al.,* Mixing and Compounding of Polymers 2nd Edition, p. 90, Hanser Publishers, Munich（2009）

13)　I. Manas-Zloczower *et al., Rub. Chem. And Tech.,* **57**, 583（1983）

169

第5章　ナノ粒子分散によるナノコンポジット製造

1　高せん断成形加工技術を用いたナノコンポジット創製

清水　博[*]

1.1　はじめに

　筆者が開発した高せん断成形加工技術は従来型の成形加工機等では付与できないレベルの極めて高いせん断応力を付与できる。従って，高せん断成形装置の利用は，フィラー（ナノ粒子等の各種添加剤）の凝集力に打ち勝つせん断応力を付与することで，高分子中へのフィラーのナノ分散化が実現していると考えられる。高せん断成形加工法は，多層カーボンナノチューブ（CNT）だけでなく，クレイやマイカ等の層状ケイ酸塩，球状シリカや籠状シリカ化合物（POSS），二酸化チタン（TiO_2）やSiC，BN等のセラミックス粒子系，さらには有機化合物に至るまで高分子へのナノ分散化を可能にしている[1~10]。加えて，ミクロンオーダーサイズの炭素繊維（CF）の解繊ならびに微視的分散にも適用可能である。

　本稿では紙面の都合上，次項以降で多層CNT，二酸化チタン（TiO_2），ナノフィラーとしての層状ケイ酸塩等を分散させたナノコンポジットの例，さらには炭素繊維とナノフィラーを混在させて高分子に分散させてナノコンポジットを創製した例について順次紹介する。

1.2　各種フィラーのナノ分散化の要因

　本項では，高せん断流動場を付与し得る成形加工機がCNT等のフィラーを高分子中でナノ分散させるのに有効であることを解説する。通常，CNTや金属酸化物粒子等ナノサイズレベルのフィラーを高分子中でナノオーダーかつ均一に分散させるには，以下の要因が必要となる。

(1)**フィラー（ナノ粒子）間の凝集力の低減**：粒子の凝集力には，静電気力，van der Waals力，双極子力等があり，凝集力は粒子径や空隙率が小さい程大きくなる。

(2)**フィラーと高分子間の親和性の向上**：界面活性剤の添加，フィラーの表面修飾により親和性を向上させる。

(3)**機械的エネルギー（衝撃・圧縮・せん断）の付与**：凝集力に勝る機械的エネルギーを高分子／フィラー系に付与して分散性を高める必要がある。

　例えば，せん断流動場がクレイに段階的に作用する仕方は以下の図1の通りである[11]。

　即ち，第1段階では，クレイ同士が凝集して数μmの球状体にあるものをせん断場の作用により，それぞれ層状にスタックしたプレートレットに分ける。第2段階では，せん断場は更にそのプレートレットの層を破砕するように作用し，第3段階では高分子鎖の拡散過程とも協同し，層

---

[*]　Hiroshi Shimizu　㈱HSPテクノロジーズ　代表取締役社長

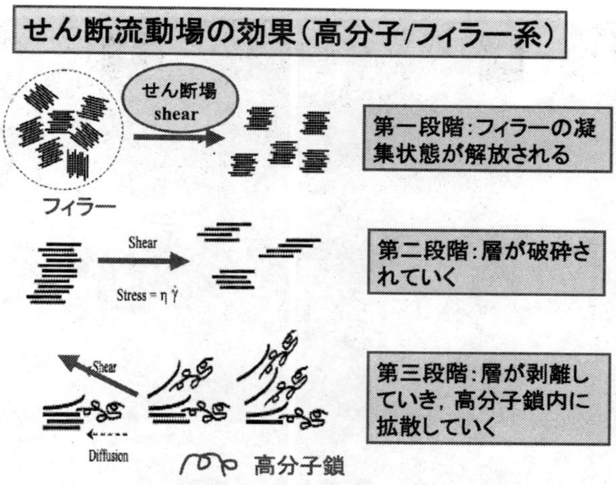

第5章　ナノ粒子分散によるナノコンポジット製造

図1　高分子／フィラー系におけるせん断流動場の効果

そのものが剥離していく。このせん断流動場によるクレイの分散モデルはCNTに対しても同様であり，CNT間の凝集力に勝るせん断流動場が作用すると，CNT同士の凝集が解かれ，高分子と相互作用しながら分散していく。

　高せん断成形装置は，従来型の成形機等では付与できないレベルの極めて高いせん断応力（せん断応力は粘度とせん断速度の積で表わされる）を付与できる。即ち，図1の第三段階に相当する効果を付与できる。従って，フィラー同士の凝集力に勝るせん断応力が付与されることで高分子中へのフィラーのナノ分散化が実現していると考えられる。

1.3　熱可塑性エラストマー／CNT系ナノコンポジット[8)]

　熱可塑性エラストマーとして poly【styrene-*b*-(ethylene-*co*-butylene)-*b*-styrene】（SEBS）を選び，CNTは未処理の多層CNTを用いた。図2にはスクリュー回転数1000 rpmにて，多層CNTを1.25から15 wt%まで添加したSEBS/CNT系ナノコンポジットにおける内部構造をSEM観察した結果を示す[8)]。CNT添加量が多くなってもCNTがSEBS中において均一に分散しており，CNTの凝集物がほとんど観測されないことがわかった。このようなCNTの均一な分散は高せん断場の付与によるものと思われる。

　続いて，この系におけるCNT添加量と電気伝導度との関係を図3に示す。図のように，この系では最終到達電気伝導度は数S/cmレベルまで達している。さらに，この系で特徴的なのは，CNT添加量が多くなっても，比較的その残留ひずみ（もしくは回復ひずみ）が良好であり，エラストマーとしての優れた性能を保持していることである。

　さらにこの材料については，少しずつ材料シートを延伸させながら留めて電気伝導度をチェックし，最大で300%まで伸ばした時の電気伝導度を評価した。この様子を図4に示した。図からも明らかなように，CNT添加量が5%程度と少ない場合には延伸すると電気伝導度が5桁〜6桁

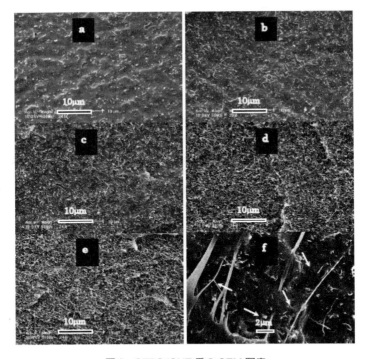

図2　SEBS/CNT系のSEM写真
(CNT添加量；(a) 1.25, (b) 2.5, (c) 5.0, (d) 10, (e) 15 wt%, (f) 1.25 wt%の高倍率写真)

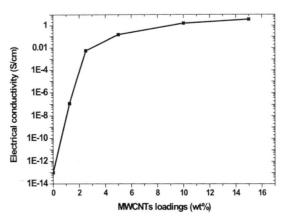

図3　SEBS/CNT系におけるCNT添加量と電気伝導度

程低下してしまうが，添加量が15%の場合には試料を50%まで延伸しても電気伝導度はそのまま維持されることが分かった。このような特性を有する導電性ナノコンポジットは伸縮自在な電極材料として利用されることが可能で，ウエアラブルな医療・健康・福祉機器等に搭載されるデバイスやセンサー向けの電極や回路としての活用が期待されている。

第5章 ナノ粒子分散によるナノコンポジット製造

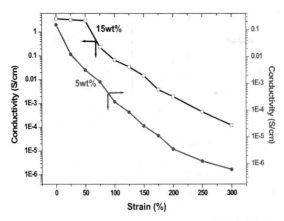

図4 SEBS/CNT系を延伸したときの電気伝導度変化

1.4 PVDF/PA6/CNT系ナノコンポジット[6]

　本項では高分子ブレンド系において"共連続構造"というモルフォロジーの形成とCNT添加を組み合わせることにより精緻な階層構造制御を行い，この系の物性を著しく向上させた例について紹介する。特に，非相溶性高分子ブレンド系における共連続構造の形成は通常の"海－島"構造（あるいは分散構造）とは異なり，特異な物性を発現することが知られている。共連続構造はポリマーブレンド系のブレンド組成，組成間の溶融粘度比により一義的に決められ，自己集合的に形成されることが分かっている。従って，高分子ブレンドにおける一方の連続相に選択的に電気を伝えるように導電性フィラーを分散すれば，より少ない添加量で導電性が向上する導電性ナノコンポジット創製につなげることができる。即ち，伝導路形成（Percolation）に資する材料構築が可能となる。

　共連続構造制御の例となるブレンド系とはポリフッ化ビニリデン（PVDF）とポリアミド6（PA6）である。本ブレンド系においてはPVDF/PA6＝50/50ブレンド組成のあたりでCNTを添加することにより，その高次構造が"海－島構造"から"共連続構造"に変わる。しかも，添加されたCNTは，PA6相のみに選択的に分散・配置する。即ち，CNTをPVDF単体，もしくはPA6単体全体に分散させるよりも少ない量（半分）で，導電性を向上させることができる。加えて，この系を高せん断成形することにより，PA6がPA6連続相からPVDF連続相中にナノドメインとして大量に入り込む。従って，低せん断下では，このようなナノドメインが形成されないが，高せん断下では量的に少なくなったPA6連続相にCNTが高密度でナノ分散している。このような構造が実際に形成されていることはTEM観察により確認できているが，ここでは模式的に描いた図を示す（図5）。

　図からも明らかなように，ナノドメイン（PA6）の有無により連続相を形成しているPA6相中のCNT密度に大きな差異ができていることは明白である。また，PVDF相中にあるPA6ナノドメイン相は小さいためCNTはこれらのナノドメイン相には入ることができない。このよう

173

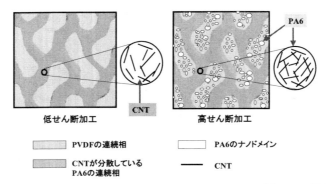

図5 PVDF/PA6/CNT＝50/50/5 ナノコンポジットにおいて形成された構造模式図

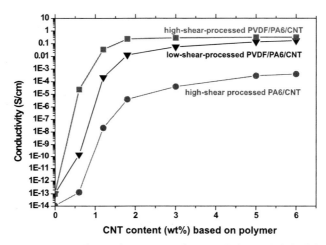

図6 PVDF/PA6/CNT 系および PA6/CNT 系の CNT 添加量と電気伝導度との関係

に PA6 相が連続相となり，かつ CNT 同士も重なり合いながらパーコレーションを形成するので，この系では，"ダブルパーコレーション"構造が構築されている。この構造を反映して，高せん断成形加工したナノコンポジット系では，図6に示されるように，極めて少ない CNT 添加量（閾値 0.8 wt%）でこの系の電気伝導度が向上していることが分かる。この図では比較のために PA6/CNT 系のそれも示したが，その違いは明瞭であり，同じ CNT 添加量でもその最終到達電気伝導度は4桁程低い。このように，高分子ブレンド系に各種フィラーを添加し，高せん断成形加工を行うことで，高分子ブレンド間での共連続構造形成と CNT の選択的分散を同時に行わせることにより，精緻な階層構造制御を"one step"で実現している。

　従来，樹脂／フィラー複合系においてはパーコレーション理論[12]により上記共連続構造のような伝導路を形成させれば，添加するフィラーの量を最小限に抑えることができるということは良く知られている。従って，高分子ブレンド／CNT 系においても一方の相だけに CNT が分散す

第5章　ナノ粒子分散によるナノコンポジット製造

るという選択性を利用してブレンド系を選び，共連続構造を形成させれば，このようなパーコレーション理論に則った材料系を容易に構築することができる。

1.5　生分解性ポリマー／二酸化チタン系ナノコンポジット[4]

生分解性樹脂であるポリブチレンサクシネート（PBS）中に二酸化チタン（TiO_2）を分散させたナノコンポジットを創製し，紫外光を照射することにより，PBSの分解性が促進されることを見出した[4]。図7にはPBS/TiO_2系におけるTiO_2の分散状態を観測したSEM写真を示す。この系では分散性が良く，スクリュー回転数が500 rpmになると凝集したTiO_2がもはや観測されなくなることが分かる。図8にはPBS/TiO_2系においてTiO_2の一次粒子径が分解性に及ぼす効果を示す。この図からも明らかなように，一次粒子径が小さい程，分解性に与える効果が大きいことが分かった。図9にはPBS単体およびPBS/TiO_2系に3日間，UV光照射，酵素添加，複合処理（UV光照射＋酵素添加）したときの分解性の結果を示した。PBS単体では，UV光照射による分解は起こらないが，ナノコンポジット化したPBS/TiO_2系ではUV光照射により著しい分解が起こることが分かった。さらに，このようなナノコンポジット化により，複合処理（UV光照射＋酵素添加）したときにはさらにその分解性が高まることも分かった。

1.6　PA11／層状ケイ酸塩系ナノコンポジット[7]

ここでは，ベースポリマーとしてポリアミド11（PA11）を選び，ナノフィラーとして層状ケイ酸塩の一種である，有機化処理したモンモリロナイトを選んだ。モンモリロナイトの有機化処理は，図10に示されているように，極性の界面活性剤を用いて長いアルキル鎖を付けた

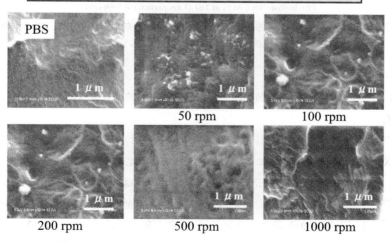

図7　PBS/TiO_2系ナノコンポジットにおけるTiO_2の分散

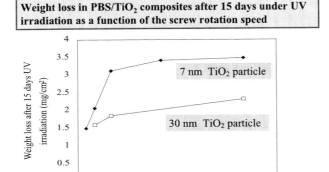

図8　PBS/TiO₂系におけるTiO₂の一次粒子径が分解性に及ぼす効果

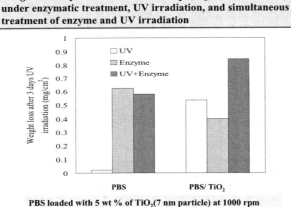

図9　PBS単体およびPBS/TiO₂系に3日間，UV光照射，酵素添加，複合処理（UV光照射＋酵素添加）したときの分解性の違い

Cloisite 30Bと，非極性の界面活性剤を用いて，2本の長いアルキル鎖を付けたCloisite 20Aの2種類を用いた。

　これらのフィラーを高せん断加工によりPA11に分散させ，その分散状態をTEM観察すると共に，広角X線回折（WAXD）によりPA11の結晶型の変化を観察した。

　図11からも明らかなように，TEM写真からは，この系は非常に分散性が良いことが示されたが，WAXDのパターンを見る限り，PA11の結晶型はα型のままで，変化しなかった。図12は，同様にPA11/Cloisite 20A系ナノコンポジットのTEM写真（左）と広角X線回折のパターン（右）を示す。この系のTEM写真から，Cloisite 20Aの分散性は若干，Cloisite 30Bより劣り，

第5章　ナノ粒子分散によるナノコンポジット製造

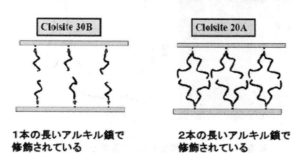

図10　有機化処理した2種類のモンモリロナイト

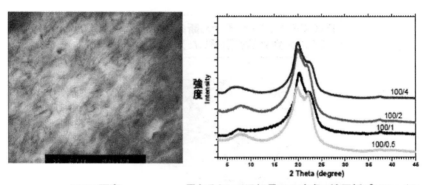

図11　PA11/ Cloisite 30B 系ナノコンポジットの TEM 写真（左）と広角X線回折のパターン（右）

凝集しているものもあるが（矢印部分），WAXDの観察からは，α型結晶特有の双耳形のパターンが，フィラー添加により，対称的なパターンに変わるのが観察された。これは，まさしくPA11の結晶型がα型から，γ型に変化したことを示している。即ち，PA11にCloisite 20Aを高せん断加工により分散させるだけで結晶系を変えたことになる。フィラーをナノ分散させるだけで，ポリアミドの結晶系を変化させた希有な例であると思われる。ここにおいて，Cloisite30Bでは結晶型を変えられずCloisite20AだけがPA11の結晶型を変えられたのは，活性点から伸びたアルキル鎖のわずかな違いのみであるが，両者の間でのサイトマッチングが功を奏したと思われる。

1.7　熱可塑性高分子／炭素繊維／層状ケイ酸塩系ナノコンポジット[13]

　ここでは，熱可塑性高分子/炭素繊維系材料に，さらに層状ケイ酸塩を第三成分として付加した三元系ナノコンポジットを創製した例について紹介する[13]。まず，図13には，熱可塑性高分

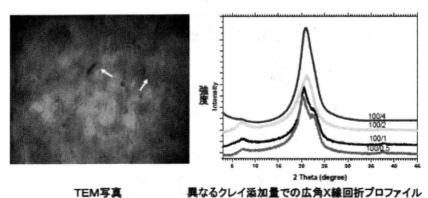

図12　PA11/Cloisite 20A系ナノコンポジットのTEM写真（左）と広角X線回折のパターン（右）

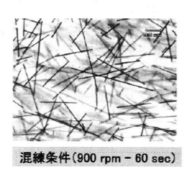

図13　高せん断成形加工後の炭素繊維の分散状態
（図中のスケールバーは30μm）

子としてナイロン6（PA6）に炭素繊維10 wt%を添加したものを高せん断加工（スクリュー回転数900 rpm －混練時間60s）した試料の光学顕微鏡写真を示す。この写真から明らかなように，炭素繊維は凝集することなく，1本1本バラバラに分散しており，かつ炭素繊維の方向もランダムな状態となっていることが分かる。即ち，高せん断加工は，炭素繊維の凝集を解放（解繊という）しているだけでなく，炭素繊維の向きをランダムにして分散・配置していることが分かる。

　さて，次に市販のCFRP（PA6/CF＝70/30）に2種類の層状ケイ酸塩を5%付加し，高せん断成形加工した後の試料の応力－ひずみ特性を調べたのが，図14である。

　図14の結果から，これらの力学性能をまとめたものが表1である。なお，この表において測定に供した試験片はJISの試験法に準拠した，厚さ0.2 mmの小さなものなので，弾性率等の絶

第5章 ナノ粒子分散によるナノコンポジット製造

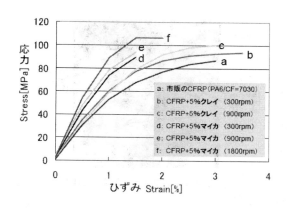

図14 市販のCFRPとこれに2種類の層状ケイ酸塩を5％添加し高せん断成形加工した試料の応力－ひずみ特性

表1 PA6/CF/ナノフィラー系の力学性能の比較

	試料	引張弾性率 (MPa)	破断伸び(%)
a	市販のCFRP(PA6/CF=70/30)	4934	3.0
b	PA6/CF/ナノフィラー1=70/30/5 (300 rpm)	6580	3.5
c	PA6/CF/ナノフィラー1=70/30/5 (900 rpm)	6111	3.0
d	PA6/CF/ナノフィラー2=70/30/5 (300 rpm)	8332	1.5
e	PA6/CF/ナノフィラー2=70/30/5 (900 rpm)	8752	1.5
f	PA6/CF/ナノフィラー2=70/30/5 (1800 rpm)	10497	2.0

ナノフィラー1 ： クレイ(Southern Clay Product社製Cloisite 30B)
ナノフィラー2 ： マイカ(コープケミカル社製ソマシフ MEE)

対値は，厚さ3mmの標準的な試験片に比し，1/4程度になっていることを付記しておく。ただし，同じサイズの試験片を作製して測定しているので，市販品とナノフィラー添加したサンプルとの絶対比較を可能にしている。

このようにPA6/CF/ナノフィラーという三元系材料を高せん断加工すると単純にPA6/CF系に5％余分にナノフィラーを添加しただけでは説明がつかない程に性能が飛躍的に向上している。

一方，高せん断成形加工でナノフィラーを微視的分散させることで性能が向上する要因を構造的に考察したのが図15である。この図において，左側の黒い矢印の先には，高せん断加工により剥離分散したマイカが髪の毛状に見えている。一方，白い矢印の先は，黒い塊状になっていることが分かる。これは，高せん断加工により剥離分散したマイカが結晶核剤として働き，ベース

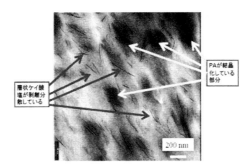

図15　PA6/ナノフィラー系のTEM写真

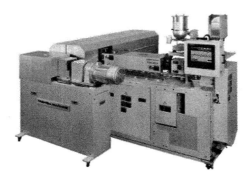

図16　完全連続式高せん断加工機
（東芝機械㈱提供）

ポリマーであるPA6を結晶化させていることを示している。このように結晶化を促進させることで，この材料系の力学性能を飛躍的に向上させている。

1.8　おわりに

　本稿では多層CNTだけでなく，二酸化チタンや層状ケイ酸塩，さらには炭素繊維等を高分子にナノ分散したナノコンポジット創製の実例を紹介した。高せん断成形加工技術としては，弊社が東芝機械㈱と共同開発した，完全連続式高せん断加工機（図16参照）が完成しているので，今後はこの装置を用いて多様なナノコンポジット材料を量産化できる道筋が見えてきた。

　本稿がこの分野の発展に少しでも貢献できることを祈念している。

第5章　ナノ粒子分散によるナノコンポジット製造

文　　献

1) Y. Li, H. Shimizu, *Polymer*, **48**, 2203 (2007)

2) G. Chen, Y. Li, H. Shimizu, *Carbon*, **45**, 2334 (2007)

3) 多田，志賀（住友ゴム），清水，李（産業技術総合研究所），特許第5333723号

4) M. Miyauchi, Y. Li, H. Shimizu, *Environ. Sci. Technol.*, **42**, 4551 (2008)

5) Y. Li, Y. Iwakura, H. Shimizu, *J. Nanosci. Nanotechno.*, **8**, 1714 (2008)

6) Y. Li, H. Shimizu, *Macromolecules*, **41**, 5339 (2008)

7) L. Zhao, Y. Li, H Shimizu, *J.Nanosci. Nanotechno.*, **9**, 2772 (2009)

8) Y. Li, H. Shimizu, *Macromolecules*, **42**, 2587 (2009)

9) Y. Li, H. Shimizu, Chap. 5 "High-shear melt processing of polymer–carbon nanotube composites" in Polymer–carbon nanotube composite (T. McNally, P. Potschke Ed), Woodhead Publishing, Oxford (2011)

10) 清水博，Y. Li，高分子論文集，**71**, 6 (2014)

11) T. D. Fornes, D J. Yoon, H. Keskkula, D. R. Paul, *Polymer*, **42**, 9929 (2001)

12) S. Kirkpatrick, *Rev. Mod. Phys.*, **45**, 574 (1973)

13) 清水博，特許第6143107号，US 10017630 B2

2 高圧流体混練法によるCNTバンドルの解繊

木原伸一[*1]，滝嶌繁樹[*2]

2.1 はじめに

　特異的な機能を有するフィラーをポリマーにコンポジットする技術は，ポリマーの特性と添加したフィラー双方の特性を調和させた新規な機能性材料を開発する上で重要な要素技術となっている。近年ではカーボンナノチューブ（CNT）やグラフェン（GPN）など，高い比表面積を有するナノ炭素材料（NCMs）とポリマーとの界面領域を設計・構造化することで，従来の延長線上では実現されない力学・電気磁気・熱特性が優れた高機能性ポリマーナノコンポジットの開発が注目されている[1,2]。しかしながらNCMsは高い比表面積と，1次元，2次元性の異方性構造をもち10^2～10^3以上の高アスペクト比のため，臨界パーコレーション濃度[3,4]が0.1～0.01％以下と極めて低く，分散混合してもNCMsが再自己凝集してバンドル化しやすい特徴がある。NCMsの特性を発現させる場合，NCMs表面の高結晶性が重要ではあるが，それ以上に分散したNCMsがバンドル化せずにアスペクト比が大きいほど力学特性や電気伝導性が高いことが知られており[5]，NCMsのアスペクト比の効果を最大限いかすことが求められている[6]。しかしながら，そのバンドル構造はリオトロピック液晶のネマチック相と均一相が熱力学的平衡になった安定構造を類推させるものであり[7,8]，剛直性のあるセグメント部がπ-π^*相互作用を含むvan der Waals（vdW）力で安定化された構造である[4]。そのため，現在でもNCMsに欠損を与えずに，また，ポリマーの分子量低下を起こさずに高アスペクト比を維持した状態でNCMsをナノ分散し，NCMs特性を顕在化させるナノ分散技術の開発が産業界で必要とされている。

　これまでの分散方法の多くは，研究レベルでは界面活性剤を含む溶媒中で超音波分散する方法を用いたものが多いがNCMsの欠陥導入が多く，またバルクの混練でもせん断応力が局所的に作用する混練では折れなどの欠陥導入による性能低下が著しいことが報告されている[9,10]。その中でも希薄溶液分散系を用いたナノマイザーや高圧対向ジェットミルがよいとされている[10]が，これらの方法では大量の有機溶媒を利用し，その乾燥などエネルギー的損失が大きく，実装プロセスとしてはまだまだ課題が多い。

　本研究では，表面張力がほぼなくサブnm空間に高浸透性を示すとともにポリマーを膨潤させ高分子鎖の運動性を向上させることができる超臨界流体（SCF）の特性[11]を利用しながら高せん断力を付与し混練できる高圧流体混練法（HPFM）に着目し，SCF/ポリマー中での単層CNT（SWCNT）のバンドル構造を穏和に解繊する条件を検討した結果を報告する[12,13]。SCFとして，疎水的な界面に対して親和性が比較的高く，脱溶媒が基本的に減圧のみで可能であるCO_2を用い

＊1　Shin-ichi Kihara　広島大学　大学院工学研究科　化学工学専攻　高圧流体物性研究室
　　　　准教授

＊2　Shigeki Takishima　広島大学　大学院工学研究科　化学工学専攻　高圧流体物性研究室
　　　　教授

第5章 ナノ粒子分散によるナノコンポジット製造

た結果を示す。他方で，CO₂のみでは極性効果は極めて小さいので，極性溶媒などでNCMsのバンドル間を膨潤させ，超臨界二酸化炭素（SCCO₂）と均一相をつくり毛管凝集を発生させずにポリマーマトリックス中で解繊する方法[14,15]はより良好なナノ分散を行う際には有効であることがわかっているが，今回示す混練条件の設定は重要な混練条件となるので，それを中心に述べる。

2.2 試料作製方法および試料評価方法

図1に試料作製に使用したHPFMシステムの概略図を示す。混練機はバッチ式同方向回転二軸混練機（バレル径59.4 mm，軸間距離54.0 mm）であり，今回の実験では中立のニーディングディスク（長径59.0 mm，短径45.0 mm，厚み4.0 mm）が4枚配置されている。混練セルに所定組成のSWCNT／ポリマーを仕込み，混練温度まで昇温後，混練雰囲気ガスを供給し1h程度待ってから混練を開始した。混練終了後，背圧調整弁により減圧し，試料を回収した。

マトリックスポリマーには，アタクチックポリスチレンa-PS（G9504, PS Japan corp., M_w = 329 kg/mol, M_w/M_n = 2.08, T_g = 100℃）を用いた。a-PSはCNTと親和性はあまり高くなく，剛直性の高い材料であるため，溶融混練するとCNTの多くが折れるなどの欠陥を誘発してしまう分散混合が難しい組み合わせであるが，SCFの効果を明確にするためにマトリックスにa-PSを用いている。

CNTにはスーパーグロース法[16]で製造された長尺な単層のCNT（日本ゼオン，ϕ 3.7 nm, L〜400 μm）を用いた。図2に混練前のCNTのSEM画像を示す。上面と側面の200箇所程度の画像から，初期のバンドル径は8.9 ± 2.1 nmであり，7本程度で最密充填されたバンドル構

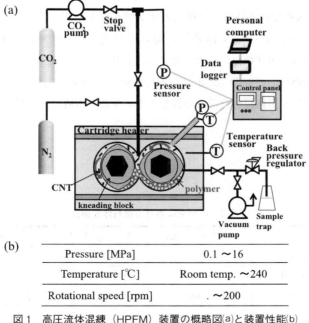

図1　高圧流体混練（HPFM）装置の概略図(a)と装置性能(b)

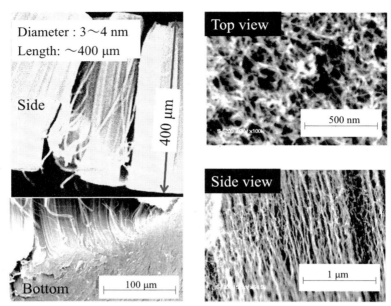

図2 本研究に用いたスーパーグロース法により作製されたカーボンナノチューブ（CNT）の電子顕微鏡（SEM）画像

造をしており，そのバンドル表面間は 45.8 ± 20.0 nm の隙間が空いている。このような空間にポリマーを浸透させつつ CNT を解繊するには，CNT 表面と親和性をもたせつつ，膨潤したマトリックス相を用いて適切なせん断応力ではがしながら混練するプロセスが有効であると予想される。混練による解繊効果を検討するために $SCCO_2$, N_2 を用いてガス種，混練温度，回転数の影響を比較した。CNT 分散状態は，混練後のサンプルをトルエンで溶解（1日以上浸漬）し，PTFE フィルター（0.5 μm 孔）で濾過した篩い上の残存 CNT を未蒸着で SEM 観察した。SWCNT の混練による欠損評価は，ラマン分光（HORIBA Scientific 製 T64000）により G-band（Graphite band：1,590 cm^{-1}）と D-band（Defect band：1,350 cm^{-1} 付近）の強度比（G/D 比）[17]から評価した。表1に今回検討した混練条件を示す。なお，本研究では CNT は全て 1 wt% で調整した。

表1 本研究における試料作成条件

	High Pressure Fluid Mixing（HPFM）			Melt Blending（MB）
Mixing temperature（℃）	120〜200	170〜240	180	150〜240
Mixing pressure（MPa）	12（CO_2）	16（CO_2）	12（N_2）	0.4（N_2）
Rotational speed（rpm）	60, 120, 180	60	60	60
Mixing time（h）	2			2

第5章 ナノ粒子分散によるナノコンポジット製造

2.3 実験結果と考察
2.3.1 SCCO₂およびN₂雰囲気混練によるCNTバンドル解繊効果

図3にSCCO₂およびN₂雰囲気で混練した試料の解繊されたバンドル径と混練時の代表せん断応力との関係(a)およびG/D比との関係(b)を示す。誤差棒はSEM画像から観察したバンドル径（100〜200本程度）の最小値と最大値を示す。代表せん断応力はかみ合い部のせん断速度 $\dot{\gamma}$（例えば60 rpmで163 s^{-1}）とSCFが溶解したa-PSのせん断粘度曲線から算出した応力である。ここで、せん断粘度 η はガス溶解濃度 w_g，温度 T，圧力 P に対して独立にレオロジー的単純性を仮定し，$\eta_0(T, P, w_{CO_2}) = a_T a_P a_c \eta_0(T_0, 0.1, 0)$ を使って，(1)式のCross-Carreau-Yasuda式から簡易的に算出した値を用いた。

$$\eta(\dot{\gamma}, T, P, w_g) = \frac{\eta_0(T, P, w_g)}{\left[1 + \left(\frac{\eta_0(T, P, w_g)}{G_0}\dot{\gamma}\right)^\alpha\right]^{\frac{1-n}{\alpha}}} \quad (1)$$

$$a_T = 10^{-\frac{C_{T1}(T-T_{0,P,w})}{C_{T2}+T-T_{0,P,w}}} \quad (2)$$

$$a_p = exp[\beta(P-0.1)] \quad (3)$$

$$a_c = (1-\phi_g)^{\frac{1}{3\nu-1}} \quad (4)$$

ここで、η_0 はゼロせん断粘度、G_0 は緩動弾性率、α, n, β は非線形パラメータ、ν は臨界指数である。また、a_T はa-PSの大気圧下でのWilliams-Landel-Ferry型を仮定した温度による粘度の

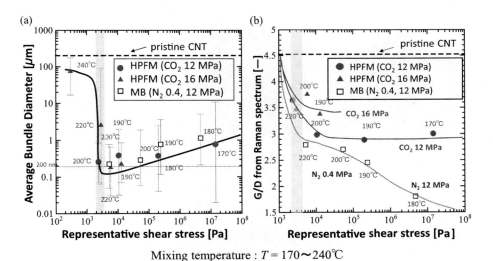

Mixing temperature : T = 170〜240℃

図3 SCCO₂雰囲気混練（HPFM）とN₂雰囲気混練（MB）によるPS中のCNT分散性の比較
(a)代表せん断応力に対する平均バンドル径, (b)代表せん断応力に対するG/D比. 試料作成条件は、表1に示す通りであり、CNTはすべて1 wt%である。図中の線は傾向を示す線であり、誤差バーはSEM観察したCNTのバンドル径の最大値と最小値を示す。

185

シフト量[18], a_p は Barus 式を仮定した圧力による粘度のシフト量[19], a_c は a-PS へのガス溶解度[20], CO_2 の高精度の状態方程式[21], N_2 については理想気体を仮定して求めたガスの体積分率 ϕ_g からスケーリング則[18]により予測されるガス溶解による粘度のシフト量である。なお, せん断速度 $\dot{\gamma}$ 依存性は大気圧下のせん断粘度の shear-thinning 性がそのまま成立すると仮定した。

図3(a)より代表せん断応力が閾値 $\tau_c = 3\,\mathrm{kPa}$ 程度以上で CNT の解繊が始まり, せん断応力がさらに大きくなるとバンドル径の分布が広がるが平均値は増加する傾向にあり, 一部解繊されるが全体的には解繊されにくくなっていることがわかる。この傾向はガス種によらない傾向であり, せん断応力により CNT の切断が優先され, 短小化し, せん断場(回転変形場)で解繊されにくくなったことを示している。一方で, 図3(b)に示す代表せん断応力に対する G/D 比から, せん断応力が増加するにつれて G/D 比が低下する傾向にあるが, CO_2 圧力が高いほど低下が小さく, 混練温度にあまり依存しない傾向を示すのに対し, N_2 の場合は G/D 比の低下はより大きく, ポリマーへの溶解度は CO_2 に比べ小さいため, 温度の低下に支配されたせん断応力により急減に G/D 比が減少する傾向にある。このことは, 明かに N_2 よりも $SCCO_2$ 雰囲気でせん断応力が τ_c となる条件で混練すると SWCNT の切断や折れなどによる欠損生成を最小限におさえながらバンドル構造が解繊されていくことを示している。$SCCO_2$ 雰囲気の混練で G/D 比が大きなサンプルの SEM 画像を図4に示す。せん断応力が τ_c よりも小さくなっている, 図4(b), (c)の場合は, 混練機中で解繊されていない CNT が多く存在し, 単純に CO_2 圧力が高い条件で混練すると良いわけではないこともわかる。

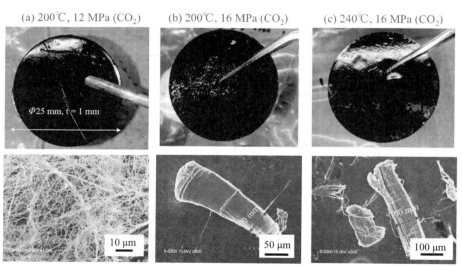

図4 $SCCO_2$ 雰囲気混練(HPFM)(解繊が進む条件(a), 解繊が進まない条件(b), (c))で作成した CNT/PS コンポジットのプレス成形した板(厚み1mm)の画像(上段)と PS 相をトルエンで抽出した後の CNT の SEM 画像(下段)
CNT はすべて 1 wt% である。

第5章　ナノ粒子分散によるナノコンポジット製造

2.3.2　高圧流体混練法による CNT バンドルの解繊メカニズム

今回用いた単層 CNT は，スーパーグロース法により作製されたものであるが，初期にも 10 nm 径程度のバンドル構造をとっており，バンドル間に 40 nm 程度の隙間がある（図2）。用いたポリマー鎖は安定な絡み合い構造をもつため（絡み合い分子量の 10 倍以上の分子量），CNT と親和性の低いポリマー鎖は，その隙間になかなか入り込むことはできない。そこで，$SCCO_2$ を CNT 間に浸透させ，$SCCO_2$ で膨潤され運動性が増したポリマー鎖を CNT バンドル間の隙間に拡散導入させることを考える。図5に推定される高圧流体混練法による CNT バンドルの解繊メカニズムを示す。バンドル構造となった CNT は，付着した膨潤ポリマーによって表面から混練機のディスク間のせん断力ではぎ取られ解繊される。棒状分子間の Hamaker 定数と安定距離から求まる vdW 力からなる剥離エネルギーよりもせん断応力による仕事が上回れば解繊が進むと考えられる。ここで剥離エネルギーは棒状分子をバンドルした軸方向にずらしながらはぎ取るよりも，端部からジッパーのようにはぎ取る方がより低い剥離エネルギーを示すことが知られている[22]。また，CNT は径や巻き方によって堅さが異なるが，保持長が長いみみずモデル的な広がりを示し，その保持長は本単層 CNT の場合，約 270 nm である[23]。保持長の数倍程度がせん断力により座屈しない程度で曲げられそこにポリマー鎖が浸透し，再凝集や再バンドル化を防ぎながら周期的な混練を繰り返すことで解繊が進むと推定される。この考え方で，解繊に必要なおおよそのせん断応力 τ_c を求めると，保持長から 10 倍（理想鎖で保持長の 100 倍）の距離にゆっくりと離すのに必要なせん断応力エネルギーを Riseman-Kirkwood モデルによる粘度の

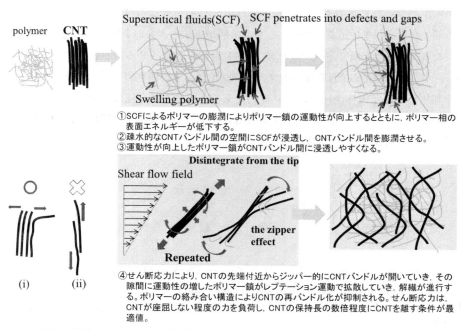

図5　推定される $SCCO_2$ 雰囲気混練（HPFM）による CNT バンドルの解繊機構

式[24~26]から求め，CNT全長をはぎ取るのに必要な剥離エネルギーとのバランスから求めると，$\tau_c \sim 2.4$ kPaと求めることができ，今回の結果を支持するオーダーが求められる。この結果は，CNTの保持長と長さに依存することに注意が必要であるが，類似のCNTを用いた対向ジェットミルによる解繊では，希薄溶液系でレイノズル数が数万の等方乱流混合[10]のせん断応力が必要であることに対応しており，おおむね解繊メカニズムを表現していると考えられる。τ_cとほぼ同じオーダーのせん断応力を負荷していけばCNTに欠陥を作らずに徐々に解繊を進ませることができるが，それ以上ではせん断応力を負荷する（回転数をあげる場合も同様）と保持長単位以上の長さでCNTが座屈などを起こし欠陥生成しながら分散していくと推定される。SCCO2でポリマー相が可塑化されすぎても解繊が進まない図4の結果はτ_c以下であったことがその理由と考えられる。解繊されたCNTはSCFで可塑化されたポリマー中へ希薄混合されていき，さらに本混練では非充満混合であるため過剰なせん断力が局所に負荷されにくい状態であるため，大きなG/D比の低下を招かずにCNTバンドルを解繊しながら分散混合されていくと推定される。

2.4　まとめ

　高圧流体混練法にSCCO2やN2を用いてCNTバンドルの解繊条件を検討した結果を示した。疎水的な表面をもつCNTに対してSCCO2は親和性があり，また，ポリマー相を可塑化し表面エネルギーを低下させるため，CNTとポリマー間のぬれ性が向上した条件でバンドル構造を安定化しているvdW力から完全にはがしとる程度のせん断応力（解繊に必要なせん断応力）を与えると欠陥の少ない状態のCNTに解繊できることがわかった。ただし，今回の方法では特別な溶媒を用いていない利点があるとはいえ，200 nm以上の十分な解繊ができていない大きなバンドル径の部分が存在していることから，さらなる解繊方法の工夫およびその原因の解明が必要とされる。たとえば，2.1項で述べたように，CNT自体を膨潤させる溶媒に浸漬するなどの方法と併用し，ポリマー中でのCNT相のネマチックライクな挙動調整および脱溶媒特性などのSCFの特性を利用した高圧流体混練法はより有効であろう。他方で今回は十分に検討できていないが，CNTの長さあるいはアスペクト比の簡便な評価方法の開発[24]も実用的な混練方法の開発に今後必要とされる重要な課題である。

文　　献

1)　J. N. Coleman, U. Khan, W. J. Blau, Y. K. Gun'ko, *Carbon*, **44**, 1624-1652 (2006)

2)　Z. Han, A. Fina, *Prog. Polym. Sci.*, **36**, 914-944 (2011)

3)　E. J. Garboczi, K. A. Snyder, J. F. Douglas, M. F. Thorpe, *Physical Rev. E.*, **52**, 819-828 (1995)

第5章　ナノ粒子分散によるナノコンポジット製造

4) B. Vigola, C. Coulon, M. Maugey, C. Zakri, P. Poulin, *Science*, **309**, 920-923 (2005)

5) D. E. Tsentalovich, R. J. Headrick, F. Mirri, J. Hao, N. Behabtu, C. C. Young, M. Pasquali, *ACS Appl. Mater. Interfaces*, **9**, 36189-36198 (2017)

6) R. S. Ruoff, J. Tersoff, D. C. Lorents, S. Subramoney, B. Chan, *Nature*, **364**, 514-516 (1993)

7) M. B-. Sanchez, T. J. Simmons, M. A. Vidal, *Carbon*, **48**, 3531-3542 (2010)

8) O. Kleinerman, L. Liberman, N. Behabtu, M. Pasquali, Y. Cohen, Y. Talmon, *Langmuir*, **33**, 4011-4018 (2017)

9) S. Ata, H. Yoon, C. Subramaniam, T. Mizuno, A. Nishizawa, K. Hata, *Polymer,* **55**, 5276-5283 (2014)

10) 阿多誠介, 尹好苑, 西澤あゆみ, 水野貴瑛, 山田健郎, 畠賢治, 成形加工, **27**, 388-393 (2015)

11) S. Kazarian, *Polym. Sci. Ser. C*, **42**, 78-101 (2000)

12) 木原伸一, 浅田真生, 佃祐介, 滝嶌繁樹, 米盛敬, 三好誠治, 成形加工シンポジア'16, D-104 (2016)

13) S. Kihara, M. Asada, M. Haruki, S. Takishima, 5402, *17th International Congress on Rheology 2016*, 08-13 Kyoto (2016)

14) 木原伸一, 浅田真生, 滝嶌繁樹, 武山慶久, 竹下誠, 成形加工'17 (東京), H-107 (2017)

15) S. Kihara, Y. Tsukuda, M. Asada, S. Takishima, *Europe and Africa Regional Meeting of Polymer Processing Society* (PPS 2017)

16) K. Hata, D. N. Futaba, K. Mizuno, T. Namai, M. Yumura, S. Iijima, *Science*, **306**, 1362-1364 (2004)

17) A. Jorio, M.A. Pimenta, A. G. S. Filho, R. Saito, G. Dresselhaus, M. S. Dresselhaus, *New J. Phys.,* **5**, 139.1-139.17 (2003)

18) M. Rubinstein, R. H. Colby, "Polymer Physics", Oxford Univ. Press (2003)

19) M. A. Couch, D. M. Binding, *Polymer*, **41**, 6323-6334 (2000)

20) Y. Sato, T. Takikawa, S. Takishima, H. Masuoka, *J. Supercrit. Fluids*, **19**, 187-198 (2001)

21) R. Span, W. Wagner, *J. Phys. Chem. Ref. Data*, **25**, 1509-1596 (1996)

22) J. N. Israelachvili, "Intermolecular and Surface Forces", third edition, Academic Press (2011)

23) H. S. Lee, C. H. Yun, H. M. Kim, C. J. Lee, *J. Phys. Chem. C*, **111**, 18882-18887 (2007)

24) A. N. G. Parra-Vasquez, I. Stepanek, V. A. Davis, V. C. Moore, E. H. Haroz, J. Shaver, R. H. Hauge, R. E. Smalley, M. Pasquali, *Macromolecules*, **40**, 4043-4047 (2007)

25) M. Doi, S. F. Edwards, "The Theory of Polymer Dynamics", Oxford Univ. Press (1988)

26) J. E. Hearst, *J. Chem. Phys.,* **40**, 1506-1509 (1964)

第6章　長繊維分散による複合材料製造

1　ガラス長繊維強化ポリプロピレン樹脂「モストロン™-L」

合田宏史*

1.1　はじめに

　2017年の四輪自動車世界生産台数は約9,700万台（日本自動車工業会／前年対比2.4%増），世界の四輪自動車保有台数は13億台超となった。各国では地球温暖化防止のためCO_2排出量削減を進めており，自動車メーカーに対しては段階的に燃費規制を強化している。この規制に対応するため，次世代自動車（HV, PHEV, EV, 燃料電池車，クリーンディーゼル車）などのクリーンな動力への変換を進めてきた。一方で図1に示す通り，2020年及び2025年以降はより一層厳しい燃費規制が課されることになり，動力に関係なく，効果的に燃費が向上する車両の軽量化ニーズが更に高まる。現状，高級車ではCFRPやアルミニウムを使用している例があるものの限定的であり，一般的にはハイテン鋼と薄肉鋼板の組合せが多い。ただし，今後開発する車両では燃費規制をクリアするため，金属（主に鉄）から低比重な他素材への変換検討が加速すると考えられる。特にボディーパネルを樹脂化する動きは始まっており，一部の車種ではフェンダーやバックドアなどが樹脂部品と金属補強の組合せで車両に搭載されている。㈱プライムポリマーでは自動車の軽量化ニーズに応えるため，薄肉化，低線膨張化，高剛性化などに対応したタルク系，繊維強化系の複合材料を開発・販売している。その中でガラス繊維強化材は通常のコンパウンド

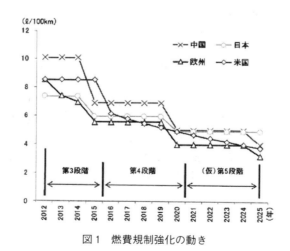

図1　燃費規制強化の動き

---

*　Hirofumi Goda　㈱プライムポリマー　研究開発部　自動車材研究所　技術開発チーム　チームリーダー

第6章　長繊維分散による複合材料製造

で生産される短繊維系，含浸引抜き法で生産される長繊維系を有し，耐久性や強度・剛性が求められる部品群への採用が多い。本稿では，㈱プライムポリマー製長繊維ガラス強化材「モストロン™-L」の特徴について説明する。

1.2　モストロン™-L とは

25年以上前から開発・販売し，自動車，家電，住宅設備など幅広い部品に採用されている長繊維ガラス強化材料である。

1.2.1　製造方法

長繊維強化ペレットの製造法は含浸引抜き法とワイヤーコート法に大別される。ガラス繊維束の内部に樹脂を含浸させて界面接着性を高める（外観や機械物性との相関が高い）という点では含浸引抜き法が，高速生産性（ストランドの線速が速い）という点ではワイヤーコート法が優位である。図2に含浸引抜き法の概略と両生産法で生産されたペレット断面のイメージ図を示す。含浸引抜き法は含浸ダイ内で繊維束を拡げて樹脂を付着させるため，GFと樹脂が接触しやすくなる。しかし，含浸ダイからストランドを引抜く際にGFと含浸ダイ出口のノズル（金属部）と接触して破断しやすくなるため，生産速度の制約を受ける。一方，ワイヤーコート法は繊維束の外周に樹脂を付けるためGFと樹脂が接触する確率は低くなる。よって繊維束がペレットの中心部に存在するため，金属部とGFの接触機会が少なく，高速生産が可能となる。モストロン™-Lは含浸引抜き法で生産し，PP/酸変性PP/Eガラス，GF50 wt%マスターバッチ（以降MB）を基本構成としている。GF50 wt%以下で使用する場合，希釈樹脂や着色MBと組合せて用途や顧客要請に応じた材料設計を実施している。

1.2.2　特徴

モストロン™-Lは一般銘柄と良外観銘柄をラインナップしており，一般銘柄は剛性・強度を重視した部品への採用事例が多く，自動車分野のみならず多様な用途に採用されている。良外観銘柄は剛性・強度に加えて外観を要求されるSUV車の樹脂バックドアのインナー部品（非塗装

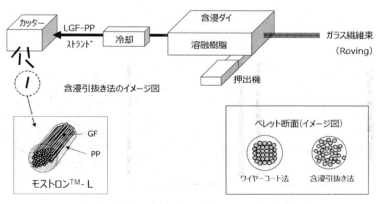

図2　含浸引抜き法とワイヤーコート法の比較

樹脂の溶融混練・押出機と複合材料の最新動向

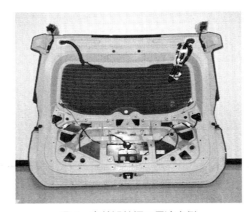

図3　良外観銘柄の用途事例

仕様）やホイールキャップなどに採用されている。ここでいう良外観とは射出成形機の可塑化工程でガラス繊維束のほぐれが良く，射出成形された製品内にガラス繊維の塊（以降，GF 未開繊）が発生しにくい材料のことをいう。図3に良外観銘柄の代表例である樹脂バックドアを示す。また，図4に開繊が良い材料と悪い材料の比較写真を示すが，GF の開繊性能が低い材料を一般的な可塑化条件で射出成形すると GF 未開繊不良（〜1 cm 程度の白い線状の不良）が製品表面の不特定箇所に発生するため，外観が要求される製品では適用が難しい。GF の開繊性能が低い材料の使いこなし例として可塑化条件を調整（主に背圧 UP など混練度を高くする）して GF 未開繊を抑制するという方法があるものの，滞留時間が長くなる傾向があり，サイクル時間の長化や残存 GF 長が短くなるという不具合がある。図5に GF40 wt％時の残存 GF 長と引張破断強度の関係を示すが，残存 GF 長が短くなると強度が低下することが分かる。このことから背圧 UP などの条件調整では残存 GF 長が短くなり，長繊維強化材の特長である高強度を引き出すことができず，残存 GF 長が1 mm 以下になるとコンパウンドした短繊維 GFPP と同レベルになる。従って，良外観と機械物性を両立させるためには通常の可塑化条件（残存 GF 長を長く保持する条件）で GF の開繊性能が良好な材料設計が必要となる。モストロン™-L は含浸ダイと樹脂の設計技術を組合せてガラス繊維束を十分にほぐし，繊維一本一本に PP 樹脂を含浸させることで良好な

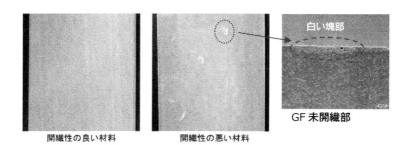

図4　開繊の良い材料と悪い材料の外観比較

第 6 章　長繊維分散による複合材料製造

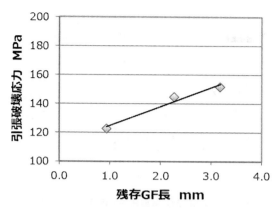

図5　残存 GF 長と引張破断強度の関係（GF40 wt%）

外観性能と機械物性を両立させており，外観が要求される用途に採用されている。希釈樹脂部はGF 量，流動性，収縮率などの調整や着色，耐熱老化性能，耐候性能などの機能を付与するため，用途や要求品質によって1種または複数種の材料を用いている。また銘柄としての納入形態はブレンド or 分納（お客様の生産現場でブレンド）の2ケースに対応している。GF30 wt%の銘柄を設定する場合，GFMB：希釈樹脂部＝60：40 の重量比率でブレンドする。他社では通常のコンパウンド材料のように単一ペレット化した長繊維強化材料が上市されているが，弊社ではGFMB 部で良好な外観と強度を発現し，希釈樹脂部で種々の機能を付与するという考え方に基づいて用途展開をしている。

1.3　材料設計に関する考え方
1.3.1　GFMB の材料設計

　機械物性を向上させるため，GF と樹脂の界面接着性向上に着目し，GF の細径化（界面の表面積を増やす），GF の収束剤（シランカップリング剤，数千本のガラス繊維同士を纏める接着剤，酸変性剤などの混合物），酸変性 PP，含浸樹脂の開発改良を行ってきた。GF の細径化は生産効率が低下してコスト UP になるため積極的な開発を進めていない。GF 収束剤はガラスメーカーが主導して開発しているため詳細は不明であるが，最近はオレフィン系収束剤が主流となり，一世代前のウレタン系，エポキシ系収束剤の GF と比較して強度が向上してきた。酸変性 PP の製造方法は溶液変性と溶融変性に大別される。図6に溶液変性型と溶融変性型の酸変性 PP の特徴を示す。溶液変性型のメリットは反応時間が長く，酸の高グラフト化が可能（バッチ生産，後工程で乾燥による溶媒成分除去）であること，溶融変性型は PP と過酸化物を押出機で溶融混練し，PP をデグラ反応させながら無水マレイン酸などの酸をグラフトさせるため，連続生産が可能であることがメリットである。また製法上どちらの酸変性 PP も PP 部は低分子量化するため，酸変性 PP の配合量が多くなると（例えば界面接着性向上を狙って 10 wt%程度添加するなど）マトリクス全体の分子量が小さくなり，GFPP としての物性低下を招く可能性がある。また溶融変

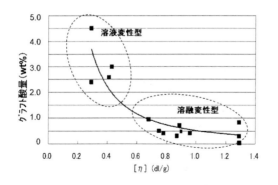

図6 溶液変性型と溶融変性型酸変性PPの特徴

性型はグラフト反応と押出しが同時進行のため，反応時間が短く，未反応物がペレット内に残留して揮発成分が増えると考えられる。従って，自動車の内装部品で使用する場合は，VOCやフォギング性などに留意した酸変性PP種の選定が必要となるため，モストロン™-Lでは用途に合わせて複数種の酸変性PPが適用できることを確認している。含浸樹脂に関してモストロン™-Lは，ブロックPPベースとホモPPベースをラインナップしている。当該材料は高い剛性・強度や高温下で使用される部品への用途展開が多いため，ホモPP銘柄の方が採用事例は多い。前述したようにモストロン™-Lは含浸引抜き法で生産するため，含浸PPの設計によって生産性や品質に影響を及ぼすことになる。機械物性の向上を狙って含浸PPの分子量を大きくすると高粘度化してGFへの含浸性が低下し，GF未開繊不良が増える。更に引抜き抵抗が大きくなるため安定生産を阻害すると考えられる。一方，PPの分子量を小さくすると低粘度化してGFへの含浸性が向上し，GF未開繊不良は少なくなるが，機械物性の低下が懸念されるため，含浸PPは生産安定性と物性が両立できる分子量にて設計している。

1.3.2 希釈樹脂（顔料の影響）

従来GFPPは単純な黒着色された部品が多かったが，開繊性能が向上したことにより，バックドアインナーのような内装色（淡色系）への採用事例が拡がってきた。一般的なタルク系コンパウンド材に淡色系の着色をする場合，白色顔料は発色性，隠ぺい力の点で酸化チタン系を使用するが，酸化チタンはガラス繊維よりも高硬度であり，可塑化工程でGFを折損して機械物性を低下させるためGFPPでは使用に適さない。そこで酸化チタンの代替としてガラス繊維よりも低硬度で発色力がある代表的な白色顔料として硫化亜鉛を使用するケースが多い。GF系の淡色系は硫化亜鉛をベースとして主に有機顔料系で調色することで機械物性の低下を小さくしている。一方，黒色顔料も顔料種によって機械物性が変化する。黒色顔料は主にカーボンブラックを使用しており，酸化チタンのようにGFを折損する（＝残存GF長の短化）ことで機械物性が低下する訳ではないが，カーボンブラックや分散剤の種類によって凝集状態やGF界面の結合を阻害することで物性が低下すると考えている。モストロン™-Lではそれらの影響を把握した上で

第 6 章　長繊維分散による複合材料製造

淡色系，黒色系共に機械物性の低下が少ない顔料を選定している。

1.3.3　射出成形における機械物性（残存 GF 長と界面接着性）

　GFPP の機械物性が高い理由は GF が高アスペクト比，かつ高弾性のフィラーであり，付加された応力を GF の長手方向で受け止め，組成物としての歪みが小さくなるためである。そのため引張応力が付加された方向に配向した繊維が多くなれば繊維による補強効果が大きく，マトリクス PP の歪みが小さくなり，高い応力に耐えて引張弾性率や引張破断強度が高くなる。逆に付加された応力と直行する方向に配向した繊維が多いと繊維による補強効果が薄れ，マトリクスまたは界面を破壊する程度の応力でき裂が発生し，破断に至るため，組成物としての引張弾性率や破断強度が低くなる。GFPP を射出成形すると GF は流動方向（MD）と直行方向（TD）が交互に折り重なるように配向する。図 7 に肉厚 3 mmt の X 線 CT の画像を示すが，表層はランダムな方向を向き，表層の下は MD 方向に強く配向，肉厚中心部は TD 方向に強く配向している（断面①）。繊維配向が強いほど，配向した方向の強度は高くなる。配向層を比較すると製品全体としては MD 方向の配向層厚みの方が TD 方向の配向層厚みより厚いため，GF の補強効果は MD ＞ TD となり，機械物性は MD 方向の方が高くなる。更に MD 配向層である「断面②」を詳しく観察すると，不連続な繊維が概ね MD 方向に並んでいるが一方向を向いておらず，かつ湾曲した GF が多く存在していることが分かった。これら湾曲した GF に引張応力を付加しても繊維の長手方向で十分な応力を受け止めることができないため，GF が破断に至る前に界面部が破壊すると考える。一方で「断面③」は流動中心部であり，MD 配向層と比較してほとんどの繊維が一方向に配向している。実際の破断面を観察すると GF の周りに PP が付着しているものの，繊維がマトリクスから引抜かれて突き出した痕跡が多い。そこで射出成形品の破壊挙動を把握するため，破断歪み比 30% 程度の引張応力を付加した後に除荷した肉厚 3 mmt のダンベルサンプルの中央部断面を研磨し，き裂の発生状況を観察した。図 8 にき裂の発生状態を示しているが，き

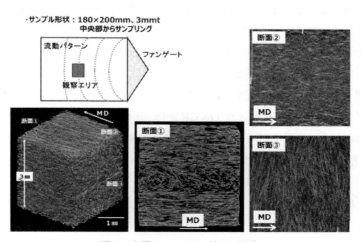

図 7　肉厚 3 mmt の X 線 CT 画像

樹脂の溶融混練・押出機と複合材料の最新動向

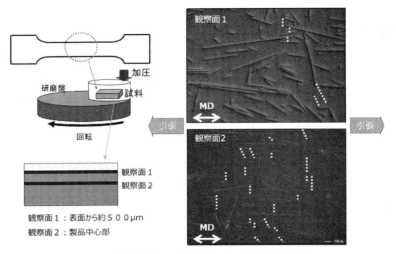

図8　破断歪比30%応力付加時のき裂発生状態

裂はGFの端部，界面，マトリクス樹脂などを起点として応力付加と垂直方向に伸張している。また，観察面1（MD配向層）と比較して観察面2（TD配向層）の方がき裂の発生が多いことから，断面方向ではMD配向層の方が繊維の補強効果が大きく，より高い応力までき裂が発生しにくいと考えられる。一方で繊維が破断した痕跡は認められないことから，複数個所で発生した微小き裂がGFの界面を伝搬しながら繋がり破壊に至ると推察される。機械物性を改善するためには，き裂発生点の補強が効果的であると考えるが，GF端部は成形過程で折損するため収束剤の塗布は不可，マトリクスPPの引張降伏応力は40 MPa程度（GFの引張破断強度 = 2,500 MPa）であることから，き裂発生点を大幅に補強することは難しいと考える。そこで強度を向上させる他の方法として残存GF長の長化効果を検討した。これまで残存GF長をより長化するために圧縮比の小さい射出成形機の使用や，ピンゲート，バルブゲートなど急激に流路が絞られる金型設計を実施しないことなど，可塑化・充填時にGFへのダメージを小さくして折損を防止するような提案を行ってきたが，樹脂バックドアなどの大型部品では反り・変形やウエルド位置他を制御するためにシーケンシャルバルブゲートを使用することが一般的であり，残存GF長を長化させる考え方との両立は難しいことが分かった。そこで実使用上は，臨界繊維長以上の繊維長を製品内で残すことを目安と考えている。臨界繊維長：lcとはGFの破断と界面破壊が同時に発生する繊維長であり，「lc = r/2・σ/τ（r：GF直径，σ：GFの破断強度，τ：界面せん断強度）」で示される。界面接着性の指標である界面せん断強度が高いほど臨界繊維長は短くなる。モストロン™-Lの臨界繊維を上記式で計算すると約1 mmであった。一般的な可塑化条件で射出成形した製品の残存GF長（重量平均繊維長/プライムポリマー法）は1 mm以上あることから既に臨界繊維長を上回っているものの，界面せん断強度τには温度依存性があり高温下では小さくなることを考慮して臨界繊維長の2～3倍程度の2乃至3 mmを目安としている（計算根拠：r = 17 μm，σ = 2,500 MPa，τ = 20～25 MPa（界面せん断強度はマイクロドロップレット法での測

第 6 章　長繊維分散による複合材料製造

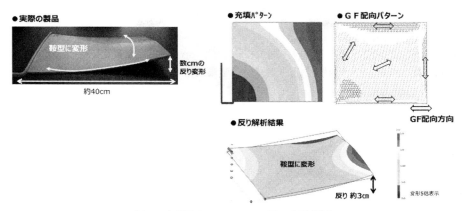

図 9　実製品と CAE による反り変形予測

定結果を使用)。

1.4　GF 配向を活かした設計支援

　近年 GF 配向予測を含めた市販の CAE ソフトが多く出回り，CAE による反り変形予測の精度が高まってきた。弊社では実成形での反り変形パターンや X 線 CT 画像による GF 配向状態を比較・検証することで CAE 技術を高めてきた。図 9 に実製品の反り変形と CAE による反り変形予測の比較結果を示す。鞍型に変形するパターンや反り量などが精度良く予測できていることが分かる。現在でに自動車メーカーや大手の部品メーカーなどで CAE 技術が向上し，反り変形を独自で解決できるようになってきたが，まだまだ顧客から反り変形を小さくしたいという技術支援要請を受けることが多く，反り変形の主要因を推察した上でゲート配置・ゲートの開閉タイミング，肉厚分布変更による充填パターンの変更やリブ追加などの提案を行っている。反り変形が発生する大きな要因は GF 配向による MD，TD の収縮異方性にあるため，反り変形が大きい場合は充填速度調整や成形温度などの成形条件変更では GF の配向パターンが変化しないため，解決に至らないケースが多く，充填パターンの変更やリブの追加による剛性向上など金型修正案を提案するケースが多い。今後は部品の薄肉化検討が進み，現状の 2.5～3 mmt 前後の平均肉厚が 2 mmt を切るところまで薄肉化することが予想される。薄肉化されると MD 配向比率が高まるため，機械物性や収縮率の異方性が更に強くなることが考えられ，反り変形や強度設計の予測と制御が重要となる。弊社ではこれまでに繊維配向予測を組入れた CAE 解析を用いて製品の反りパターンを予測し，反り変形を抑制するための最適ゲート配置，充填パターン制御，肉厚変更，リブ設計など数多くの技術支援をしてきたが，更に予測精度を高めた開発を進めていく。

文　　献

1) 軽くて安いクルマを造る　材料，加工技術総覧，pp. 10-25，日経 BP 社（2013）
2) 新版　複合材料・技術総覧，pp. 439-444，産業技術サービスセンター（2011）

2 セルロースナノファイバーの応用と樹脂複合体マスターバッチ

森　良平*

2.1 セルロースとその研究背景

　近年，人類が原因となって生じる地球温暖化を含めた環境，エネルギー問題が深刻になってきているが，石油燃料を用いない植物由来の原料素材，また天然の生分解性の素材と組み合わせることにより少しでも環境汚染，海洋中のプラスチック汚染などを低減できる可能性がある。セルロースナノファイバー（もしくはナノセルロースと呼ばれる）は，このような要求を満たすことのできる素材であり，最近非常に注目されている。

　地球上に存在するバイオマスの約95％は樹木であり，その約50％をセルロースが占める。セルロースはグルコースがβ-1,4結合した直鎖状のホモポリマーである。セルロースは樹木，草木，海藻などの植物に主に含まれているが，動物であるホヤやある種の酢酸菌もセルロースを産生する。酢酸菌の産生するセルロースはバクテリアセルロースと呼ばれ，ナタデココとして食されている。セルロースの重合度は天然セルロースで500～100000，再生セルロースで200～800程度である。β-1,4結合により直線的に伸びたセルロースが，何本か束となって分子内あるいは分子間の水素結合で固定され，伸びた状態の鎖となった結晶を構成している。水はこの結晶領域には入ることができない状態となっている。セルロース結晶の幅は一般的に約4nmであり，これはセルロース分子鎖が6本×6本，つまり36本の束になった状態である。海草には20nmの構造を有するものもある。このような結晶性のセルロース束は基本的な構成単位として，セルロースミクロフィブリルと言われる。セルロースの結晶には多くの結晶形が存在していることがX線回折や固体NMRによる解析で明らかになっているが，天然セルロースの結晶形はⅠ型のみである。セルロースにおける結晶領域の比率は木材パルプで50～60％，バクテリアセルロースは約70％程度と推測されている。ミクロフィブリルはその表層部分に非晶領域が存在するが，長さ方向にも200～300程度のグルコース残基ごとに4～5個のグルコース残基程度の大きさの非晶領域が存在する。天然のセルロースの結晶自体は弾性率が約140GPaあり剛直であるが，数ナノメートルの細さと，長さ方向に存在する非晶領域がミクロフィブリルを柔軟にしていると推測されている。木材細胞壁中ではミクロフィブリルが4本ほど凝集して安定したナノファイバーを形成していると考えられている。地球上の植物は主にこのセルロース以外にもヘミセルロース，リグニンから構成されている。セルロースナノファイバー（CNF）はそのセルロースから得ることができる素材であり，全ての植物細胞壁の骨格成分でもある。基本的には植物繊維をナノサイズまで小さくすることで得ることができる。植物細胞壁は鉄筋コンクリートと類似した構造になっており，約50％のヘミセルロースやリグニンの中に，約50％のCNFが混在して埋め込まれたかたちになっている。CNFの分子量ではなく物質的な大きさは幅4～20nm，長さ1μm以上であり，高アスペクト比を持つミクロフィブリルであり，セルロースの結晶構造が

　＊　Ryohei Mori　GSアライアンス㈱（冨士色素㈱グループ）　代表取締役社長

強固であることから鋼鉄の1/5の密度で5倍以上の強度，ガラスの1/50の低い熱膨張率という優れた性質を持つ。また表面積も250 m²/g以上の大きな比表面積を有している。当然，植物から入手できるのでその豊富な資源量は大きな利点であり，各種樹脂，プラスチックの補強繊維としての用途などを含め様々な用途開発が期待されている。CNFは植物，木材も当然のことながら，竹，わら，パルプ，バガス，水草，海藻の搾りかすからも作ることができることから，未利用資源のものを原料とできるなどの可能性も秘めている。木質としては1兆トンの蓄積があり，これは埋蔵石油資源の6倍の量であり，持続型資源として利用することができる。

　一般にナノファイバーと言われるのは，直径が1〜100 nm，長さが直径の100倍以上（アスペクト比：軸比100以上）のファイバー状物質と定義される。この意味においては天然繊維や合成繊維だけではなく，低分子化合物からなる超分子ナノファイバー，無機物のナノファイバー，カーボンナノチューブ，カーボンナノファイバー，微生物が作るCNFもこれらに含むことができる。これらのナノファイバーという言葉が近年取りざたされるまでは繊維のサイズは，酢酸菌が作るセルロース繊維やコラーゲンなどの天然繊維がこれらのナノファイバーの範囲での大きさと言えたが，合成繊維ではせいぜい数ミクロンぐらいのサイズのものばかりであった。しかしなぜ21世紀にはいって先端材料としてナノファイバーが話題となるようになってきたのであろうか。ドイツやアメリカは21世紀にはいって，このナノファイバーについて多くの研究費，研究員を投資して開発，応用研究に躍起になっている。一方，日本のナノファイバーの研究は最高水準でありながらもあまり熱心でない状況にあったが，近年はこのCNFの研究を中心に注力している状況になりつつある。数ミクロンのサイズのファイバーとナノファイバーの大きな違いはその表面積の差でナノファイバーになるとミクロファイバーの1000倍はあると言われ，多くの分子や粒子を吸着することができると考えられている。この性質からフィルター，センサー，再生医療用培地などへの応用が考えられる。ナノファイバーが作る隙間はミクロファイバーが形成するそれより空間が明らかに小さくなり，微粒子や微生物の透過を防ぐことになる。

　セルロースのナノ材料としての研究は1990年の中ごろフランスのChanzyらによって始められた。それから多数の世界中の研究機関がこの分野に参入してきている[1]。そして2005年に京都大学の矢野教授らがセルロースをナノペーパーへ応用したり，熱可塑性樹脂との複合体を作成した研究を発表してから，さらにCNFの研究が加速することとなる[2]。これらの複合樹脂は，でんぷんやラテックスなどのそのほかの天然系樹脂と比較して高い機械的強度を示した。また二軸押出機を用いてCNF複合材料を作る方法も同時に研究が進んでいき，この頃からCNFの研究が大きく拡大し，研究報告数も指数関数的に増加していった。初期のころは複合材料ではなく，CNFをどの材料から作成する，またCNF単体の性質の研究報告が主であった。そして徐々にCNF複合材料の研究報告も増えていった。2015年の時点で最もCNFに関する学術論文数が多い国は中国，次にアメリカ，スウェーデン，フランス，カナダ，そして日本となっている。アメリカではなく中国が活発に研究していることは注目すべき点である。CNF複合材料のことを主に取り上げている研究報告の増加も最近の出来事である。

第6章　長繊維分散による複合材料製造

　植物から CNF を作る方法はこれまでたくさん報告されている。ビーズミル，各種混練機，グラインダーなどの製造機器を用いて機械的，物理的にセルロースを解繊する方法，高圧をかけて解繊する方法，2 つのチャンバーに水に懸濁させたセルロースを用意して，お互いのチャンバーから噴射衝突させる水中カウンターコリージョン法などがある。また，TEMPO（2,2-6,6 テトラメチルピペリジン-1-オキシルラジカル）という酸化触媒を用いて，セルロース表面のヒドロキシル基を全てカルボキシル基に置き換えることにより，解繊をより容易にして簡易的な物理的解繊により幅約 4 nm という微細構造の CNF を得る方法がある。またリン酸エステル法を用いて CNF を微細構造化させる方法も用いられている。さらに，化学処理により，セルロース表面に親水性の官能基（例えば，カルボキシル基，カチオン基，リン酸基など）を導入し，イオン同士の電気的な反発力を応用し，特に水系溶媒への分散性を著しく向上させたりする方法もある。この効果を利用して，化学処理無しの場合に比べて微細化のエネルギー効率が高くなり，より微細化を可能にした方法もある。

2.2　セルロースナノファイバーと各種樹脂との複合化

　CNF と疎水性の性質のプラスチックを混合させ複合化するには，分散剤，相溶化剤，表面改質剤などの各種添加剤の存在も重要になってくる。主な相溶化剤として無水マレイン酸が知られている。それ以外にも，アルキル無水コハク酸でエステル化したり，ノニオン界面活性剤，アセチル化などで表面を改質した CNF を作成したりしている検討例が多数ある。具体的には，表面のヒドロキシル基を，飽和脂肪酸，不飽和脂肪酸，不飽和カルボン酸，芳香族カルボン酸などのカルボン酸，アミノ酸，マレイミド化合物，フタルイミド化合物などで置き換えて CNF の表面改質を検討した例がある。これらの化学修飾 CNF は，セルロースの糖鎖のヒドロキシル基が，これらのカルボン酸のカルボキシル基から水酸基を除いた残基（アシル基）でアシル化することが表面処理となっている。飽和脂肪酸としては，ギ酸，酢酸，プロピオン酸，酪酸，吉草酸などで処理することが検討されている。不飽和カルボン酸としては，アクリル酸，メタクリル酸，オレイン酸，ソルビン酸などを用いることができる。使用できる芳香族カルボン酸としては，安息香酸，フタル酸，イソフタル酸，テレフタル酸，サリチル酸を用いることができる。その他のカルボン酸としては，シュウ酸，コハク酸，アジピン酸，フマル酸，マレイン酸などが検討された。またアミノ酸もヒドロキシル基の置き換えには有効で，グリシン，β-アラニンなどを用いることができる。また概して低級アシル基で置換されている CNF の方が製造が比較的容易であることも明らかとなってきた。このようにセルロースのヒドロキシル基をアシル化する化学修飾処理により，樹脂中での化学修飾 CNF の分散性が促進され，樹脂に対する化学修飾 CNF の補強効果が向上する。さらに他の表面改質剤として CNF とシランカップリング剤なども検討されている。このようなアシル化反応は，CNF を膨潤させることのできる無水非プロトン性極性溶媒，例えば N-メチルピロリドン，N,N-ジメチルホルムアミド中に原料を懸濁し，反応を促進することができる。またピリジン，N,N-ジメチルアニリン，炭酸ナトリウム，炭酸水素ナトリウム，

炭酸カリウムなどの塩基もこの化学修飾反応の溶媒となりえる。

　CNFを混合することが可能で検討されている樹脂は，ポリエチレン（PE），ポリプロピレン（PP），ポリ塩化ビニル，ポリスチレン，ポリ塩化ビニリデン，フッ素樹脂，アクリル系樹脂，ポリアミド樹脂，ナイロン樹脂，（PA），ポリエステル，ポリ乳酸樹脂，ポリ乳酸，ポリエステル樹脂，アクリロニトリル－ブタジエン－スチレン共重合体（ABS樹脂），ポリカーボネート，（熱可塑性）ポリウレタン，ポリアセタール（POM），フッ素樹脂などの熱可塑性樹脂などである。これらの単独，もしくは2種類以上の樹脂にも混合できる可能性があり検討されている。またポリ乳酸，ポリブチレンサクシネートなどの生分解性樹脂とも複合化が検討されている。これらの樹脂と混合する時において，CNF以外にさらにカーボンナノチューブ，炭素繊維，アラミド繊維，タルク，ガラス繊維などとの複合化も研究されており，軽量だが強い強度，電気伝導性，熱伝導性などのさらなる機能付加が可能となっている。これらの高付加価値の性質を利用して自動車本体，電子機器，建材などへの応用が期待されている。

2.3　セルロースナノファイバー膜，紙

　CNFを混合した薄膜，紙も研究されている。方法として，CNFを含んだ溶液と添加剤，樹脂などを真空濾過などの手法で膜を作り，その後乾燥すると得ることができる。乾燥が進むと同時にCNF間で水素結合を含む様々な結合が進行することにより，強固な膜ができると考えられている。このようにして作成された膜，紙は多孔性のわりに弾性率，引張強度などが向上するなど優れた機械強度を示すことがある。また作成方法の工夫により，CNFの並ぶ向きを統一させると非常に高い強度を達成することができる。ただこのような方法は現在のパルプから通常の紙を製造する方法と大きく異なるので，量産化するには今後の研究開発が必要である。CNF膜を作成するときの溶剤を，水からエタノール，メタノール，そしてアセトンなどに置き換えてから蒸発させると多孔性が向上したり，N-ブタノールやエタノール，さらにその後の凍結乾燥や超臨界乾燥法などの手法を駆使すると480 m^2/g もの大きな表面積を有するCNF膜，紙を作ることもできるなどの報告もある。このような手法で作ったものは，密度はかなり低いのに，通常のプラスチックと同等の強度を示すことなどが可能になる。

2.4　樹脂含浸法

　他にもCNFを樹脂と混合する方法として，CNF樹脂含浸法がある。これはCNFを乾燥させ，その後粘度の低い樹脂などに含侵した後，真空などで減圧する方法である。まず最初に樹脂が乾燥したCNF中に毛細管現象のように浸透していく。その後に減圧処理することにより，樹脂中に残っているガスが気泡として発生し，これにより作成されるCNF複合物の形状も変化する。曲げ弾性率は同様にして作成したセルロースマイクロファイバーであるパルプと同様であるが，曲げ強度は80％向上した報告もある。この手法を用いたバクテリアセルロース複合体は，CNF複合体よりさらに強度が向上する。これはバクテリアセルロースの方がより結晶度が高く，均一

第6章　長繊維分散による複合材料製造

だからである。また乾燥時の溶剤を水以外のものを用いると，CNF 間の結合を弱め，より多孔性な材料となり樹脂とよく混合させることが可能となり，結果として強度を向上させることもできる。また溶剤の代わりに苛性ソーダなどのアルカリ処理を事前に施し，多孔性を向上させることもできる。また，より粘度の低い樹脂を用いることも多孔性を向上させることができる。この方法ではよくフェノール樹脂やエポキシ樹脂などとの複合体が検討されている。またウレタン樹脂と CNF 複合体もよく研究されており，ウレタン樹脂との複合体は特に引張強度が向上することがわかっている。

2.5　全セルロース複合体

　セルロース成分100%で構成される CNF 複合体も検討されている。部分的に溶解して再生したセルロース分と結晶セルロース，パルプ，フィルター紙などと混合して100%セルロース分から構成される複合体を作るのである。ジメチルアセトアミドに塩化リチウムを溶解させた溶剤や，イオン液体がセルロースを部分的に溶解する溶媒として用いられる。苛性ソーダと尿素を混合させた液体も溶解溶剤として用いられた経緯もある。これらの手法では通常は溶解しにくい結晶性セルロースが主に補強材として強度を向上させることに貢献している。例として 1-ブチル-3-メチルイミダゾリウムクロリドで溶解させ残った結晶性セルロース分と複合体を作成し，機械的強度を向上させた例などがある。この手法を応用して，靭帯や磁性体セルロース複合体に応用検討した研究もある。

2.6　セルロースナノファイバーとゴムとの混合化

　CNF をゴムと複合化する研究もある。タイヤなどに用いられているゴムは従来からカーボンブラックやシリカを混合することにより，耐久性，耐摩耗性などを向上させてきたが，これにさらに CNF を複合化する研究が進んでいる。CNF と天然ゴムを水分散系でホモジナイザーを用いて混合する。その後，混合機を用いて混合を促進させた後に，加硫剤などを添加して CNF が混合された加硫ゴムを作成した。結果，分散状態が最適化された時にカーボンブラックよりも少量の添加で補強効果が確認された。少ない添加量，つまりより補強効果がより軽量でも可能になることがわかった。またこの時にアミノシラン水溶液などのシランカップリング剤をゴムと CNF の界面接着性改善のために用いるとより強度が安定して向上することが明らかとなった。またシランカップリング剤の他にもチタネート系やアルミネート系カップリング剤を用いることも可能である。

2.7　弊社においてのセルロースナノファイバービジネス

　弊社においては大きく4つの形態でセルロースナノファイバーを提供し始めている。(1) セルロースナノファイバー水分散体，(2) セルロースナノファイバー有機溶剤分散体，(3) 化学処理疎水化セルロース，(4) セルロースナノファイバー混合樹脂マスターバッチ，コンパウンドであ

る。
(1) その名の通りセルロースナノファイバーの水分散体である。1.5％ぐらいのものが製造提供が楽であるが，顧客の希望により3〜4％，やり方によっては10％ぐらいの濃度のものまで作ることは可能である。
(2) セルロースナノファイバーの各種有機溶剤分散体である。アルコール，グリコールエーテル，グリコールエーテルアセテート，NMP，トルエン，フェニルグリコール，酢酸エチル，ケトンなどその他の有機溶剤も顧客の要望に応じて提供するようにしている。濃度は約1〜4％である（図1）。
(3) 化学処理によりセルロースの表面を疎水化したものである（図2）。
(4) セルロースナノファイバーの各種熱可塑性樹脂の混合マスターバッチ（コンパウンド）である。CNF濃度は15〜40％である。この添加できるCNF濃度のさらなる高濃度化は現在検

図1 セルロースナノファイバーのフェニルグリコール分散体

図2 化学処理による疎水化セルロース

第 6 章　長繊維分散による複合材料製造

図 3　セルロースナノファイバー混合 PLA（ポリ乳酸）マスターバッチ（コンパウンド）

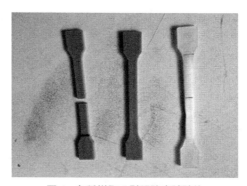

図 4　各種樹脂の引張強度試験片

討中である。ポリエチレン（PE），ポリプロピレン（PP），ポリ塩化ビニル（PVC），ポリ乳酸（PLA）（図 3），生分解性ポリブチレンアジペートテレフタレート（PBAT），アクリル（PMMA），ポリスチレン（PS），ポリカーボネート（PC），ABS，ナイロン 6，生分解性ポリブチレン（PBS）樹脂などへ CNF を混合して複合化に成功しており，また努力によりようやく CNF 混合することによる機械的強度（引張強度）の強さも向上してきた（図 4）。表 1 に樹脂単独，また樹脂に CNF を混合した場合のそれぞれの樹脂の引張強度を示す。今後はさらに曲げ強度，耐衝撃度，摩擦係数，熱安定性などの他の特性評価もしていく予定である。ただ PET，PBT に CNF を混合することを試みたが，これらの樹脂は融点が 250℃ぐらいを超えてくるために CNF が分解し始めるので強度を保つことができなかった。この課題に関しては，今後対応検討することは考えているが，もう少し時間が必要である。また今後は CNF とクレイなどの無機系添加剤，炭素繊維などとの混合化も検討していく予定である。無機添加剤などを加えると機械的強度がさらに向上することもわかり始めてきたが，顧客によっては全て有機物だけの複合体にして欲しいなどの要望もあるので，使用用途に応じていくつかのグレードのマスターバッチをラインアップしようと思っている。

今後のさらなる計画として，樹脂の発泡化と CNF を混合していく組み合わせ技術の検討も進める。CNF が発泡核剤として機能して，作成条件によっては CNF を添加していない樹脂発泡

樹脂の溶融混練・押出機と複合材料の最新動向

表1　セルロースナノファイバーを混合した場合，しない場合の各種樹脂の引張強度

	引張強度（（N/mm^2））
PE	10
CNF 混合 PE マスターバッチ	15〜17（CNF 23%）
CNF 混合 PE マスターバッチ	24〜25（CNF 33%）
PP	32
CNF 混合 PE マスターバッチ	38〜39（CNF 23%）
CNF 混合 PE マスターバッチ	41〜42（CNF 33%）
CNF 混合 PE マスターバッチ	48〜49（CNF 40%）
生分解性 PLA	62
CNF 混合生分解性 PLA マスターバッチ	68〜69（CNF 23%）
PMMA	42
CNF 混合 PMMA マスターバッチ	56〜57（CNF 23%）
生分解性ポリブチレンアジペートテレフタレート（PBAT）	12
CNF 混合生分解性ポリブチレンアジペートテレフタレート（PBAT）	18〜19（CNF 23%）
PVC	12
CNF 混合 PVC マスターバッチ	22〜23（CNF 23%）
ABS	43
CNF 混合 ABS マスターバッチ	50〜51（CNF 23%）
PS	29
CNF 混合 PS マスターバッチ	36〜37（CNF 23%）
ポリカーボネート（PC）	44
CNF 混合 PC マスターバッチ	55〜56（CNF 23%）
ポリアミド6（ナイロン6）（PA6）	42
CNF 混合ポリアミド6（ナイロン6）（PA6）	43（CNF 13%）
生分解性 PBS	38
CNF 混合生分解性 PBS	48（CNF 26%）

体と比較して顕著な気泡の増加が確認されたなどの報告もある。得られた CNF 強化発泡体の特性として，CNF を混合していない樹脂発泡体と比較して低比重でありながら高い曲げ弾性率，曲げ強度，衝撃エネルギー，熱変形温度を示すことが明らかとなったと説明されている。弊社としては二酸化炭素や窒素などの超臨界不活性ガスを用いて CNF 混合発泡樹脂を検討していく予定である。主に生分解性ポリ乳酸の発泡体を作り，実際の食品トレイや弁当箱，蓋などの試作品を作っていく予定である。生分解性のポリ乳酸を超臨界発泡技術を用いて発泡体を作り，さらにセルロースナノファイバーを複合化するという技術は世界でも最先端であるので，ここには特に注力していく予定である。この技術は特にプラスチックゴミ問題を解決する1つの手段になりえ

第6章　長繊維分散による複合材料製造

ることも大きな魅力である。

　またCNFをゴムと複合化する研究も進めていく。現在までタイヤなどに用いられているゴムは従来からカーボンブラックやシリカを混合することにより，耐久性，耐摩耗性などを向上させてきた。これにさらにCNFを複合化する研究などが進んでおり，弊社においてもEPDMやフッ素系ゴムとCNFの複合化をまず検討し始める。今後はさらにエポキシ，フェノール，ウレタンなどの熱硬化性樹脂にもCNFの複合化を検討していく。

　また弊社では今後の本当の意味での産業化，コストを考えて，あくまでも実際に産業レベルで通用する製造手法で行っている。弊社においては，長年のナノ微粒子分散技術の蓄積があるので，幸いながらこのCNF，その複合体の研究開発，製造にそれらの知識を生かせると思う。今後，ますます研究開発，ビジネス展開を国内外に向けて加速していく予定である。

3 樹脂混練プロセスにおいて解繊されたセルロースナノファイバー／熱可塑性樹脂複合材料の特性

仙波　健*

3.1 セルロースナノファイバーの特徴，性質と熱可塑性樹脂との複合化

　セルロースナノファイバー（CNF）は鋼鉄の1/5の比重でありながら5倍の強度，石英ガラスと同等の低線熱膨脹率，生分解性，そして高分子材料であるにも関わらず−200〜＋200℃の間で弾性率が不変などの特性を有する。さらに最も豊富に存在するバイオマスであることから，その有効利用技術の開発が注目されている。2030年には数百億円とも一兆円とも言われる大きな市場を形成することが期待されており，様々な用途展開，商品化も進んでいる。これまではインク，不織布，スピーカーの振動板，薬品添加剤などの商品化があったが，ここ最近になってプラスチックの強化材としての実用化が発表された。6月には，ミッドソール（靴底中間層）にCNFにより強化した発泡樹脂を採用したランニングシューズが発売された。従来ミッドソール用発泡樹脂と比較し，軽量性を維持したまま，強度を20%，耐久性を7%向上している。そして8月末にはセルロースファイバーを本体部に採用したコードレススティック掃除機が発売された。ボディの軽量高強度化を図ることにより，モーターおよびバッテリーの大容量化による重量増とのバランスをとっている。このように日本では，これまで難しいとされていたCNFの樹脂強化材としての活用法を見出し世界で初めて商品化が始まっている。

　本節では，京都において十数年前に研究開発を開始し，CNF強化熱可塑性樹脂のためにブラッシュアップされた製造プロセスである「京都プロセス」におけるコンパウンディング手法および材料の特性について紹介する。

3.2 CNF強化熱可塑性樹脂製造プロセス「京都プロセス」―セルロースの耐熱性とパルプ直接解繊―

　京都プロセスの概要を図1に示す。原料植物の種類（マツ，スギ，ユーカリなど何を使うか），セルロース・ヘミセルロース・リグニンの成分分離（パルプ化：温度条件，薬剤の種類など），セルロースの化学変性（変性置換基，条件，変性度など），樹脂との混練によるマスターバッチペレットの作製（溶融混練，セルロースの解繊検討）およびCNF強化プラスチック材料の成形加工（押出，射出，発泡成形など）までを行う一貫製造プロセスである。主にCNF強化熱可塑性樹脂をターゲットとしており，世界に先駆けて完成したCNF関連材料の一貫製造プロセスである。以下に京都プロセスと従来のセルロースおよびナノセルロース複合材料の製造プロセスの違いを述べる。

　海外でもナノセルロースと樹脂材料の複合化検討は進められているが，熱硬化性樹脂や水性樹脂が対象となっているケースが多い。これはCNFには熱可塑性樹脂との複合化において，200℃

　＊　Takeshi Semba　（地独）京都市産業技術研究所　高分子系チーム　チームリーダー

第6章　長繊維分散による複合材料製造

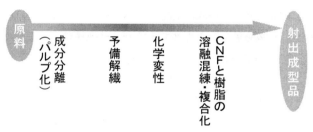

図1　京都プロセスのフロー図

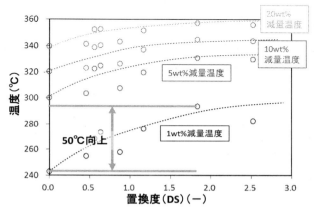

図2　熱重量分析により得られた重量減少温度とDSの関係

以上の高温での溶融混練に耐えることができないという致命的な問題があるためである。セルロースの熱重量変化を測定すると，230～240℃を超えると分解し重量が減少し始める。ほとんどの熱可塑性プラスチックの加工設定温度は200℃以上であり，その加工工程ではせん断発熱などによりさらに高温となる。通常のCNFを強化材とした場合，熱劣化により本来の補強効果を得ることができない場合が多い。そこでセルロースを化学変性（ここではアセチル化）することにより，耐熱性の向上を試みた。未処理パルプおよびそれを化学変性により置換度（DS：セルロース分子の繰り返し単位に含まれる3つの水酸基の置換度，最大DS＝3）を0.4～2.5に変化させた化学変性パルプを準備した。それらの熱重量分析により得られた重量減少温度とDSの関係を図2に示す。1wt％減量温度曲線は，各DSのパルプサンプルが分解して1wt％減量する温度をプロットしたものであり，未処理パルプ（DS＝0）の分解温度243℃からDS＝2.0の化学変性により293℃まで向上した。同様に5，10，20wt％減量温度についても，20℃程度の向上が確認できた。セルロースの熱劣化により生じる分解物は，微量成分でも樹脂中の異物となる。化学変性によるセルロースの耐熱性向上は，複合材料への応力負荷時のセルロース分解物による欠陥発生を抑制するのに重要であると考えられる。このように化学変性度を上げることにより耐熱性は向上するが，それとトレードオフの関係にあるのがセルロースの結晶性である。図3に広角

X線回折により算出した変性セルロースの結晶性とDSの関係を示す。本データは，置換基を含んだ状態での変性セルロースを測定したものであるが，結晶性の変化を見ることは可能である。DS1.0以上において，結晶性が著しく低下していくことがわかった。つまりDSを高めることにより耐熱性は向上するが，セルロースの結晶性は失われ強度特性が不十分なセルロースとなると言える。逆にDSが低いと繊維の強度特性は高いが，耐熱性が低く，熱可塑性樹脂との溶融混練は困難となる。京都プロセスでは，セルロースの耐熱性向上と繊維としての補強性を重要視した変性セルロースが用いられている。

次に京都プロセスのコンパウンディングプロセスであるパルプ直接混練法について述べる。これまでのセルロースのダウンサイジングによるCNF化には，高圧ホモジナイザー，マイクロフルイダイザーなどの処理能力の限られた装置が用いられており，大きなエネルギーと時間を使っていた。このようなプラスチックとの複合化前のセルロースのCNF化は，高コスト化とナノ化によるハンドリングの悪さから工業生産には現実的ではない。そこで京都プロセスにおいては，工業生産を見据えたパルプ直接混練技術が開発された。図4に従来のCNF複合材料の製造およびパルプ直接混練のフローを示す。従来のCNF複合材料の製造工程（上）は，①パルプを大きなエネルギーを使いCNF化する。②得られたCNFとプラスチックを混練機に投入し，溶融混練・複合化する。工程①において大きなコストが発生し，さらに得られたCNFは含水ゲル状であり，且つ嵩高いことからハンドリングが悪いため，②において混練機への供給および混練にも難があった。それに対してパルプ直接混練（下）は，まず③パルプを化学変性する。これによりパルプを構成するセルロースの水酸基が変性，水素結合が抑制されることによりパルプが外力により解れやすくなる。つまり易解繊性を付与することができる。また化学変性の過程において脱水，ドライパルプ化される。この時点ではナノ化していないため，通常のドライパルプと同様に扱うことができる。これを④において混練することにより，混練中のせん断応力によりパルプが解され，最終成形品内部にCNFを分散させられる。

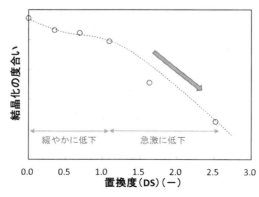

図3　広角X線回折により算出した変性セルロースの結晶性とDSの関係

第6章　長繊維分散による複合材料製造

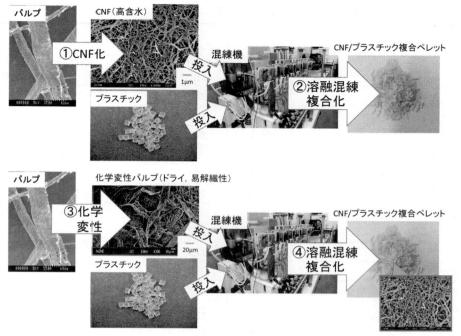

図4　従来のCNF複合材料製造（上）とパルプ直接混練（下）のフロー図

3.3　京都プロセスにより製造されたCNF強化熱可塑性樹脂の特性

このように熱可塑性樹脂との複合化のために耐熱性が向上した変性パルプと各種熱可塑性樹脂を複合化した場合の曲げ特性を表1に示す。多くの熱可塑性樹脂において補強効果があることがわかる。ここではこれらの複合材料のうち，①加工温度が低いエンジニアリングプラスチックス，②加工温度が高いエンジニアリングプラスチックスの2つのカテゴリーについて紹介する。

3.3.1　加工温度が低い汎用エンジニアリングプラスチックス

ここで述べる加工温度が低い汎用エンジニアリングプラスチックス（エンプラ）とは，ポリアミド6（PA6），ポリアセタール（POM），ポリブチレンテレフタレート（PBT）である。

ポリアミド6（PA6）は，電子，自動車，家電，そして繊維分野に使用されており生活に欠くことのできない素材である。融点は225℃程度であり，加工時には250～260℃以上の温度が材料に負荷されると考えられる。通常のセルロースでは耐えられる加工温度ではないため，開発された耐熱性が向上した変性セルロースにおいて，パルプ直接混練を検討した。図5にCNF/PA6複合材料の曲げ弾性率および曲げ強度とDSの関係を示す。ニートPA6に未処理パルプ（DS＝0）を10 wt%添加することにより曲げ弾性率が2220→3450 MPa，曲げ強度が91.2→117 MPaに向上した。変性パルプを10 wt%添加した場合は，さらに大きく曲げ特性が向上した。曲げ特性は，DS＝0.4～0.8の領域においてピークとなり，曲げ弾性率および曲げ強度の最大値は，5430 MPaおよび159 MPaであった。親水性のCNFと疎水性のプラスチックは，水と油の

表1 変性パルプ強化プラスチック複合材料の曲げ特性

プラスチック	略称	非強化材料 曲げ弾性率(MPa)	非強化材料 曲げ強度(MPa)	変性パルプ10 wt%添加材料 曲げ弾性率(MPa)	変性パルプ10 wt%添加材料 曲げ強度(MPa)
ポリアミド6	PA6	2220	91.2	5430	159
ポリアミド12	PA12	1240	52.2	3150	88.8
ポリ乳酸	PLA	3410	108	6400	119
ポリアセタール	POM	2290	77.7	5590	129
ポリブチレンテレフタレート	PBT	2270	80.2	4380	113
ABS樹脂	ABS	1970	62.6	3780	87.3
ポリスチレン	PS	3100	95.2	4110	66.3
ポリプロピレン	PP	2140	58.0	2800	67.1
ポリエチレン	PE	1100	24.0	2390	42.4
ポリカーボネート	PC	2350	94.7	3610	115
ポリカーボネート/ABS樹脂	PC/ABS	2990	98.4	5580	115
変性ポリフェニレンエーテル	m-PPE	1970	71.0	3310	97.6
ポリエチレンテレフタレート	PET	2270	78.9	3990	69.3
共重合ポリエチレンテレフタレート	共重合PET	2360	82.5	4540	120
ポリアミド66	PA66	2490	102	4260	128
ポリプロピレン+分散剤+無機フィラー	PP改	2140	58.0	4730	95.1

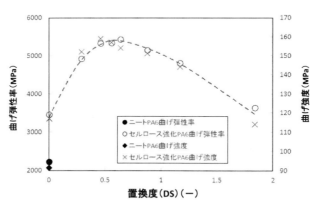

図5 CNF/PA6複合材料の曲げ弾性率および曲げ強度とDSの関係

関係にあり，単純に複合化するだけでは十分な性能が得られない。したがって互いの相容性を高めるための界面活性剤の役割を果たす物質が必要となる。化学変性剤は疎水性であり，さらにCNF表面の水酸基に反応するため，CNF／プラスチック界面に存在することとなり，相容化剤として働く。DSによる曲げ弾性率および曲げ強度のピーク領域では，セルロースの解繊性と

第6章　長繊維分散による複合材料製造

CNF／プラスチック界面の相互作用のバランスがとれた領域であると考えられる。DSが0.4以下の低DS領域では，セルロースの解繊性とCNF／プラスチック界面の相容性の両方が不十分であり，DSが0.8以上の高DS領域では相容性は良好であるが，セルロースが化学変性により傷んでいるものと推測される。それに対してDS＝0.4〜0.8の領域では，セルロースは傷むことなくサブミクロンオーダーまで解繊され，さらに相容性も高まっていると考えられる。図6にPA6/変性セルロース複合材料のPA6マトリックスを溶媒抽出することにより得られたセルロース繊維の観察写真を示す。変性パルプの多くが，サブミクロンオーダーのCNFに解繊されていた。このように混練機内においてセルロースとプラスチックを複合化させると同時に解繊するパルプ直接混練によるナノコンポジット化が可能であることが明らかとなった。

ポリアセタール（POM）は，疲労，クリープ，摺動特性に優れる。ホモポリマーは加工中に熱分解が起こりやすいため，多くはコポリマー化することにより熱分解性を抑えている。コポリマーはエンプラの中では加工温度が低く（ポリプロピレンよりも少し高い程度），170℃〜の設定温度での成形加工が可能である。成形加工時に材料に負荷される温度は，200℃＋α程度であると予測され，従来のセルロースによる強化もギリギリ可能な温度範囲であると考えられる。図7にCNF/POM複合材料の曲げ弾性率および曲げ強度とDSの関係を示す。ニートPOMに未処理パルプ（DS＝0）を10 wt%添加することにより曲げ弾性率が2290→3220 MPa，曲げ強度が77.7→93.0 MPaに向上した。変性パルプを10 wt%添加した場合は，さらに大きく曲げ特性が向上した。曲げ特性は，大凡DS＝0.5〜1.3の領域においてピークとなり，曲げ弾性率および曲げ強度の最大値は，5590 MPaおよび129 MPaであった。このようにPOMに対しても変性セルロースは大きな補強効果を示した。図8にPOM/変性セルロース複合材料のPOMマトリックスを溶媒抽出することにより得られたセルロース繊維の観察写真を示す。化学変性パルプの多くが，サブミクロンオーダーのCNFに解繊されていた。このようにPOMにおいてもパルプ直接混練によるナノコンポジット化が可能であることが明らかとなった。

次にPOMマトリックス材料を利用して，CNF強化材料のリサイクル性を検証した。図9にパルプ／POM材料を押出機に1〜3回パスして溶融混練し，さらに射出成形した材料の曲げ弾

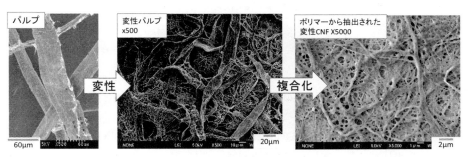

図6　ポリアミド6／変性セルロース（DS0.46）複合材料のPA6マトリックスを溶媒抽出することで得られた変性セルロースCNFの観察写真

樹脂の溶融混練・押出機と複合材料の最新動向

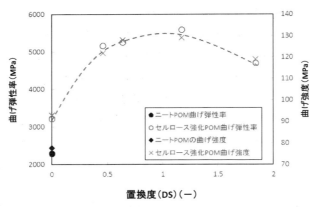

図7　CNF/POM 複合材料の曲げ弾性率および曲げ強度と DS の関係

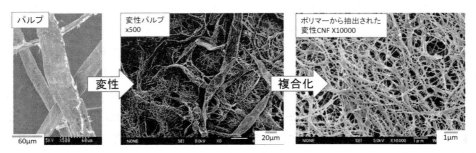

図8　POM ／変性セルロース（DS0.46）複合材料の POM マトリックスを溶媒抽出することで得られた変性セルロース CNF の観察写真

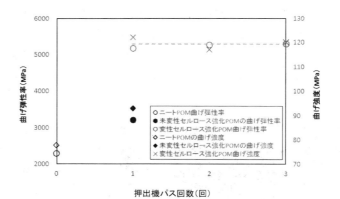

図9　パルプ／ POM 材料の押出機パス数と曲げ弾性率および曲げ強度の関係

性率および曲げ強度と押出機パス回数の関係を示す。変性パルプ強化 POM の曲げ弾性率および曲げ強度は，押出機パス数が増加しても変化せず，曲げ弾性率が 5170 → 5270 → 5290 MPa，曲げ強度が 122 → 117 → 120 MPa であった。図10に Izod 衝撃強度と押出機パス回数の関係を示

第 6 章　長繊維分散による複合材料製造

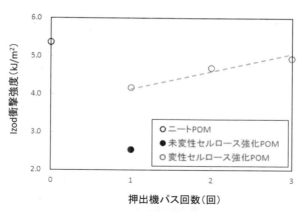

図 10　Izod 衝撃強度と押出機パス回数の関係

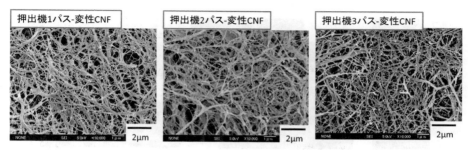

図 11　変性パルプ／POM 材料を押出機に 1〜3 回パスして溶融混練した複合材料の POM マトリックスを溶媒抽出することにより得られたセルロース繊維の観察写真

す。ニート POM の 5.38 kJ/m^2 に対して，押出機のパス数により，4.18 → 4.70 → 4.95 kJ/m^2 と変化し，3 パス目では，ニート POM の衝撃強度と大差がなくなった。図 11 にパルプ／POM 材料を押出機に 1〜3 回パスして溶融混練した複合材料の POM マトリックスを溶媒抽出することにより得られたセルロース繊維の観察写真を示す。パス数を重ねても繊維の破断は観察されなかった。仮に同じ実験をガラス繊維や炭素繊維を用いて行った場合には，両繊維とも脆いためパス数を重ねるに従い急激に繊維長が低下し，各物性も低下していくことが予測される。それに対してフレキシブルな CNF，特に耐熱性を向上させた変性 CNF による補強は，加工温度さえ許容範囲内であれば繰り返し成形加工（リサイクル）に対して物性低下を抑えられることが明らかとなった。

　ポリブチレンテレフタレート（PBT）は，ポリエステル系のエンプラであり，絶縁性などの電気特性，熱安定性，寸法安定性などに優れることから，電子部品に多用されている。またガラス繊維強化により大きく物性を向上させ，ドアミラーステイなどの自動車用構造部材などにも採用されている。融点は PA6 とほぼ同じで，225℃程度である。ここまでアミド結合，エーテル結合を含むエンプラとの複合例を紹介したが，ここではエステル系のエンプラである PBT との複

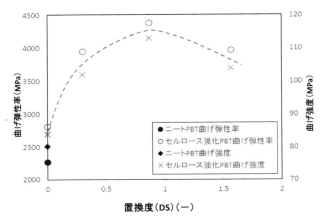

図12 CNF/PBT複合材料の曲げ弾性率および曲げ強度とDSの関係

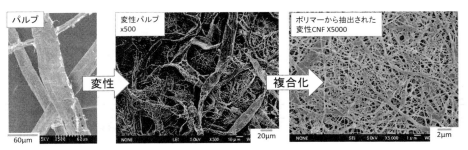

図13 PBT／変性セルロース（DS0.87）複合材料のPBTマトリックスを溶媒抽出することで得られた変性セルロースCNFの観察写真明

合例を紹介する。図12にCNF/PBT複合材料の曲げ弾性率および曲げ強度とDSの関係を示す。ニートPBTに未処理パルプ（DS＝0）を10 wt%添加することにより曲げ弾性率が2270→2810 MPa，曲げ強度が80.2→83.8 MPaに向上した。前述のPA6，POMマトリックスと比較すると，未処理パルプのPBTへの補強効果は小さかった。しかしながら変性パルプを10 wt%添加した場合は，大きく曲げ特性が向上した。曲げ特性は，DS＝0.9程度の領域においてピークとなり，曲げ弾性率および曲げ強度の最大値は，4380 MPaおよび113 MPaであった。このようにPBTに対しても変性セルロースは大きな補強効果を示した。図13にPBT/変性セルロース複合材料のPBTマトリックスを溶媒抽出することにより得られたセルロース繊維の観察写真を示す。化学変性パルプの多くが，サブミクロンオーダーのCNFに解繊されていた。このようにPBTにおいてもパルプ直接混練によるナノコンポジット化が可能であることが明らかとなった。

3.3.2 加工温度が高い汎用エンジニアリングプラスチックス

ここまでに示したCNF/PA6，POM，PBT複合材料は，京都プロセスCNFの効果により大きく物性が向上，またPOMにおいては繰返しの溶融混練加工により材料物性の低下が起こらな

第6章 長繊維分散による複合材料製造

いことが明らかとなった。しかしながらこれらは，汎用エンプラでは加工温度の低い部類である。そこでさらなる高加工温度樹脂への展開の可能性を検証するため，汎用エンプラの中で高加工温度を要するポリカーボネート（PC）への適用を試みた。PC は汎用エンプラの中で最も生産量が多く有用な特徴を有する。構造材料としては，その強靭さを生かした家電製品の筐体，自動車部品などに使用されている。一般的な加工温度は，280～300℃以上であり，従来のセルロース材料を添加することは全く不可能であった。この PC に京都プロセスにより作製した変性パルプ 10 wt％ を溶融混練した。その曲げ試験における応力-ひずみ線図を図 14（図中（　）内は曲げ弾性率と曲げ強度値，単位は MPa）に示す。非強化 PC に対して未処理パルプを添加することにより荷重の立ち上がり（曲げ弾性率）は向上するが，低ひずみで破断に至り最大応力（曲げ強度）が大きく低下した。それに対して変性パルプ強化 PC では，曲げ弾性率，破断ひずみおよび曲げ強度が大きく向上した。その分散繊維のモルフォロジーを図 15 に示す。光学顕微鏡，XCT スキャンおよび抽出繊維の電子顕微鏡観察の結果，未変性パルプ添加 PC では，パルプが解れずに切断している様子が観察された。一方変性パルプ強化 PC においては，数十 μm 以上のセルロースが減少し，解繊が進んでいる様子が確認された。未変性パルプでは，セルロース間の強固な水素結合により，溶融混練時の応力が，パルプの切断に消費されるが，変性パルプでは，易解繊性によりパルプの解繊に消費されていると考えられる。このように変性パルプにより強化することにより加工温度の高い PC においても一定以上の補強効果が得られた。しかしながら成形品の色調は，未変性パルプ添加 PC は黒，変性パルプ強化 PC でも茶色であった。化学変性によりパルプの耐熱性は向上しているが，それでも厳しい加工温度条件であると考えられる。

そこで PC-ABS（アクリロニトリル-ブタジエン-スチレン共重合体）アロイ材料の適用を試みた。一般に PC に ABS をアロイ化することにより PC の弱点が改善されるが，最も重要なことは成形温度の低下と流動性（成形加工性）向上である。アロイ化により成形温度が 210～270℃

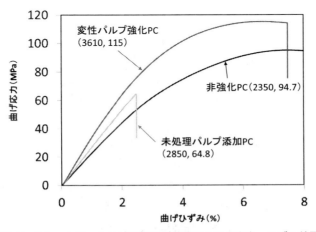

図14　PC マトリックス材料の曲げ試験における応力-ひずみ線図
　　　（図中（　）内は曲げ弾性率と曲げ強度値，単位は MPa）

217

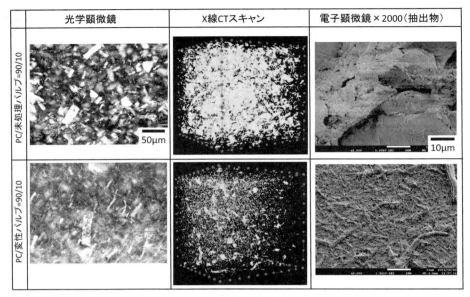

図15 PCマトリックス材料の分散繊維のモルフォロジー

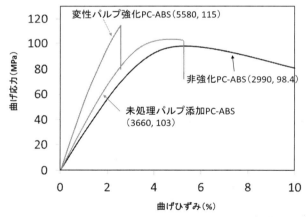

図16 PC-ABSマトリックス材料の曲げ試験における応力－ひずみ線図
（図中（ ）内は曲げ弾性率と曲げ強度値，単位はMPa）

程度まで下げられ，さらに溶融混練や射出成形時の過剰なせん断発熱が低減される。これは変性パルプにとって好都合であり，その熱劣化の低減に大きく貢献すると考えられる。図16（図中（ ）内は曲げ弾性率と曲げ強度値，単位はMPa）にパルプを10 wt%添加したPC-ABSアロイ材料の応力-ひずみ線図を示す。前述のPCマトリックス材料と比較し，変性パルプ強化により大きく曲げ特性が向上した。図17に光学顕微鏡，XCTスキャンおよび抽出繊維の電子顕微鏡観察像を示す。前述のPCマトリックスと同様，未処理パルプは解繊よりも切断が起こり，変性パ

第 6 章　長繊維分散による複合材料製造

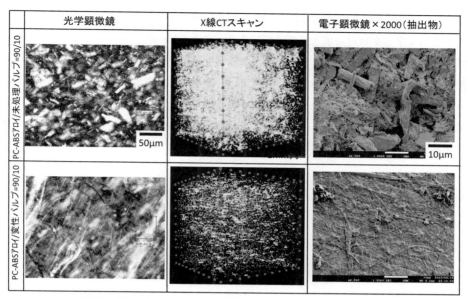

図17　PC-ABSマトリックス材料の分散繊維のモルフォロジー

ルプではパルプが解れてナノ化が進行している様子が観察された。特に光学顕微鏡では，変性パルプは解繊しているうえに繊維長が維持されている様子であった。これらの長く解きほぐされたCNFが物性向上に大きく影響していると考えられる。

その他の高加工温度の汎用エンプラには，PA66，変性PPE，PETなどがあるが，いずれもPCマトリックスと同様，京都プロセスの変性セルロースであっても，その加工温度は厳しいが，表1に示したようにある程度の強化ができた。PA66はセルロースとの親和性が高く，変性PPEはPPEとPSのブレンド比率を考慮したグレード選定を行うこと，PETについてはコポリエステルを使用することにより大きく物性向上，着色の低減ができた。セルロースの加工温度の限界に近いが，樹脂側の工夫により性能を十分に向上させられる可能性を検証できている。

3.4　まとめ

本節ではCNFと熱可塑性樹脂のコンパウンディングにおける困難とその要因について説明をし，それを解決する具体的な手法としてパルプの化学変性，パルプ直接混練法を紹介した。そしてCNF強化エンプラの特性を紹介した。いずれも従来のセルロースが添加することすらできなかった樹脂，そして従来を大きく超える高い補強効果が得られている。これらの材料は，軽量化だけでなく，リサイクル性も優れている。さらに用いた化学変性は低コスト化が見込めることから，今後普及が進められると考えている。このようにセルロースを凝集させず，解しながらコンパウンディングする技術開発は着実に進展している。ハイパフォーマンスなCNF強化プラスチックの創生には，従来のプラスチックコンパウンディングに関する知識の利用はもちろんのこ

と，セルロースの知識が必要であることがこれまでの検討でわかってきた。セルロースは古くから多くの著名な学者が検討対象としてきているが，ことCNFのプラスチックへの利用は，初めての試みでありハードルも高い。今後のさらなる研究開発の進展には，プラスチック／セルロースの両側からのアプローチが必要となると言える。昨今，地球環境保全のための様々な環境規制のニュースも多く，地球最大量のバイオマスであるセルロース，ナノセルロースを如何に低コストで大量に使いこなすかの技術は，ひょっとすると将来の強化樹脂材料の主導権を握ることに繋がるのかもしれない。

4 バイオマスフィラーのプラスチックへの利用

大峠慎二[*1]，伊藤弘和[*2]

4.1 はじめに

　セルロースを主成分としたバイオマスをプラスチックのフィラーとして用いる素材は，既に多くの分野で活用されている。漆器等に用いられるフェノール樹脂と木粉の複合材料は，古くから利用されている。また，塩化ビニル樹脂，最近は，ABS 樹脂やオレフィン樹脂等に 10% 前後の木粉を添加し，木質感を付与した成形材料は，建築内装材で広く用いられている。これらの用途は，機能よりはむしろ，意匠や質感を重視し，バイオマスフィラーである木粉を添加している。一方，1990 年後半より，オレフィン樹脂等の熱可塑性プラスチックに，50% 前後の木粉を添加したウッドプラスチック（以下 WPC と略す）が，エクステリア用途を中心に拡大している。WPC における木粉の役割は，木質感だけではなく，補強効果や寸法安定性等の機能性の向上も担っている。WPC の国内市場は，3 万 t/年程度であるが，海外では，サイディングやサッシ等の住宅部品に用途は拡大しており，北米，中国，欧州を中心に 300 万 t/年以上の市場で，汎用的な材料となってきている[1]。さらに近年，自動車や家電部品の軽量化を目的に，木粉等セルロース素材をフィラーとして添加したプラスチック部品も実用化されはじめている。加えて，セルロース素材をナノサイズまで微粉化したセルロースナノファイバー（以下 CNF と略す）とプラスチックの複合化に関する研究も盛んであり，バイオマスフィラーのプラスチック利用は，今後さらなる発展が期待できる分野である。

　本節では，バイオマスフィラーのプラスチック利用における代表例である WPC を事例とした現状解説から，将来展望を述べる。

4.2 WPC の製造

　1990 年代後半，北米にて，エクステリア用途で利用されていた CCA 等ヒ素を含む防腐処理木材の使用が禁止になり，この代替製品として WPC が拡大した。欧州では，プラスチック成形機メーカーを中心に環境配慮型素材として，自動車用途を中心に商品開発がスタートし，エクステリア用途へ広がっている。国内でも住宅デザインの洋風化から，デッキ材等のエクステリア需要が拡大し，木材に比べメンテナンスが容易な WPC が広く用いられるようになった。中国は，上海万博や北京オリンピック等の国際行事をきっかけに，環境貢献を目的に WPC の積極利用がはじまり，現在では，欧米に輸出する産業まで発展している。このように，地域により WPC 利用の成り立ちは異なっている。しかしながら，原料や製造方法に大きな違いはない。図 1 には WPC の生産フロー図を示す。各工程に関する詳細は，後述するが，生産フローとしては，汎用

＊1　Shinji Ogoe　トクラス㈱　技術部　WPC 開発室　室長
＊2　Hirokazu Itou　（国研）産業技術総合研究所　機能化学研究部門
　　　　　　　　　　　セルロース材料グループ　主任研究員

樹脂の溶融混練・押出機と複合材料の最新動向

図1　WPCの生産フロー図

の無機フィラー充填プラスチックと同じである。しかしながら，フィラーが有機素材である木粉であるため，異なってくる点も多い。

4.2.1　WPCの原料

WPCを構成している素材は，フィラーとしての木粉，ベースとなるプラスチックおよび添加剤である。ベースとなるプラスチックは，ポリプロピレン（以下，PPと略す）やポリエチレン（以下，PEと略す）等のオレフィン樹脂が用いられる場合が多い。これらプラスチックが利用される理由としては，汎用性面もあるが，木粉は200℃を超えると，変質が大きくなるので，融点の制約面が挙げられる。

(1)　木粉

木粉は，一般的にチップやおが粉を粉砕して製造される。粉砕過程において，木材の構造から，図2に示すようなロッド状の形状を呈する。これは，木材が繊維方向のほうに粉砕されやすいためである。木粉は，アスペクト比が大きいので，プラスチックのフィラーとして用いた場合，補強効果が期待できる。粉砕方法によっては，容易に木粉のアスペクト比を大きくすることが可能であることから，各種木粉形状がWPC特性に及ぼす影響に関して，種々の研究が行われている[2,3]。一方，エクステリア用のWPCに用いられている木粉サイズは，100～500μm程度が一般的である。これには，いくつかの理由がある。市販されている粉砕機にて木粉を製造する場合，微粉化するほど生産性が低くなり，生産コストが上昇する点，エクステリア用WPCのほとんどは，押出成形で製造されるため，木粉サイズは大きくても生産が可能となる点が挙げられる。但

図2　木粉のSEM画像

第6章　長繊維分散による複合材料製造

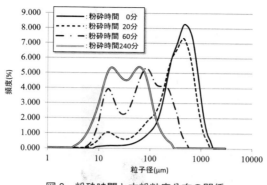

図3　粉砕時間と木粉粒度分布の関係

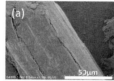 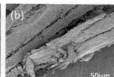 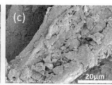 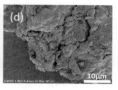

図4　各粉砕時間における木粉表面のSEM画像
（粉砕時間：a = 0分，b = 20分，c = 60分，d = 240分）

し，木粉サイズが大きくなるとエクステリア用途で必要な耐水性が悪くなるため，使用できる限界はある[4]。また，100μm以下の微細な木粉では，木粉同士の凝集が問題となる。図3には，ボールミルにて粉砕した木粉の粒度分布を示す。粉砕時間増加に伴い，微細木粉が増加している。しかしながら，長時間粉砕しても（240分），微細木粉のピークは変わらない。図4には，これらの各粉砕時間における木粉のSEM画像を示す。粉砕時間が長くなるほど，木粉表面に微細な木粉が付着していることが分かるが，粉砕時間240分では，これら微細な木粉だけの凝集物になっている。このことから，通常の粉砕により，微細木粉の状態で維持させることは困難であることが分かる。さらに，凝集した木粉を用いたWPCでは，耐水性や機械的特性も低下する。これらから，100μm以下の微細製造におけるコスト面の課題に加え，凝集等による性能低下が生じる点から，利用が進んでいない。これらのコストと性能の観点から，現在の木粉サイズが選択されている。

(2) 相容化剤

木粉は，親水性の素材であり，WPCに利用するプラスチックは疎水性であることから，この両者は相容しない。フィラー充填プラスチックや繊維補強プラスチックでは，相容性のない素材同士の複合体は，機械的特性，耐久特性等様々な特性においてその効果を発現しないことは周知で，WPCも同様である。そこで，木粉とプラスチックの相容性を高めるために，プラスチックをマレイン酸等の酸で両極性（親水性，疎水性）を有する形に変性した酸変性プラスチックを相

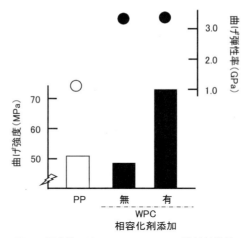
図 5　相容性の違いによる WPC の機械的特性

容化剤として用いる。酸変性プラスチックは，プラスチック部分がベースプラスチックと混ざり合い，マレイン酸で変性された親水性の部分が木粉と結合することで，親水性である木粉と疎水性であるプラスチックの橋渡しをしている。図 5 には，相容化レベルの異なる WPC（木粉添加量 40％，ベースプラスチック＝ PP）の曲げ強度，弾性率を示す。相容性のない WPC はベースの PP より強度が低い。逆に，相容性のある WPC は高い補強効果を示している。さらに，酸変性プラスチックは，ペレット形状（あるいは粉末，顆粒）の市販品も多く，入手が容易であることに加え，コンパウンド工程で添加するだけで相容性が発現するため，生産性の効率面からも WPC には広く採用されている理由の一つである。

4.2.2　WPC のコンパウンド化

コンパウンド化においては，プラスチックとフィラーである木粉が均一分散することが重要である点は，フィラー充填プラスチックや繊維補強プラスチックと同じである。ここで，木粉は非常に凝集しやすいフィラーである点が異なる。図 6 にコンパウンド中における木粉の凝集を示す。この凝集は，非常に強固で，再コンパウンドや成形等で混合されても再分散されない。コンパウンド化で生じた木粉の凝集物は前述したとおり，強固であるため，機械的特性への影響は少ないが，耐水性に大きく影響を及ぼす。WPC はエクステリア等の屋外用途が中心であることから，凝集による耐水性の低下は，製品の品質低下につながる。コンパウンド化における凝集は木粉の含水率が大きく影響する。そのため，含水率の低い木粉を使用するかあるいは，コンパウンド化の際に乾燥工程を導入する等の対策が必要となる。コンパウンド製造設備としては，押出成形機を利用することが多いが，含水率が高い木粉を使用するケースでは，ヘンシェル型ミキサを用いる場合もある。

4.2.3　WPC の成形

WPC の成形は，一般のプラスチック同様，押出成形，射出成形，プレス成形，ブロー成形等

第6章　長繊維分散による複合材料製造

図6　コンパウンド化で生じた木粉の凝集

の手法が可能である。エクステリア用途のWPCでは，押出成形が最も一般的であるが，自動車部品等の新たな用途として，射出成形も広まりつつある。

(1) 押出成形

エクステリア用のWPCは木粉充填率が高く，一般的な押出成形に用いられるプラスチックに比べ流動性が低い。そのため，流動性が低くても成形が可能なコニカル成形機等のフィード力が高い装置を用いる。また，木粉に含まれる水分の蒸発および木粉自体から発生する気化成分のガスを除去するためのベント（ガス抜き）があることが望ましく，このガスが除去できないと成形性や成形体の形状維持が困難となる。

(2) 射出成形

エクステリア用途で押出成形が一般的なのは，製品として求められる形状に適しているためである。一方近年，エクステリア以外の用途にも注目されており，射出成形の実用化が求められている。海外では，WPC専用の射出成形機も市販されているが，設備投資負荷も高いことから，汎用のプラスチック射出成形機・金型での成形が望まれる。ここで重要となるのが流動性である。図7には，トクラス社WPCマスターバッチ（「セルブリッド」）を用いた木粉充填率と流動性（MFR：メルトフローレート）の関係を示す。木粉充填率が高くなることで，MFR（流動性）は低下する。射出成形が可能なMFRは，概ね10 g/10 min以上とされており，木粉充填率35％

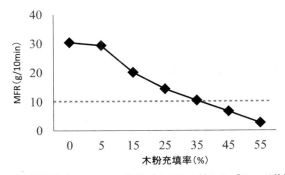

図7　木粉充填率とMFRの関係（トクラス社セルブリッド使用）

樹脂の溶融混練・押出機と複合材料の最新動向

表1 WPC と各種フィラー充填プラスチックの性能比較

フィラー種類	無 (PP 単体)	WPC	フィラー充填プラスチック	
		木粉 25%	タルク 25%	炭酸 カルシウム 25%
密度（g/cm^3）	0.90	0.99	1.08	1.08
曲げ強度（MPa）	47.4	66.5	56.6	41.8
曲げ弾性率（GPa）	1.73	3.07	3.72	1.90
引張強度（MPa）	36.1	45.7	36.9	28.2
熱荷重たわみ温度（℃）	126	149	134	148

以下であれば，汎用の射出成形が可能となる（但し，ベースのプラスチックや木粉形状により，違いはある）。また，押出成形同様，ガスの発生は想定される。多くの射出成形機にはベント機能が付与されておらず，成形前のコンパウンドの十分な乾燥と成形温度の制御が重要な管理ポイントとなる。

4.3　WPC の性能

WPC の機能性発現において，木粉の凝集がないこと（均一分散），プラスチックとの界面強度が確保されていること（相容化）は必須条件である。この条件が確保されている市販の WPC（トクラス社セルブリッド）を用いた射出成形体事例にて解説する。表1には，WPC と各種無機フィラー充填プラスチックの性能比較を示す。ここで用いた無機フィラー充填プラスチックとWPC のベースプラスチックは同じ素材であるため，プラスチックの影響は除外してよい。密度は，WPC が低くなっているのは，フィラー自体の密度の違いである。また，機械的特性もフィラー充填プラスチックより高い性能を有している。したがって，WPC は，従来のフィラー充填プラスチックに比べ，軽量かつ高強度であり，自動車部品等，軽量化を求められる用途から注目されている。図8〜10には，木粉充填率と各機械的特性の関係を示す。引張強度と曲げ強度は，木粉充填率が高くなると向上している。これらから，高い補強効果を示していることが分かるが，衝撃強度においては，低下傾向にある。この点が，木粉をフィラーとして用いた場合の課題となる。

4.4　バイオマスフィラーを利用したプラスチックの展望

木粉も含むセルロース系のバイオマスフィラーの特徴は，粉砕にて様々な形状に加工できる点が他のフィラーにない特徴である。この特徴を活かした代表例が，ナノサイズまで微細化したCNF で，様々な分野で研究開発も活発に行われている。本書でも多く解説されているので，割愛する。ここでは，ミクロンサイズの木粉表面に微細な毛羽立ちを形成させるフィブリル化に関して解説する。製紙の分野では，このフィブリル化は，古くから利用されており，粉砕条件を変

第6章　長繊維分散による複合材料製造

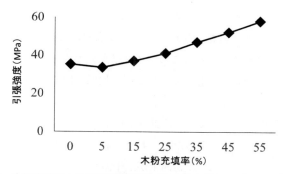

図8　木粉充填率と引張強度の関係（トクラス社セルブリッド使用）

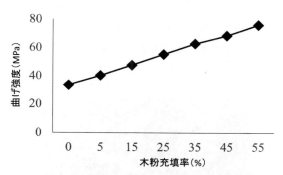

図9　木粉充填率と曲げ強度の関係（トクラス社セルブリッド使用）

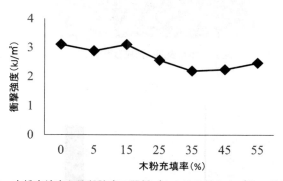

図10　木粉充填率と衝撃強度の関係（トクラス社セルブリッド使用）

えることで，容易にフィブリルは形成できる。図11には，フィブリル化した木粉の表面写真を示す。長いフィブリルに加え，微細で短いフィブリルも表面に認められる。これは，無機フィラーにはあまり見られない形状である。このフィブリル化木粉をWPCに用いることで，2つの効果が期待される。1つは，木粉同士が接近している状態，例えば，木粉の充填率が高い場合，フィブリル同士が絡み合い，従来のフィラーにはない相互作用が発現する[5]。しかしながら，前述したとおり，木粉充填率が高くなると，流動性が低下し，加えて，流動時にフィブリルが抵抗となり，さらに流動性は低下する。そのため，射出成形等，流動性が必要な成形方法には適していない。ここで，もう一つの効果は，木粉同士が，干渉しない距離，即ち木粉の充填率が低い場合である。図12には，フィブリル量の異なる木粉を用いた低充填率WPCの引張強度を示す。フィブリル量が増加すると引張強度が向上する結果となった。これは，木粉表面のフィブリルによる比表面積増大あるいは，アンカー効果によるものと考えられる。

セルロース系のバイオマスフィラーは，サイズや形状等の物理的改質だけでなく，化学的な改質も多く研究されている[6〜9]。このように自由度が高い長所は，逆に，制御の煩雑さの短所も有

図11　木粉表面に形成したフィブリル

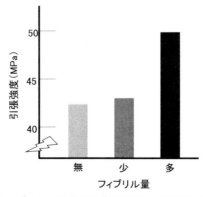

図12　フィブリル量の異なる木粉を用いたWPCの引張強度

第6章　長繊維分散による複合材料製造

している。求める機能が高くなるほど，微細構造の制御および評価技術は，重要な課題となってくる。また，有機物である点から，耐熱温度等の制約も無機フィラーに比べ多いことから，すべてのプラスチック機能化ニーズに対応できる万能素材ではない。一方，バイオマスである点から，環境にやさしい素材で，かつ国内で調達できる資源である反面，天然物であるが故の品質や安定供給面は懸念事項となる。これら課題を鑑みると，バイオマスフィラーのプラスチック利用を拡大するためには，川上から川下の体系化した取組みが必要となってくる。

文　　献

1)　菊池武恭，木材工業，**67**，475（2012）

2)　S. Migneault, A. Koubaa, F. Erchiqui, A. Chaala, K. Englund, M. P. Wolcott, *Comp. A*, **40**, 80 (2008)

3)　N. M. Stark, R. E. Rowlands, *Wood. Fiber Sci.*, **35**, 167 (2003)

4)　H. Ito, R. Kumari, T. Okamoto, M. Takatani, *Polym. Eng. Sci.*, **48**, 168 (2008)

5)　伊藤弘和，服部英広，岡本忠，髙谷政広，遠藤貴士，李承桓，藤正督，寺本好邦，吾郷万里子，今西祐志，繊維学会誌，**67**，1（2010）

6)　L. Y. Mwaikambo, M. P. Ansell, *Angewandte Makromolekulare Chemie*, **272**, 108 (1999)

7)　J. Gassan, A. K. Bledzki, *Comp. Sci. Technol.*, **59**, 1303 (1999)

8)　J. Gassan, A. K. Bledzki, *J. Appl. Polym. Sci.*, **71**, 623 (1999)

9)　I. Ghasemi, M. Farst, *Iranian Polym. J.*, **19**, 811 (2010)

5 長繊維強化複合プラスチックの直接成形システム

福井武久*

5.1 はじめに

炭素繊維強化プラスチック（CFRP：Carbon Fiber Reinforced Plastic）は比剛性，比強度が高く，軽く強い優れた部材・部品として，航空機，自動車，高速鉄道，スポーツ器具や風力発電ブレードなどへの採用が進んでおり，部品軽量化のためのキーマテリアルの一つとして注目を集めている。軽く強い優れた特性を持つ CFRP であるが，今後，さらに広い分野へ適用されていくためには，コスト，品質，信頼性などまだ課題を残しており，特に，自動車や高速鉄道の部品として本格採用されるためには，高速（ハイサイクル）成形技術の確立が不可欠である。

当社では，CFRP 軽量部材・部品の実用化を目指し，熱可塑性樹脂を対象とした LFTD（Long Fiber Thermoplastic Direct）と呼ばれる繊維強化プラスチック（FRP：Fiber Reinforced Plastic）の高速成形技術の開発を進めている。この成形技術はカーボンファイバー（CF：Carbon Fiber）などの不連続繊維を分散した FRP を直接成形する成形方法であり，その成形システムには多くの工業分野で活用されている混練操作が重要な役割を果たしている。所望の性能を持つ FRP 部品を製造するため，部品の信頼性，品質を確保するためには混練技術の最適化が不可欠である。本節では，連続式二軸混練機を用いた CFRP の直接成形システム（LFTD システム）の開発詳細を紹介する。

5.2 連続式二軸混練機について

混練とは粉体と液体とを混ぜ合わせる単位操作である。種々の外力により，粉体と液体とを運動させて均一な可塑性状態，スラリー状態，ペースト状態を作り出していく操作である。ボールミル，媒体攪拌ミル，リボン式ミル，混練機，押出機やロールミルなどが混練操作に使用されており，混練の対象材料や最終形態によって使い分けされている。LFTD システムでは，原材料から製品を直接成形するため，数～十数 mm の不連続繊維と溶融樹脂とを混練して均一な可塑性状態（成形中間体：コンパウンド）を連続製造する必要があり，開発では連続式二軸混練機（ニーダ）を適用している。連続式二軸混練機は，使用できる材料が多く，所望の最終混練形態を連続かつ効率的に製造できる優れた装置である。まず，現在開発を進める LFTD システムに適用している連続式二軸混練機（製品名：KRC ニーダ）について紹介する。

連続式二軸混練機はめがね状の 2 本の円筒内に複数のパドルから成る回転軸が水平配置された構造を持つ。押出機も同様の構造であるが，違いは円筒の長さ（円筒長さ/円筒径＝ L/D）と回転トルク，押出圧の大きさである。通常のニーダでは L/D ＜ 10，押出圧＜ 0.3 MPa に対して，押出機のそれは，20 以上，2 ～ 3 MPa であり，非常に高粘度の混練体まで混練・押出し製造が可能である。ニーダは L/D が小さく，トルクも小さいため，超高粘度の混練押出しには適用で

＊　Takehisa Fukui　㈱栗本鐵工所　コンポジットプロジェクト室　室長，執行役員

第6章　長繊維分散による複合材料製造

図1　二軸型連続混練機の外観（KRC ニーダ）[1]
（㈱栗本鐵工所製）

きないが，低粘性から高粘性までの適度な混練操作が可能であり，小型・低コストのため，汎用樹脂，化学工業製品，食品，電子部品や廃棄物などの広い分野に適用されている。

連続式二軸混練機の外観を図1[1]に示す。図1の右側のフードから材料が投入され，左下部分から混練体が排出される。この二軸混練機の容器（バレル）上側を取り外した構造概略を図2[2]に示す。種々のパドルを組み合わせた二軸回転軸が水平配置された構造となっていることが分かる。回転軸を形成する各種パドルとその作用を図3[1]に示す。これらの図に示すように，この二軸混練機はジャケット付胴体に内蔵された2本の軸に数種類のパドルを自由に組み合わせた構造を持つことが分かる。2本の軸は同一速度で同方向に回転し，ピストンフローで連続混練が進む。また，同方向の回転により，パドル同士にセルフクリーニング作用（欠き取り作用）が働き，混練体はパドル，容器内に付着せず，付着残をほとんど生じないことが特徴である。パドルは，送りスクリュー（FS），ヘリカル（H），フラット（F），逆ヘリカル（RH）及び戻しスクリュー（RS）の5種類であり，パドル形状により，送り・戻し力とせん断力が異なる。材料投入と排出には送

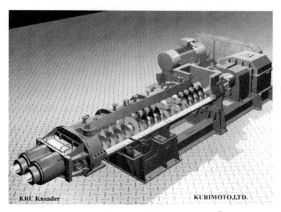

図2　KRC ニーダの混練部の構造[2]

パドル種類	送り・戻し力	せん断力
送りスクリュー（FS） 	送り →	小
ヘリカル（H） 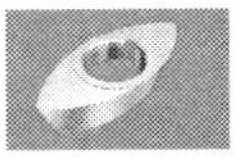	送り →	中
フラット（F） 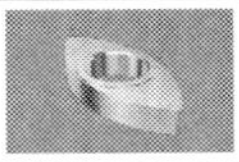	殆ど無し	大
逆ヘリカル（RH） 	← 戻し	中
戻しスクリュー（RS） 	← 戻し	小

図3　パドル種類とその作用[1]

りスクリューと戻しスクリューが，送りまたは戻しながらの混練操作にはヘリカルと逆ヘリカルが，最も強い混練にはフラットパドルが使用されることになる。これら各種パドルを組み合わせる（パドルパターン）ことにより，混練強さ，混練位置，混練時間などの混練パターンを調整することができ，適性かつ効率的な混練操作を実現する。

5.3　直接成形システム・LFTD とは

　自動車部品の生産には，数分以内の高速成形と低コスト化が求められており，射出成形法を用いたガラス繊維強化プラスチック（GFRP：Glass Fiber Reinforced Plastic）部品が既に実用化されている。射出成形では1分程度の高速かつ連続成形が可能であり，部品生産に多用されている。LFTD 成形も射出成形と同様に大量生産可能な生産速度を持つ高速成形技術であり，大物，厚物成形かつ形状自由度が高い成形方法である。成形速度は成形体大きさと形状に依存するが，1分程度の成形サイクルを狙うことができる。加えて，原材料（繊維（CF や GF）ロービングと樹脂原料）やリサイクル繊維を用いることができるために低コスト化を見込むことができる。

　図4[3]に LFTD 成形のプロセスフローと設備フローを示す。図はプロセス個別工程とそれに必要な装置を対応させた設備フローを記載している。成形プロセスは左から右へと進んでいく。熱可塑性樹脂原材料をフィーダーにて押出機に投入・溶融して溶融樹脂を二軸混練機に投入する。CF を二軸混練機にクリルスタンドから直接投入し，混練機内で切断・開繊，溶融樹脂と混練する。溶融樹脂と CF 混練物（コンパウンド）は定量切断され，保温しつつ，ロボットなどで油圧プレス機に投入して直接プレス成形される。冷却固化した成形体はロボットなどで取り出されて製品製造が完了する。所望の特性を持った成形体を得るためには，CF を開繊・切断しつつ，直接かつ連続に樹脂と混練する混練技術が重要な役割を果たす。また，所望の設計形状を得るためには，コンパウンドの温度維持，高速かつ平行度を保ったプレス成形も必要となる。

第6章　長繊維分散による複合材料製造

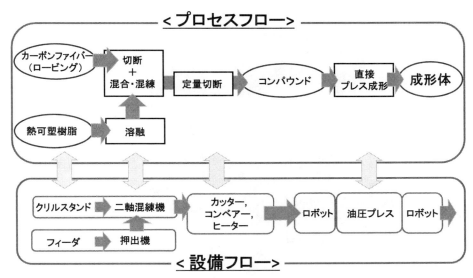

図4　LFTDのプロセス及び設備フロー[3]

　なお，既に，GFを用いたLFTD（GF-LFTD）は実用化フェーズまで進んでおり，欧州や米国において自動車部品も製造されている。しかし，CFの熱伝導率がGFに比べて十数倍以上大きいため，CFを用いたLFTD成形は製造時の放熱が問題となり，コンパウンドの保温やプレス成形の高速化が必要である。また，CFはGFより線径が細いため，開繊と分散も難しいなどの実用化への課題を抱えており，GF-LFTDに比べてプロセス実現が難しい。当社はこれらの課題を解決すべき，CFを用いたLFTDをCarbon-LFTDと命名して開発を進めている。
　Carbon-LFTDのプラントイメージを図5[4,5]に示す。プラントはフィーダー付属樹脂溶融用二軸押出機，CFクリルスタンド付属繊維切断・樹脂混練用連続式二軸混練機，切断・保温・計量コンベアー，油圧プレス，コンパウンド投入と製品取り出しロボットから構成されている。押出機と混練機はタンデムに配置，混練機出口に切断機とコンベアー，油圧プレスの前後にロボットが設置されている。
　開発を進めるCarbon-LFTDの試作プラントを図6[6]に示す。図6の中央手前に，クリルスタンドとCF切断混練用二軸混練機が，その上部に樹脂ペレット供給器，供給器の真下に溶融用二軸押出機が配置されている。さらに混練機奥に切断・保温・計量コンベアーが，その奥に油圧プレス，コンパウンド投入ロボットが設置されており，図5のイメージにそった試作プラントを実現している。なお，本試作プラントは製品ベース定格処理能力が100 kg/時間，融点300℃程度までの熱可塑性樹脂の使用が可能である。

5.4　CFの繊維長制御，高分散，長繊維化

　成形体の機械的特性は，CFの繊維長，分散，含有量や配向性に依存する。繊維長が長く，含

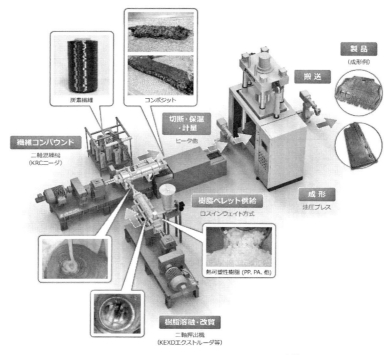

図5　Carbon-LFTD のプラントイメージ[4,5]

図6　Carbon-LFTD 試作プラント[6]

第6章　長繊維分散による複合材料製造

有率が高いほど機械的強度が向上する。また，分散性が高く，配向性が低いほど，強度が均一に発現する。したがって，繊維・溶融樹脂の混練プロセスが強度発現に重要な役割を果たす。CFは二軸混練機中に軸への巻き込みにて投入され，切断，開繊しつつ溶融樹脂と混練される。最終的な残存繊維長は混練時のせん断力とその処理時間にておおよそ制御することができ，パドルパターン，パドル回転速度，樹脂充填度などの諸条件にてそのせん断力と処理時間がコントロールされる。なお，連続式二軸混練機（KRCニーダ）は押出機と比較してバランスの良い混練処理を得意としており，繊維長のコントロールに優れる利点を持っている。

図7[5)]に三つのパドルパターンでの混練状況を例示する。連続式二軸混練機を用いて，異なるパドルパターンにて切断・混練し，その後，コンパウンドの樹脂を除去して残存繊維の評価をした結果である。パターン1から3へと切断・混練条件をマイルドにしており，残存繊維長が長くなっていることが確認できる。繊維長の測定結果から，それぞれ残存平均繊維長は，約0.5 mm，約5 mm，約20 mmであった。また，図から残存繊維長が0.5 mmと短い場合はスムーズなコンパウンドの排出となっているが，20 mmまで長くなった場合，排出コンパウンドが膨れを起こしていることが確認できる（スイングバック現象）。なお，残存繊維長約0.5, 5 mmのコンパウンドでは，問題なく成形が可能であった。CFRP部品の特性向上には長繊維化が有効であるが，膨れによる空気の巻き込みは成形不良や樹脂の酸化などを引き起こし，現実的な生産を困難とする。したがって，製品の要求仕様と成形性とをバランスさせた条件検討，プロセス設計が必要となる。また，一般的な射出成形によるFRP成形では，残存繊維長は1 mm以下と言われており，LFTD成形は機械的特性の向上に有利なシステムと言える。

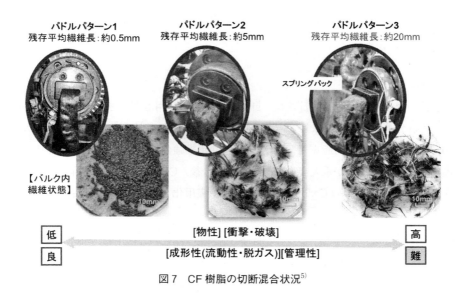

図7　CF樹脂の切断混合状況[5)]

フロアパネル研究開発用成形体（約450×350×100mm）

図8　Carbon-LFTD 成形体試作例[7]

5.5　成形事例の紹介

　LFTD 成形体は不連続繊維の分散構造をとり，その配向性や繊維長，繊維の切断混練状態と加圧成形時の流れの状態などに成形体品質が左右されるため，製品の強度設計は非常に難しい。実験的基礎データの積み上げと成形条件の適正化により，製品特性を予測しつつ，設計を進めることになる。現在，Carbon-LFTD の実用化のために，成形体の試作，評価を進めてそれらの蓄積を図っている。図8[7]に自動車のフロアパネル研究開発用に試作した成形体の写真を示す。LFTD の利点は成形体形状の自由度と大物成形の可能性であり，図から適正な樹脂流動により，大物成形，厚物成形においても高さ（または深さ）方向への引き伸ばし，深いリブ建て，ビート形成，インサート成形などの優れた成形性の確保が確認でき，部品設計の自由度が実証できている。

5.6　おわりに

　CFRP は強い軽量部品として注目され，自動車分野への適用も開始されている。自動車や高速鉄道など広い分野への本格採用には高速成形による生産技術の確立が不可欠である。Carbon-LFTD は熱可塑性樹脂を対象とした不連続繊維強化 CFRP の高速成形法であり，混練技術，高速プレス成形技術が重要な役割を果たす。今後，CFRP の特性を理解した部品設計や基礎データの蓄積が進み，この Carbon-LFTD が広く実用化されて CFRP 部品量産へと繋がっていくことを期待して結びとする。

第6章　長繊維分散による複合材料製造

文　　献

1) 藤田ほか，クリモト技報，No. 63, 2-9 (2013)
2) 福井武久，工業材料，**62**(2), 55-59 (2014)
3) 福井武久，ぷらすと（日本塑性加工学会誌），**1**(7) (2018)
4) クリモト技報，No. 66, 31-32 (2017)
5) 素形材，**58**(1), 31 (2017)
6) 日経オートモーティブ，58-59 (2018.3)
7) 福井武久，プラスチックスエージ，**63**, 90-95 (2017)

樹脂の溶融混練・押出機と複合材料の最新動向《普及版》 (B1459)

2018 年 12 月 11 日　初　版　第 1 刷発行
2025 年 4 月 10 日　普及版　第 1 刷発行

監　修　田上秀一　　　　　　　　　　　　　　　Printed in Japan
発行者　金森洋平
発行所　株式会社シーエムシー出版
　　　　東京都千代田区神田錦町 1-17-1
　　　　電話 03 (3293) 2065
　　　　大阪市中央区内平野町 1-3-12
　　　　電話 06 (4794) 8234
　　　　https://www.cmcbooks.co.jp/

〔印刷　柴川美術印刷株式会社〕　　　　　　　　　©S.TANOUE,2025

落丁・乱丁本はお取替えいたします。

本書の内容の一部あるいは全部を無断で複写（コピー）することは，法律
で認められた場合を除き，著作者および出版社の権利の侵害になります。

ISBN978-4-7813-1828-8　C3043　¥4800E